江苏省精品教材配套用书

工科数学
案例与练习

◉ 主 编 杨 军

南京大学出版社

图书在版编目(CIP)数据

工科数学案例与练习 / 杨军主编. — 南京：南京
大学出版社，2013.5(2015.7 重印)
ISBN 978 - 7 - 305 - 11453 - 3

Ⅰ. ①工… Ⅱ. ①杨… Ⅲ. ①高等数学—高等职业教
育—教学参考资料 Ⅳ. ①O13

中国版本图书馆 CIP 数据核字(2013)第 098747 号

出版发行　南京大学出版社
社　　址　南京市汉口路 22 号　　　　邮　编 210093
网　　址　http://www.NjupCo.com
出版人　左　健
书　　名　工科数学案例与练习
主　　编　杨　军
责任编辑　耿士祥　沈　洁　　　　编辑热线 025 - 83592146
照　　排　南京南琳图文制作有限公司
印　　刷　扬州江扬印务有限公司
开　　本　787×1092　1/16　印张 13.25　字数 316 千
版　　次　2013 年 5 月第 1 版　2015 年 7 月第 3 次印刷
ISBN 978 - 7 - 305 - 11453 - 3
定　　价　24.00 元

发行热线　025 - 83594756
电子邮箱　Press@NjupCo.com
　　　　　Sales@NjupCo.com(市场部)

前　言

　　本书的编写以高职院校的人才培养目标为依据,针对工科高职学生学习的特点,结合编者多年教学实践,紧紧围绕"数学为基,工程为用"的原则进行设计.

　　本书共分为十二个单元,每个单元包括三个部分.

　　一是案例分析,在每个单元前面,结合工程应用中的实例,讲解数学建模的方法,进一步阐明了数学建模和用数学解决几何、物理和工程等实际问题的方法与技巧.

　　二是随堂练习,按照教材顺序,以"三讲一练"配置了适量的随堂练习题.随堂练习题的题型有填空题,选择题,计算题和应用题.选题力求使读者理解和掌握高等数学的基本理论和常用的计算方法,初步受到用数学方法解决几何、物理和工程等实际问题的能力训练.

　　三是自测练习,精选了能反映本单元知识综合运用的一定数量题目.读者通过做自测练习,能巩固本单元所学知识,进一步提高综合运用所学知识分析问题、解决问题的能力.

　　本书的编写分工为:陆峰(函数、极限与连续单元,向量代数与空间解析几何单元,线性代数初步单元),杨军(一元函数微分学及应用单元,傅里叶级数与积分变换单元,多元函数微分学及应用单元,多元函数积分学及应用单元),俞金元(常微分方程单元,无穷级数单元),盛秀兰(一元函数积分学及应用单元,概率论与数理统计初步单元),凌佳(图论初步单元).本书由杨军修改、统稿、定稿.

　　本书的出版得到江苏城市职业学院公共基础课部、教务处以及南京大学出版社的大力支持,在此谨表示衷心感谢.

　　限于编者水平,加上时间仓促,书中难免有不当之处,敬请广大师生和读者批评指正.

编　者

2013 年 3 月

目 录

第一章 函数、极限与连续案例与练习

> 本章的内容主要是函数、极限与连续.
>
> 函数部分的基本内容:函数概念,基本初等函数,反函数,复合函数,分段表示的函数,初等函数.
>
> 极限部分的基本内容:数列极限、函数极限、左右极限,无穷小量与无穷大量,无穷小量的性质和无穷小量的比较,极限的四则运算,两个重要极限.
>
> 连续部分的基本内容:函数在一点连续,左右连续,连续函数,间断点及其分类,初等函数的连续性,闭区间上连续函数的性质.
>
> 为了帮助大家更好地理解、掌握和应用这些内容,我们编写了下面的案例与练习.

案例 1.1[水池注水问题]某工厂有一水池,其容积为 100 立方米,原有水 10 立方米,现在每分钟注入 0.5 立方米的水,试将池中的水的体积表示为时间 t 的函数,并问需多少分钟水池才能灌满?

解:函数为 $y=10+0.5t$,水池灌满的时间为 $t=\dfrac{100-10}{0.5}=180$(分钟).

案例 1.2[河面上水流速度问题]在宽为 $2R$ 的河面上,任一点处的流速与该点到两岸距离之积成正比.已知河道中心线处水的流速为 v_0,求河面上距河道中心线 r 处水流的流速 v.

解:在河面上距河道中心线 r 的点处,到两岸的距离分别为 $R-r$ 和 $R+r$(如图 1.1),根据题意可知,该点处的流速为

$$v(r)=k(R-r)(R+r)=k(R^2-r^2).$$

因为在河道中心线处水的流速为 v_0,即 $v(0)=v_0$,由此可求得

$$k=\frac{v_0}{R^2}.$$

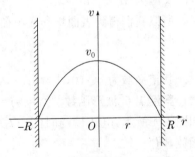

图 1.1

代入上式可求得距河道中心线 r 处水流的流速 v 为

$$v(r)=v_0\left(1-\frac{r^2}{R^2}\right),\ -R\leqslant r\leqslant R.$$

案例 1.3[钢珠测内径问题]有一种测量中空工件内径的方法,就是用半径为 R 的钢珠放在圆柱形内孔上,只要测得了钢珠顶点与工件端面之间的距离为 x,就可以求出工件内孔的半径 y.试求出 y 与 x 之间的函数表达式.这里的工件端面是指垂直于内孔圆柱面中心轴的平面.

解:在图 1.2 中,可以看出

$$OC=DC-DO=x-R.$$

根据勾股定理有

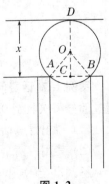

图 1.2

1

$$y = AC = \sqrt{OA^2 - OC^2} = \sqrt{R^2 - (x-R)^2}$$
$$= \sqrt{2Rx - x^2}.$$

这里函数的自然定义域是 $0 \leq x \leq 2R$,但是与实际意义不完全相符,所以应该按照实际意义重新确定其实际定义域是 $0 < x < 2R$.

案例 1.4[**曲柄连杆驱动机构问题**]如图 1.3 所示是一个曲柄连杆驱动机构,其中曲柄 OA 长 r,连杆 AB 长 $l(>2r)$. 当曲柄 OA 绕点 O 以匀角速度 ω(弧度/秒)旋转时,使连杆 AB 推动滑块 B 沿直线 PQ 来回滑动,求滑块 B 的运动规律.

解:以 O 为坐标原点,OPQ 方向为正向建立坐标轴 x,则在时刻 t,有

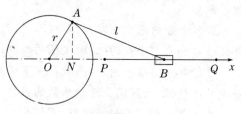

$$A = (r\cos\omega t, r\sin\omega t).$$

设 N 为点 A 在 x 轴上的投影,则

$$ON = r\cos\omega t, \quad AN = r\sin\omega t.$$

于是得到滑块 B 的运动规律为

$$x = ON + NB = r\cos\omega t + \sqrt{l^2 - r^2\sin^2\omega t}.$$

图 1.3

其定义域为 $t \in [0, +\infty)$.

案例 1.5[**储油罐尺寸问题**]某炼油厂要建造一个容积为 V_0 的圆柱形储油罐,试建立表面积和底半径之间的函数关系.

解:易知储油罐的表面积等于上下底面(都是半径为 r 的圆)面积及侧面(长为 $2\pi r$,高为 h 的矩形)面积之和:

$$S = 2\pi r^2 + 2\pi rh.$$

又因为 $\pi r^2 h = V_0$,

所以我们得到表面积和底半径之间的函数关系为

$$S = 2\pi r^2 + \frac{2V_0}{r}.$$

其定义域为 $r \in (0, +\infty)$.

案例 1.6[**波形函数**]脉冲器产生一个单三角脉冲,其波形如图 1.4 所示,电压 U 与时间 $t(t \geq 0)$ 的函数关系式为一分段函数,即

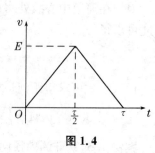

$$U = \begin{cases} \dfrac{2E}{\tau}t, & t \in \left[0, \dfrac{\tau}{2}\right], \\ -\dfrac{2E}{\tau}(t-\tau), & t \in \left(\dfrac{\tau}{2}, \tau\right], \\ 0, & t \in (\tau, +\infty). \end{cases}$$

图 1.4

案例 1.7[**话费问题**]某市私人电话收费标准如下:月租 24 元,如果通话超过 60 次,则超过部分每次收费 0.1 元(假定每次通话时间不超过 3 分钟).

(1) 写出月电话费 y(元)与通话次数 x 之间的函数关系式;

(2) 某用户两个月通话次数分别为 50 次和 80 次,试求这两个月的电话费.

解:(1) 当 $0 \leq x \leq 60$ 时,$y = 24$;当 $x > 60$ 时,超出部分 $(x - 60)$ 加收 $0.1(x-60)$ 元,即 $y = 24 + 0.1(x-60)$,于是 y 与 x 之间的函数关系式为

$$y=\begin{cases} 24, & 0\leqslant x\leqslant 60, x\in \mathbf{N}, \\ 24+0.1(x-60), & x>60, x\in \mathbf{N}. \end{cases}$$

(2) 当 $x=50$ 时，$y=24$(元).

当 $x=80$ 时，$y=24+0.1(80-60)=26$(元).

案例 1.8[邮资费用问题]国内信函(外埠)邮资标准如下：首重 100 g 以内，每重 20 g(不足 20 g 按 20 g 计算)邮资 0.80 元，续重 101～2 000 g，每重 100 g(不足 100 g 按 100 g 计算)邮资 2.00 元. 试建立邮资和信件重量 m 之间的函数关系式，并求信件重量为 60 g 时的邮资.

解：

$$F(m)=\begin{cases} 0.8\left\{\left[\dfrac{m}{20}\right]+\mathrm{sgn}\left(\dfrac{m}{20}-\left[\dfrac{m}{20}\right]\right)\right\}, & 0<m\leqslant 100, \\ 4+2.00\left\{\left[\dfrac{m-100}{100}\right]+\mathrm{sgn}\left(\dfrac{m-100}{100}-\left[\dfrac{m-100}{100}\right]\right)\right\}, & 100<m\leqslant 2\,000. \end{cases}$$

这个函数的定义域是 $(0,2\,000]$，值域是 $\{F|0.8,1.6,2.4,3.2,4,6,8,10,\cdots,40,42\}$. 其中，符号 $[x]$ 表示不超过 x 的最大整数，又称为取整函数；其中 $\mathrm{sgn}\,x=\begin{cases} -1, & x<0, \\ 0, & x=0, \\ 1, & x>0 \end{cases}$，称为符号函数.

当信件重量为 60 g 时，$F(60)=0.8\left\{\left[\dfrac{60}{20}\right]+\mathrm{sgn}\left(\dfrac{60}{20}-\left[\dfrac{60}{20}\right]\right)\right\}$

$$=0.8\left\{\left[\dfrac{60}{20}\right]+0\right\}=0.8(3+0)=2.4\text{(元)}.$$

案例 1.9[生产成本问题]已知生产 x 对汽车挡泥板的成本是 $C(x)=100+\sqrt{1+6x^2}$ (元)，则每对的平均成本为 $\dfrac{C(x)}{x}$. 当产品产量很大时，求每对汽车挡泥板的大致成本.

解：当产品产量很大时，每对的大致成本是

$$\lim_{x\to +\infty}\frac{C(x)}{x}=\lim_{x\to +\infty}\frac{100+\sqrt{1+6x^2}}{x}=\lim_{x\to +\infty}\left(\frac{100}{x}+\sqrt{\frac{1}{x^2}+6}\right)=\sqrt{6}\text{(元/对)}.$$

案例 1.10[产品价格预测]设一产品的价格满足 $P(t)=20-20\mathrm{e}^{-0.5t}$(单位：元)，随着时间的推移，产品价格会随之变化，请你对该产品的长期价格做一预测.

解：下面通过求产品价格在 $t\to +\infty$ 时的极限来分析该产品的长期价格.

$$\lim_{t\to +\infty}P(t)=\lim_{t\to +\infty}(20-20\mathrm{e}^{-0.5t})=\lim_{t\to +\infty}20-\lim_{t\to +\infty}20\mathrm{e}^{-0.5t}$$
$$=\lim_{t\to +\infty}20-20\lim_{t\to +\infty}\mathrm{e}^{-0.5t}=20-0=20\text{(元)}.$$

即该产品的长期价格为 20 元.

案例 1.11[游戏销售]当推出一种新的电子游戏程序时，在短期内销售量会迅速增加，然后开始下降，其函数关系为 $s(t)=\dfrac{200t}{t^2+100}$，$t$ 为月份. (1) 请计算游戏推出后第 6 个月、第 12 个月和第三年的销售量. (2) 如果要对该产品的长期销售做出预测，请建立相应的表达式.

解：(1) $s(6) = \dfrac{200 \times 6}{6^2 + 100} = \dfrac{1\,200}{136} \approx 8.823\,5$,

$$s(12) = \dfrac{200 \times 12}{12^2 + 100} = \dfrac{2\,400}{244} \approx 9.836\,1,$$

$$s(36) = \dfrac{200 \times 36}{36^2 + 100} \approx 5.157\,6.$$

(2) 从上面的数据可以看出，随着时间的推移，该产品的长期销售应为时间 $t \to +\infty$ 时的销售量，即 $\lim\limits_{t \to +\infty} \dfrac{200t}{t^2 + 100} = \lim\limits_{t \to +\infty} \dfrac{200}{t + \dfrac{100}{t}} = 0.$

上式说明当时间 $t \to +\infty$ 时，销售量的极限为 0，即人们购买此游戏的数量会越来越少，从而转向购买新的游戏.

案例 1.12 [细菌培养] 已知在时刻 t（单位：min），容器中细菌的个数为 $y = 10^4 \times 2^{kt}$. (1) 若经过 30 min，细菌的个数增加一倍，求 k 值；(2) 预测 $t \to +\infty$ 时容器中细菌的个数.

解：(1) 因为时刻 t 容器中细菌的个数为 $y = 10^4 \times 2^{kt}$,

所以经过 30 分钟，即 $t + 30$ 时细菌的个数为 $10^4 \times 2^{k(t+30)}$.

由题意知 $10^4 \times 2^{k(t+30)} = 2 \times 10^4 \times 2^{kt}$,

解之，得 $k = \dfrac{1}{30}.$

(2) $\lim\limits_{t \to +\infty} 10^4 \times 2^{\frac{1}{30}t} = 10^4 \times \lim\limits_{t \to +\infty} 2^{\frac{1}{30}t} = +\infty.$

由此可知，当时间无限增大时，容器中的细菌个数也无限增大.

案例 1.13 [奖励基金问题] 建立一项奖励基金，每年年终发放一次，资金总额为 10 万元. 若以年复利率 5% 计算，试求若奖金发放永远继续下去，即奖金发放年数 $n \to +\infty$（此时，称永续性奖金，如诺贝尔奖金），基金 P 应为多少？

解：若每年年终奖金为 A，则第 1 年至第 n 年末奖金 A 的现值 $P_1, P_2, \cdots, P_n$ 分别为 $\dfrac{A}{(1+r)}, \dfrac{A}{(1+r)^2}, \dfrac{A}{(1+r)^3}, \cdots, \dfrac{A}{(1+r)^n}$（$r$ 为年利率），显然 $P_1, P_2, \cdots, P_n$ 构成一个公比为 $\dfrac{1}{1+r}$ 的等比数列，所以前 n 年奖金的现值之和为

$$P = \dfrac{A}{(1+r)} + \dfrac{A}{(1+r)^2} + \dfrac{A}{(1+r)^3} + \cdots + \dfrac{A}{(1+r)^n}$$

$$= \dfrac{A}{(1+r)} \cdot \dfrac{1 - \left(\dfrac{1}{1+r}\right)^n}{1 - \dfrac{1}{1+r}}$$

$$= \dfrac{A}{r} \cdot \left[1 - \dfrac{1}{(1+r)^n}\right].$$

当奖金的年数永远继续，即 $n \to +\infty$，上述公式中令 $n \to +\infty$，有

$$\lim\limits_{n \to +\infty} \dfrac{A}{r} \cdot \left[1 - \dfrac{1}{(1+r)^n}\right] = \dfrac{A}{r},$$

则永续性奖金的现值为

$$P = \dfrac{A}{r} = \dfrac{10}{0.05} = 200（万元）.$$

案例 1.14[矩形波分析]对于如下的矩形波函数：

$$f(x)=\begin{cases}0, & -\pi\leqslant x<0,\\ A, & 0\leqslant x<\pi,\end{cases}\text{其中 }A\neq0.$$

试讨论在 $x=0$ 处的极限.

解：因为 $\lim\limits_{x\to0^-}f(x)=\lim\limits_{x\to0^-}0=0$，$\lim\limits_{x\to0^+}f(x)=\lim\limits_{x\to0^+}A=A$，

所以 $\lim\limits_{x\to0^-}f(x)=0\neq A=\lim\limits_{x\to0^+}f(x)$，

所以，此函数在 $x=0$ 处的极限不存在.

案例 1.15[电流分析]在一个电路中的电荷量 Q 由下式定义：

$$Q=\begin{cases}C, & t\leqslant0,\\ Ce^{-\frac{t}{RC}}, & t>0,\end{cases}$$

其中 C、R 为正的常数值.分析电荷量 Q 在时间 $t\to0$ 时的极限.

解：因为 $\lim\limits_{t\to0^-}Q=\lim\limits_{t\to0^-}C=C$，$\lim\limits_{t\to0^+}Q=\lim\limits_{t\to0^+}Ce^{-\frac{t}{RC}}=C$，

所以 $\lim\limits_{t\to0^-}Q=C=\lim\limits_{t\to0^+}Q$，

所以 $\lim\limits_{t\to0}Q=C$.

案例 1.16[电势函数]分布于 y 轴上一点电荷的电势 φ，由以下公式定义：

$$\varphi=\begin{cases}2\pi\sigma(\sqrt{y^2+a^2}-y), & y<0,\\ 2\pi\sigma(\sqrt{y^2+a^2}+y), & y\geqslant0,\end{cases}$$

其中 σ 和 a 都是正的常数.问 φ 在 $y=0$ 处连续吗？

解：因为 $\lim\limits_{y\to0^-}\varphi(y)=\lim\limits_{y\to0^-}2\pi\sigma(\sqrt{y^2+a^2}-y)=2\pi\sigma a$，$\lim\limits_{y\to0^+}\varphi(y)=\lim\limits_{y\to0^+}2\pi\sigma(\sqrt{y^2+a^2}+y)=2\pi\sigma a$，$\varphi(0)=2\pi\sigma a$.

所以 $\lim\limits_{y\to0^-}\varphi(y)=\lim\limits_{y\to0^+}\varphi(y)=\varphi(0)$，

所以，此函数在 $y=0$ 处连续.

案例 1.17[运费问题]某运输公司规定货物的运费如下：在 a 公里以内，每吨公里 k 元；超过 a 公里，超过部分每吨公里为 $\frac{4}{5}k$ 元.讨论运费 m 在里程 a 处的连续性.

解：根据题意可列出分段函数如下：

$$m=\begin{cases}ks, & 0<s\leqslant a,\\ ka+\dfrac{4}{5}k(s-a), & s>a.\end{cases}$$

因为 $\lim\limits_{s\to a^-}m(s)=\lim\limits_{s\to a^-}(ks)=ka$，$\lim\limits_{s\to a^+}m(s)=\lim\limits_{s\to a^+}[ka+\frac{4}{5}k(s-a)]=ka$，$m(a)=ka$，

所以 $\lim\limits_{s\to a^-}m(s)=\lim\limits_{s\to a^+}m(s)=m(a)$，

所以，运费 m 在里程 a 处是连续的.

案例 1.18[停车场收费]一个停车场第一个小时（或不到一小时）收费 3 元，以后每小时（或不到整时）收费 2 元，每天最多收费 10 元.讨论此函数在 t 时的连续性以及此函数的间断点，并说明其实际意义.

解：设停车场第 t 小时的收费为 y，则

$$y=\begin{cases} 3, & 0<t\leqslant 1, \\ 5, & 1<t\leqslant 2, \\ 7, & 2<t\leqslant 3, \\ 9, & 3<t\leqslant 4, \\ 10, & 4<t\leqslant 24. \end{cases}$$

因为 $\lim\limits_{t\to 2^+}y=7$，$\lim\limits_{t\to 2^-}y=5$，

所以 $\lim\limits_{t\to 2}y$ 不存在，即函数在 $t=2$ 处不连续.

同理，此函数在 $t=1,2,3,4$ 处间断.

实际意义：由于超过整时后，收费价格会突然增加，因此，在停车时，为节省费用，应尽量控制在整时之内；由于一天的停车费最高价格不超过 10 元，因此，超过 4 小时后，可以不急于取车.

案例 1.19［四脚方椅的稳定问题］众所周知，三条腿的椅子总是能稳定着地的，但四条腿的椅子，在起伏不平的地面上能不能也让它四脚同时着地呢？

解：假设地面是一个连续的曲面，即沿任意方向地面的高度不会出现间断，即地面没有台阶或裂口等情况.

假定椅子是正方形的，它的四条腿长都相等，并记椅子的四脚分别为 A,B,C,D，正方形 $ABCD$ 的中心点为 O，以 O 为原点建立坐标系如图 1.5 所示.

当我们将椅子绕 O 点转动时，用对角线 AC 与 x 轴的夹角 θ 来表示椅子的位置.

记 A,C 两脚与地面距离之和为 $f(\theta)$，B,D 两脚与地面距离之和为 $g(\theta)$. 容易知道，它的四脚能同时着地的充要条件是 $f(\theta)=g(\theta)$. 当然此时这个正方形平面不一定与水平面平行.

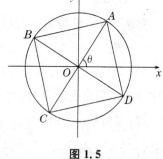

图 1.5

另一方面，根据正方形具有的旋转对称性可知，对于任意的 θ，有

$$f\left(\theta+\frac{\pi}{2}\right)=g(\theta),g\left(\theta+\frac{\pi}{2}\right)=f(\theta).$$

作辅助函数 $\varphi(\theta)=f(\theta)-g(\theta)$，则函数 $\varphi(\theta)$ 在区间 $\left[0,\dfrac{\pi}{2}\right]$ 上连续，且有

$$\varphi(0)\varphi\left(\frac{\pi}{2}\right)=[f(0)-g(0)]\left[f\left(\frac{\pi}{2}\right)-g\left(\frac{\pi}{2}\right)\right]=[f(0)-g(0)][g(0)-f(0)]$$
$$=-[f(0)-g(0)]^2\leqslant 0.$$

根据闭区间上连续函数的零点定理可知，一定存在 $\xi\in\left[0,\dfrac{\pi}{2}\right]$，使得 $\varphi(\xi)=0$，即 $f(\xi)=g(\xi)$，这就说明只要转动适当的角度，总能使四条腿的椅子稳定地着地.

案例 1.20［铁丝温度问题］有一圆形铁丝，上面有连续变化着的温度，试证明总存在某条直径，其两端点处的温度相等.

解：设该圆的半径为 R，以该圆的中心 O 为坐标原点，建立坐标系如图 1.6 所示，得到该圆以圆心角 t 为参数的参数方程为

$$x = R\cos t, y = R\sin t, 0 \leqslant t \leqslant 2\pi.$$

根据题意条件可知,该圆上 $P = (R\cos t, R\sin t)$ 点处的温度 $f(t)$ 是闭区间 $[0, 2\pi]$ 上的连续函数,且有

$$f(0) = f(2\pi).$$

由于任一条直径两端点所对应的参数正好相差 π,所以我们的目标就是要证明:存在一点 $\xi \in [0, \pi]$,使

$$f(\xi) = f(\xi + \pi).$$

作辅助函数 $\varphi(t) = f(t) - f(t + \pi)$,显然函数 $\varphi(t)$ 在区间 $[0, \pi]$ 上连续,且

$$
\begin{aligned}
\varphi(0)\varphi(\pi) &= [f(0) - f(\pi)][f(\pi) - f(2\pi)] \\
&= [f(0) - f(\pi)][f(\pi) - f(0)] \\
&= -[f(0) - f(\pi)]^2 \leqslant 0.
\end{aligned}
$$

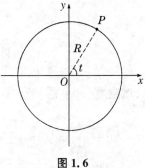

图 1.6

根据闭区间上连续函数的零点定理可知,一定存在 $\xi \in [0, \pi]$,使得 $\varphi(\xi) = 0$,即 $f(\xi) = f(\xi + \pi)$,这就得到了所需证明的结论.

函数、极限与连续（练习一）

一、填空题（每小题 4 分,共 20 分）

1. 函数 $f(x)=\dfrac{1}{\sqrt{5-x}}$ 的定义域是_____.

2. 设 $f(x-1)=x^2-2x$,则 $f(x)=$_____.

3. 函数 $y=\dfrac{x+2}{x-2}$ 的反函数是_____.

4. 曲线 $y=x\cos x$ 关于_____对称.

5. 设 $f(x)=\begin{cases} x^2+2, & x\leqslant 0, \\ e^x, & x>0, \end{cases}$ 则 $f(0)=$_____.

二、单选题（每小题 4 分,共 20 分）

1. 设函数 $y=x^2\sin x$,则该函数是（　　）.

   A. 奇函数　　　　B. 偶函数　　　　C. 非奇非偶函数　　　　D. 既奇又偶函数

2. 函数 $f(x)=x\dfrac{2^x+2^{-x}}{2}$ 的图形是关于（　　）对称.

   A. $y=x$　　　　B. x 轴　　　　C. y 轴　　　　D. 坐标原点

3. 设 $f(x+1)=x^2-1$,则 $f(x)=$（　　）.

   A. $x(x+1)$　　　B. x^2　　　C. $x(x-2)$　　　D. $(x+2)(x-1)$

4. 已知 $f(x)=\ln x$,$g(x)=x^2$,则复合函数 $f[g(x)]=$（　　）.

   A. $2\ln x$　　　B. $\ln x^2$　　　C. $\ln^2 x$　　　D. $(\ln|x|)^2$

5. 下列各函数对中,（　　）中的两个函数相等.

   A. $f(x)=(\sqrt{x})^2$,$g(x)=x$　　　　B. $f(x)=\sqrt{x^2}$,$g(x)=x$

   C. $f(x)=\ln x^2$,$g(x)=2\ln x$　　　　D. $f(x)=\ln x^3$,$g(x)=3\ln x$

三、分解下列各复合函数（每小题 6 分,共 30 分）

1. $y=5^{\cos(x^2)}$.

2. $y=e^{(2x+1)^2}$.

3. $y = \sqrt{\ln\sqrt{x}}$.　　　　　　　4. $y = \cos\sqrt{\dfrac{x^2+1}{x^2-1}}$.

5. $y = \ln[\tan(x^2+1)^2]$.

四、应用题（每小题 15 分，共 30 分）

1. 已知函数 $f(x) = \begin{cases} x^2, & 0 \leqslant x < 1, \\ 1, & 1 \leqslant x < 2, \\ 4-x, & 2 \leqslant x \leqslant 4. \end{cases}$

(1) 作函数 $f(x)$ 的图形，并写出其定义域；(2) 求 $f(0)$, $f(1.2)$, $f(3)$, $f(4)$.

2. 要设计一个容积为 $V = 20\pi\ \mathrm{m}^3$ 的有盖圆柱形贮油桶，已知桶盖单位面积造价是侧面的一半，而侧面单位面积造价又是底面的一半. 设桶盖造价为 a（单位：元/m^2），试把贮油桶总造价 p 表示为贮油桶半径 r 的函数.

姓名＿＿＿＿＿＿＿　　班级学号＿＿＿＿＿＿＿

函数、极限与连续（练习二）

一、填空题（每小题 4 分，共 20 分）

1. $\lim\limits_{n\to+\infty}\left[4+\dfrac{(-1)^n}{n^2}\right]=$ ＿＿＿＿＿＿＿.

2. $\lim\limits_{x\to 0}\cos x=$ ＿＿＿＿＿＿＿，$\lim\limits_{x\to\infty}\cos x=$ ＿＿＿＿＿＿＿.

3. 已知极限 $\lim\limits_{x\to 2}\dfrac{x^2-x+k}{x-2}=3$，则 $k=$ ＿＿＿＿＿＿＿.

4. $\lim\limits_{x\to\infty}x\sin\dfrac{1}{x}=$ ＿＿＿＿＿＿＿.

5. 若 $\lim\limits_{x\to\infty}\left(1+\dfrac{k}{x}\right)^{2x}=\mathrm{e}$，则 $k=$ ＿＿＿＿＿＿＿.

二、单选题（每小题 4 分，共 20 分）

1. 当 $n\to+\infty$ 时，下列数列极限存在的是（　　）.

　A. $(-1)^n\cdot n$　　　　B. $\dfrac{n+1}{n}$　　　　C. 2^n　　　　D. $\sin n$

2. 设 $f(x)=\begin{cases}|x|+1, & x\neq 0\\ 2, & x=0,\end{cases}$ 则 $\lim\limits_{x\to 0}f(x)$ 的值为（　　）.

　A. 0　　　　　　　　B. 1　　　　　　　C. 2　　　　　D. 不存在

3. $\lim\limits_{x\to x_0^-}f(x)$ 和 $\lim\limits_{x\to x_0^+}f(x)$ 都存在是函数 $f(x)$ 在 $x=x_0$ 有极限的（　　）.

　A. 充分条件　　　　　　　　　　B. 必要条件

　C. 充分必要条件　　　　　　　　D. 无关条件

4. 当 $x\to 0$ 时，下列变量中为无穷小量的是（　　）.

　A. $\dfrac{1}{x}$　　　　　B. $\dfrac{\sin x}{x}$　　　　C. $\ln(1+x)$　　　D. $\dfrac{x}{x^2}$

5. 下列各式中正确的是（　　）.

　A. $\lim\limits_{x\to\infty}\left(1-\dfrac{1}{x}\right)^x=\mathrm{e}$　　　　　　B. $\lim\limits_{x\to\infty}\left(1+\dfrac{1}{x}\right)^{-x}=\mathrm{e}$

　C. $\lim\limits_{x\to 0}(1+x)^{-\frac{1}{x}}=\mathrm{e}$　　　　　　　　D. $\lim\limits_{x\to 0}(1+x)^{\frac{1}{x}}=\mathrm{e}$

三、求下列极限（每小题 6 分，共 30 分）

1. $\lim\limits_{x\to 2}\dfrac{x^2-3x+2}{x^2-4}$.　　　　　　　2. $\lim\limits_{x\to+\infty}\dfrac{(3x+6)^7(8x-5)^3}{(5x-1)^{10}}$.

3. $\lim\limits_{x\to\infty}\dfrac{x^2-6x+8}{x^3-5x+6}$.

4. $\lim\limits_{x\to0}\dfrac{\sin 4x}{\sqrt{x+4}-2}$.

5. $\lim\limits_{x\to\infty}\left(\dfrac{x+1}{x-2}\right)^{2x}$.

四、解答题(每小题 15 分,共 30 分)

1. 设函数 $f(x)=\begin{cases}e^x+1, & x>0,\\ 2x+b, & x\leqslant0,\end{cases}$ 要使极限 $\lim\limits_{x\to0}f(x)$ 存在,b 应取何值?

2. 设 $x\to0^+$ 时,$\sin\sqrt{x}$ 和 $\dfrac{2}{\pi}\cos\dfrac{\pi}{2}(1-x)$ 哪一个与 x 为同阶无穷小? 哪一个是比 x 低阶的无穷小? 是否有 x 的等价无穷小?

姓名＿＿＿＿＿＿＿　　班级学号＿＿＿＿＿＿＿

函数、极限与连续（练习三）

一、填空题（每小题 4 分，共 20 分）

1. 设 $f(x)=\begin{cases} x\sin^2\dfrac{1}{x}, & x>0, \\ a+x^2, & x\leqslant 0 \end{cases}$ 在点 $x=0$ 处连续，则 $a=$＿＿＿＿＿＿.

2. 设 $f(x)=\begin{cases} \dfrac{x^2-1}{x-1}, & x\neq 1, \\ b, & x=1 \end{cases}$ 在 $(-\infty,+\infty)$ 内连续，则 $b=$＿＿＿＿＿＿.

3. 函数 $y=\dfrac{1}{1-e^x}$ 的间断点是＿＿＿＿＿＿.

4. 函数 $y=\dfrac{x^2-2x-3}{x+1}$ 的间断点是＿＿＿＿＿＿.

5. 函数 $y=\dfrac{\sqrt{x+2}}{(x+1)(x-4)}$ 的连续区间是＿＿＿＿＿＿＿＿＿.

二、单选题（每小题 4 分，共 20 分）

1. 当 $k=($　　$)$ 时，函数 $f(x)=\begin{cases} x^2+1, & x\neq 0, \\ k, & x=0 \end{cases}$ 在 $x=0$ 处连续.

    A. 0   B. 1   C. 2   D. -1

2. 函数 $f(x)$ 在 $x=x_0$ 处有定义是 $f(x)$ 在 x_0 处连续的（　　）.

    A. 充分条件   B. 必要条件   C. 充分必要条件   D. 无关条件

3. 函数 $f(x)=\begin{cases} 1, & x\geqslant 0, \\ -1, & x<0 \end{cases}$ 在 $x=0$ 处（　　）.

    A. 左连续   B. 右连续   C. 连续   D. 左右皆不连续

4. 函数 $f(x)=\dfrac{x-3}{x^2-3x+2}$ 的间断点是（　　）.

    A. $x=1, x=2$ B. $x=3$

    C. $x=1, x=2, x=3$ D. 无间断点

5. 方程 $x^3+2x^2-x-2=0$ 在 $(-3,2)$ 内（　　）.

    A. 恰有一个实根   B. 恰有两个实根

    C. 至少有一个实根   D. 无实根

三、求下列极限（每小题 6 分，共 30 分）

1. $\lim\limits_{x\to\frac{\pi}{9}}\ln(2\cos 3x)$.

2. $\lim\limits_{x\to 0}\ln\dfrac{\sin x}{x}$.

3. $\lim\limits_{x\to 4}\dfrac{x-4}{\sqrt{2x+1}-3}$.

4. $\lim\limits_{x\to 1}\dfrac{\tan(x-1)}{x^2+x-2}$.

5. $\lim\limits_{x\to 0}\left(\dfrac{\sin^2 x}{x}+\dfrac{\mathrm{e}^x}{x+1}\right)$.

四、计算题(每小题 15 分,共 30 分)

1. 设函数 $f(x)=\begin{cases}\dfrac{a(1-\cos x)}{x^2}, & x<0,\\ 1, & x=0,\\ \ln(b+x), & x>0\end{cases}$ 在 $x=0$ 处连续,求 a,b 的值.

2. 讨论函数 $y=\dfrac{x^2-1}{x^2-3x+2}$ 的连续性,若有间断点,指出其间断点的类型.

函数、极限与连续测试题

一、填空题(每小题 4 分,共 20 分)

1. 设 $f\left(1+\dfrac{1}{x}\right)=1+\dfrac{1}{x^2}$,则 $f(x)=$ _____ .

2. 函数 $y=\arcsin\dfrac{x-1}{3}-\dfrac{1}{\sqrt{x+1}}$ 的定义域是 _____ .

3. 极限 $\lim\limits_{x\to 0}\dfrac{x^2\sin\dfrac{1}{x}}{\sin x}=$ _____ .

4. 已知 $f(x)=\begin{cases}(1-x)^{\frac{1}{3x}}, & x\neq 0,\\ k, & x=0\end{cases}$ 在点 $x=0$ 连续,则 $k=$ _____ .

5. 函数 $y=1+\dfrac{1}{1+\dfrac{1}{x}}$ 的间断点是 _____ .

二、单选题(每小题 4 分,共 20 分)

1. $y=\ln(x+\sqrt{x^2+1})$ 在其定义域 $(-\infty,+\infty)$ 内是( ).

   A. 奇函数　　　　　B. 偶函数　　　　　C. 非奇非偶函数　　　　D. 周期函数

2. 下列各组函数中,表示同一个函数的是( ).

   A. $y=\ln x^2,\ y=2\ln x$　　　　　　　　B. $y=\ln\sqrt{x},\ y=\dfrac{1}{2}\ln x$

   C. $y=\cos x,\ y=\sqrt{1-\sin^2 x}$　　　　D. $y=\dfrac{1}{1+x},\ y=\dfrac{x-1}{x^2-1}$

3. 极限 $\lim\limits_{x\to 0}\dfrac{2x}{\sqrt{1-\cos^2 x}}=$ ( ).

   A. 2　　　　　　　　B. -2　　　　　　　C. 0　　　　　　　D. 不存在

4. 设 $f(x)=\dfrac{x(x+1)}{x^2-1}$,则当( )时 $f(x)$ 是无穷小量.

   A. $x\to 0$　　　　　B. $x\to 1$　　　　　C. $x\to -1$　　　　D. $x\to\infty$

5. 下列命题中正确的是( ).

   A. 若 $f(x)$ 在 (a,b) 内有定义,则 $f(x)$ 在 (a,b) 内连续

   B. 若极限 $\lim\limits_{x\to x_0}f(x)$ 存在,则 $f(x)$ 在点 x_0 处连续

   C. 若 $f(x)$ 在 x_0 有定义,且 $\lim\limits_{x\to x_0}f(x)$ 存在,则 $f(x)$ 在点 x_0 处连续

   D. 若 $f(x)$ 在 (a,b) 内每一点都连续,则 $f(x)$ 在 (a,b) 内连续

三、求下列极限(每小题 6 分,共 36 分)

1. $\lim\limits_{x\to\infty}\dfrac{(2x+1)^{10}(3x-2)^{20}}{(2x+3)^{30}}$.

2. $\lim\limits_{x\to\pi^+}\dfrac{\sqrt{1+\cos x}}{\sin x}$.

3. $\lim\limits_{x \to 0} \dfrac{x}{\sqrt{1+\sin x} - \sqrt{\cos x}}$.

4. $\lim\limits_{x \to +\infty} \left(\sqrt{x(x+3)} - \sqrt{x^2-4} \right)$.

5. $\lim\limits_{x \to \infty} \left(\dfrac{x+1}{x-3} \right)^{-x}$.

6. $\lim\limits_{x \to 0} \left(\sqrt[x]{1-3x} - x\sin\dfrac{1}{x^2} \right)$.

四、证明题(每小题 12 分,共 24 分)

1. 试证明极限 $\lim\limits_{x \to \infty} \arctan x$ 不存在.

2. 设函数 $f(x) = \begin{cases} e^x + 1, & x > 0, \\ 3x + 2, & x \leqslant 0, \end{cases}$ 试证明 $\lim\limits_{x \to 0} f(x) = 2$.

第二章　一元函数微分学及应用案例与练习

> 本章的内容主要是导数、微分以及导数应用.
>
> 导数部分的基本内容：导数的定义及几何意义，函数连续与可导的关系，基本初等函数的导数，导数的四则运算法则，反函数求导法则，复合函数求导法则，隐函数求导法则，对数求导法举例，用参数表示的函数的求导法则，高阶导数.
>
> 微分部分的基本内容：微分的概念与运算，微分基本公式表，微分法则，一阶微分形式的不变性，微分在近似计算中的应用.
>
> 导数应用部分的基本内容：用洛必达法则求"$\frac{0}{0}$"、"$\frac{\infty}{\infty}$"型等未定式极限，函数的单调性判别法，函数的极值及其求法，曲线的凹凸性及其判别法，拐点及其求法，水平与垂直渐近线，最大值、最小值问题，弧微分.
>
> 为了帮助大家更好地理解、掌握和应用这些内容，我们编写了下面的案例与练习.

案例 2.1[导数是研究变化率的数学模型] 函数 $y=f(x)$ 在点 x_0 处的导数 $\frac{\mathrm{d}y}{\mathrm{d}t}\big|_{x=x_0}=f'(x_0)$ 表示因变量 y 在点 x_0 处随自变量 x 变化的快慢程度. 例如：在力学中，$\frac{\mathrm{d}s}{\mathrm{d}t}\big|_{t=t_0}$ 表示物体在 t_0 时刻运动的瞬时速度；在几何中，$\frac{\mathrm{d}y}{\mathrm{d}x}\big|_{x=x_0}$ 表示曲线 $y=f(x)$ 在点 x_0 处纵坐标 y 随横坐标 x 变化的快慢程度，即曲线在点 $(x_0,f(x_0))$ 处切线的倾斜程度；在电学中，$\frac{\mathrm{d}q}{\mathrm{d}t}\big|_{t=t_0}$ 表示电路中某点处的电流 i，即通过该点处的电量 q 关于时间 t 的瞬时变化率.

由此可见，导数是研究变量在某一点或某一时刻的变化率的数学模型. 有时说，导数是平均变化率的极限，这是从计算的角度揭示求因变量的瞬时变化率的计算方法问题.

案例 2.2[微分是解决局部估值问题的数学模型] 当函数 $y=f(x)$ 在点 x 处的局部改变量 Δy 可以表示成线性主部 $A\Delta x$ 与高阶无穷小 $o(\Delta x)$ 之和的形式时，即 $\Delta y=A\Delta x+o(\Delta x)=\mathrm{d}y+o(\Delta x)$，则 $\Delta y-\mathrm{d}y=o(\Delta x)$，于是 $\Delta y\approx\mathrm{d}y=f'(x)\Delta x$.

这表明用 $\mathrm{d}y=f'(x)\Delta x$ 来估计 Δy 的值，其误差不过是关于 Δx 的高阶无穷小，可忽略不计. 因为对于较复杂的函数，求其差值 $\Delta y=f(x+\Delta x)-f(x)$ 不是一件容易的事情，而微分 $\mathrm{d}y$ 是关于 Δx 的线性函数，比较容易计算. 这样将求函数增量 Δy 的问题化繁为简，其误差也很小，通过 $\mathrm{d}y$ 可以满意地对局部改变量 Δy 作出估计，所以说微分是解决局部估值问题的数学模型.

案例 2.3[细菌繁殖速度] 据测定，某种细菌的个数 y 随时间 t（天）的繁殖规律为 $y=400\mathrm{e}^{0.17t}$，求：(1) 开始时的细菌个数；(2) 第 5 天的繁殖速度.

解：(1) 由 $y=400\mathrm{e}^{0.17t}$ 可知，当 $t=0$ 时，$y=400$，所以开始时的细菌个数为 400 个.

(2) 因为 $y'=0.17\times400\times\mathrm{e}^{0.17t}$，所以第 5 天的繁殖速度为

$$y'|_{t=5}=0.17\times400\times e^{0.17\times5}\approx159(\text{个}/\text{天}).$$

案例 2.4[人口增长率]《全球 2000 年报告》指出世界人口在 1975 年为 41 亿,并以每年 2% 的相对比率增长. 若用 P 表示自 1975 年以来的人口数,求 $\dfrac{dP}{dt}$,$\dfrac{dP}{dt}\Big|_{t=0}$,$\dfrac{dP}{dt}\Big|_{t=15}$,它们的实际意义分别是什么?

解:$\dfrac{dP}{dt}=\lim\limits_{\triangle t\to0}\dfrac{P(t+\triangle t)-P(t)}{\triangle t}=2\%P(t)$,实际意义是从 1975 年开始,世界人口以每年 2% 的相对比率增长.

$\dfrac{dP}{dt}\Big|_{t=0}=2\%P(0)=2\%\times41=0.82$,实际意义是 1976 年的世界人口比 1975 年增长 0.82 亿.

$\dfrac{dP}{dt}\Big|_{t=15}=2\%P(15)=2\%\times41\times(1+2\%)^{15}\approx1.10$,实际意义是 1991 年的世界人口比 1990 年增长 1.10 亿.

案例 2.5[并联电阻]当电流通过两个并联电阻 r_1,r_2 时,总电阻由下式给出 $\dfrac{1}{R}=\dfrac{1}{r_1}+\dfrac{1}{r_2}$,求 R 对 r_1 的变化率. 假定 r_2 是常量.

解:由 $\dfrac{1}{R}=\dfrac{1}{r_1}+\dfrac{1}{r_2}$ 知,$R=\dfrac{r_1r_2}{r_1+r_2}$,所以 R 对 r_1 的变化率为

$$\frac{dR}{dr_1}=\frac{d}{dr_1}\left(\frac{r_1r_2}{r_1+r_2}\right)=\frac{r_2(r_1+r_2)-r_1r_2}{(r_1+r_2)^2}=\frac{r_2^2}{(r_1+r_2)^2}.$$

案例 2.6[放射物的衰减]放射性元素碳-14(1 g)的衰减由下式给出:$Q=e^{-0.000\,121t}$,其中 Q 是 t 年后碳-14 存余的数量. 问碳-14 的衰减速度 v 是多少?

解:$v=\dfrac{dQ}{dt}=(e^{-0.000\,121t})'=e^{-0.000\,121t}(-0.000\,121t)'=-0.000\,121e^{-0.000\,121t}.$

案例 2.7[钢棒长度的变化率]假设某钢棒的长度 L(单位:cm)取决于气温 H(单位:℃),而气温 H 又取决于时间 t(单位:h),如果气温每升高 1 ℃,钢棒长度增加 2 cm,而每隔 1 小时,气温上升 3 ℃,问钢棒长度关于时间的增加有多快?

解:由题意得 $\dfrac{dL}{dH}=2\text{ cm}/℃$,$\dfrac{dH}{dt}=3℃/h$,

所以 $\dfrac{dL}{dt}=\dfrac{dL}{dH}\cdot\dfrac{dH}{dt}=2\times3=6\text{ cm}/h.$

案例 2.8[刹车测试]在测试一汽车的刹车性能时发现,刹车后汽车行驶的距离 s(单位:m)与时间 t(单位:s)满足 $s=19.2t-0.4t^3$. 假设汽车做直线运动,求汽车在 $t=4$ s 时的速度和加速度.

解:$v=\dfrac{ds}{dt}=(19.2t-0.4t^3)'=19.2-1.2t^2$,$a=\dfrac{dv}{dt}=(19.2-1.2t^2)'=-2.4t.$

当 $t=4$ s 时,$v=(19.2-1.2t^2)|_{t=4}=0$,$a=-2.4t|_{t=4}=-9.6(\text{m}\cdot\text{s}^{-2}).$

案例 2.9[金属立体受热后体积的改变量]某一正立方形金属体的边长为 2 m,当金属受热边长增加 0.01 m 时,体积的微分是多少? 体积的改变量又是多少?

解:$dV=(x^3)'dx=3x^2dx=3x^2\Delta x$,$x=2.$

$\mathrm{d}V|_{x=2,\Delta x=0.01}=3\times 2^2\times 0.01=0.12$，$\Delta V|_{x=2,\Delta x=0.01}=2.01^3-2^3=0.012\,006(\mathrm{m}^3)$.

所以，$\mathrm{d}V|_{x=2,\Delta x=0.01}\approx\Delta V|_{x=2,\Delta x=0.01}$.

案例 2.10［钟表误差］一机械挂钟的钟摆的周期为 1 s，在冬季，摆长因热胀冷缩而缩短了 0.01 cm. 已知单摆的周期为 $T=2\pi\sqrt{\dfrac{l}{g}}$，其中 $g=980\ \mathrm{cm/s^2}$，问这只钟每秒大约快还是慢多少？

解：由 $1=2\pi\sqrt{\dfrac{l}{g}}$ 知，$l=\dfrac{g}{(2\pi)^2}$.

因为 $\Delta T\approx\mathrm{d}T=\dfrac{\mathrm{d}T}{\mathrm{d}l}\Delta l=\pi\sqrt{\dfrac{1}{gl}}\Delta l$，又 $l=\dfrac{g}{(2\pi)^2}$，

所以 $\Delta T\approx\mathrm{d}T=\dfrac{2\pi^2}{g}\Delta l=\dfrac{2\pi^2}{g}\times(-0.01)\approx-0.000\,2(\mathrm{s})$.

案例 2.11［代数方程根的判别］已知 $f(x)=(x-2)(x-4)(x-6)$，不求导数，试判定方程 $f'(x)=0$ 有几个实根？各在什么范围内？

解：$f'(x)=0$ 是二次方程，至多有两个实根. 又因为 $f(x)$ 在 $(-\infty,+\infty)$ 上连续、可导，且 $f(2)=f(4)=f(6)=0$，对 $f(x)$ 分别在区间 $[2,4]$ 和 $[4,6]$ 上使用罗尔中值定理，得到存在 $\xi\in(2,4)$，$\eta\in(4,6)$，使得 $f'(\xi)=0$，$f'(\eta)=0$，所以 $f'(x)=0$ 有两个实根，分别在 $(2,4)$ 和 $(4,6)$ 内.

案例 2.12［用罗必达法则计算极限］求下列极限：

(1) $\lim\limits_{x\to 0}\dfrac{x-\arctan x}{(\mathrm{e}^x-1)\cdot\sin x^2}$；　　　　(2) $\lim\limits_{x\to 0}\dfrac{\mathrm{e}^x-\mathrm{e}^{-x}-2x}{x^2\cdot\ln(1+x)}$.

解：(1) 当 $x\to 0$ 时，$\mathrm{e}^x-1\sim x$，$\sin x^2\sim x^2$，所以

$$\lim_{x\to 0}\frac{x-\arctan x}{(\mathrm{e}^x-1)\cdot\sin x^2}=\lim_{x\to 0}\frac{x-\arctan x}{x\cdot x^2}=\lim_{x\to 0}\frac{x-\arctan x}{x^3}$$

$$=\lim_{x\to 0}\frac{1-\dfrac{1}{1+x^2}}{3x^2}=\lim_{x\to 0}\frac{1}{3(1+x^2)}=\frac{1}{3}.$$

(2) 当 $x\to 0$ 时，$\ln(1+x)\sim x$，所以

$$\lim_{x\to 0}\frac{\mathrm{e}^x-\mathrm{e}^{-x}-2x}{x^2\cdot\ln(1+x)}=\lim_{x\to 0}\frac{\mathrm{e}^x-\mathrm{e}^{-x}-2x}{x^2\cdot x}=\lim_{x\to 0}\frac{\mathrm{e}^x+\mathrm{e}^{-x}-2}{3x^2}$$

$$=\lim_{x\to 0}\frac{\mathrm{e}^x-\mathrm{e}^{-x}}{6x}=\lim_{x\to 0}\frac{\mathrm{e}^x+\mathrm{e}^{-x}}{6}=\frac{1}{3}.$$

案例 2.13［血液的压强］血液从心脏流出，经主动脉后流到毛细血管，再通过静脉流回心脏. 医生建立了某病人在心脏收缩的一个周期内血压 P（单位：mmHg）的数学模型 $P=\dfrac{25t^2+123}{t^2+1}$，$t$ 表示血液从心脏流出的时间（t 的单位：秒）. 问在心脏收缩的一个周期里，血压是单调增加的还是单调减少的？

解：$P'=\left(\dfrac{25t^2+123}{t^2+1}\right)'=\dfrac{50t(t^2+1)-2t(25t^2+123)}{(t^2+1)^2}=-\dfrac{196t}{(t^2+1)^2}$，$t>0$.

因为 $P'=-\dfrac{196t}{(t^2+1)^2}<0$，所以血压是单调减少的.

案例 2.14［股票曲线］假设 $P(t)$ 代表在时刻 t 某公司的股票价格，请根据以下叙述判定

$P(t)$的一阶、二阶导数的正、负号.

(1) 股票价格上升得越来越快；

(2) 股票价格接近最低点；

(3) 如图 2.1 所示为某种股票某天的价格走势曲线，请说明该股票当天的走势.

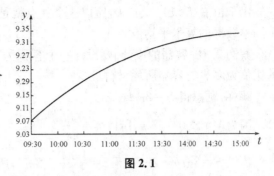

图 2.1

解：(1) $\dfrac{\mathrm{d}P}{\mathrm{d}t}>0,\dfrac{\mathrm{d}^2P}{\mathrm{d}t^2}>0.$

(2) $\dfrac{\mathrm{d}P}{\mathrm{d}t}=0.$

(3) 从某股票在某天的价格走势曲线可以看出，此曲线是单调上升且为凸的，即$\dfrac{\mathrm{d}P}{\mathrm{d}t}>0$，且$\dfrac{\mathrm{d}^2P}{\mathrm{d}t^2}<0$，这说明该股票当日的价格上升得越来越慢.

案例 2.15[极值的判别]已知 $f(x)=x^3+ax^2+bx$ 在 $x=1$ 处取得极小值-2，试求：
(1) 常数 a,b；(2) $f(x)$的所有极值，并判别是极大值，还是极小值.

解：(1) 由题意得 $f'(1)=0$，又知 $f(1)=-2$，即

$$\begin{cases} f'(1)=3\times1^2+2a\times1+b=0, \\ f(1)=1^3+a\times1^2+b\times1=-2. \end{cases}$$

从而解得 $a=0,b=-3$.

(2) 由 $f'(x)=3x^2-3=0$，得到驻点 $x=\pm1$.

又 $f''(x)=6x$，所以 $f''(1)=6>0,f''(-1)=-6<0$.

故 $f(1)=-2$ 为 $f(x)$的极小值，$f(-1)=2$ 为 $f(x)$的极大值.

案例 2.16[最佳射击时间]如图 2.2 所示，敌人乘汽车从河的北岸 A 处以 1 千米/分钟的速度向正北逃窜，同时我军摩托车从河的南岸 B 处向正东追击，速度为 2 千米/分钟. 问我军摩托车何时射击最好（相距最近射击最好）？

解：(1) 建立敌我相距函数关系，设 t 为我军从 B 处发起追击至射击的时间（分），则敌我相距函数为

$$s(t)=\sqrt{(0.5+t)^2+(4-2t)^2}.$$

(2) 求 $s=s(t)$最小值点，其导数为

$$s'(t)=\frac{5t-7.5}{\sqrt{(0.5+t)^2+(4-2t)^2}}.$$

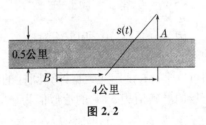

图 2.2

令 $s'(t)=0$，得唯一驻点 $t=1.5$，故我军从 B 处发起追击后 1.5 分钟射击最好.

案例 2.17[最小二乘原理]对某件物品的长度进行 n 次测量，得到 n 个不完全相同的测量数据 $x_1,x_2,\cdots,x_n$，试问用什么样的数据 $\bar{x}$ 来表示该物品的长度，才能使偏差的平方和

$$I(\bar{x})=\sum_{k=1}^{n}(x_k-\bar{x})^2 \text{ 为最小？}$$

解：由题意得 $I'(\bar{x})=-2\sum_{k=1}^{n}(x_k-\bar{x})^2=2[n\bar{x}-(x_1+x_2+\cdots+x_n)].$

令 $I'(\bar{x})=0$，得 $I(\bar{x})$的唯一驻点 $\bar{x}=\dfrac{1}{n}(x_1+x_2+\cdots+x_n).$

由于恒有 $I''(\bar{x})=2n>0$，所以这个驻点就是使偏差的平方和取最小值的点，它恰好为 n 个测量数据的算术平均值。

案例 2.18[容器的设计]要设计一个容积为 500 mL 的圆柱形容器，问其底面半径与高的比值为多少时容器所耗材料最少？

解：由题意得 $S=2\pi rh+2\pi r^2$。

因为 $V=500=\pi r^2 h$，所以 $h=\dfrac{500}{\pi r^2}$。

代入 $S=2\pi rh+2\pi r^2$，得 $S=\dfrac{1\,000}{r}+2\pi r^2$，所以 $S'=-\dfrac{1\,000}{r^2}+4\pi r$。

令 $S'=0$，得 $r=\left(\dfrac{500}{2\pi}\right)^{\frac{1}{3}}$。

代入 $500=\pi r^2 h$，得 $h=\left(\dfrac{500}{\pi}\right)^{\frac{1}{3}}$。

故 $\dfrac{r}{h}=\dfrac{1}{2}$。

案例 2.19[油管铺设路线的设计]要铺设一石油管道，将石油从炼油厂输送到石油罐装点，如图 2.3 所示。炼油厂附近有条宽 2.5 km 的河，罐装点在炼油厂的对岸沿河下游 10 km 处。如果在水中铺设管道的费用为 6 万元/km，在河边铺设管道的费用为 4 万元/km。试在河边找一点 P，使管道铺设费最低。

图 2.3

解：设点 P 距离炼油厂 $x\text{ km}$，则管道铺设费为

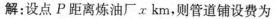
$$y=4x+6\sqrt{(10-x)^2+6.25},\,0\leqslant x\leqslant10.$$
$$y'=4-\frac{6\times(10-x)}{2\sqrt{(10-x)^2+6.25}}.$$

令 $y'=0$，得 $x=10\pm\dfrac{10}{\sqrt{20}}$。

因为 $0\leqslant x\leqslant10$，所以当 $x\approx7.764$ 时，最低管道铺设费为 $y\approx51.18$（万元）。

案例 2.20[绝对误差]设已测得一根圆柱的直径为 43 cm，并已知在测量中绝对误差不超过 0.2 cm，试用此数据计算圆柱的横截面面积所引起的绝对误差与相对误差。（注：若某个量的准确值为 x，它的近似值为 x^*，称 $|\Delta x|=|x-x^*|$ 为 x^* 的绝对误差；当 $x\neq0$ 时，称 $\left|\dfrac{x-x^*}{x^*}\right|$ 为 x^* 的相对误差。）

解：因为 $D=43$，$|\Delta D|\leqslant0.2$，

所以 $A=\dfrac{1}{4}\pi D^2=\dfrac{1}{4}\pi\times43^2=462.25\pi$，

$\Delta A\approx\mathrm{d}A=\dfrac{1}{2}\pi D\cdot\Delta D=\dfrac{1}{2}\pi\times43\times0.2=4.3\pi$。

故绝对误差为 $|\Delta A|\approx|\mathrm{d}A|=4.3\pi$，

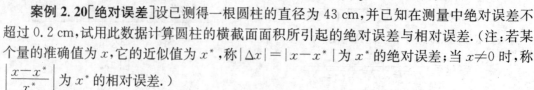
相对误差为 $\left|\dfrac{\Delta A}{A}\right|\approx\left|\dfrac{\mathrm{d}A}{A}\right|=\dfrac{\frac{1}{2}\pi D\cdot\Delta D}{\frac{1}{4}\pi D^2}=2\cdot\dfrac{|\Delta D|}{D}=2\times\dfrac{0.2}{43}\approx0.93\%$。

案例 2.21[放大电路]某一负反馈放大电路,记其开环电路的放大倍数为 A,闭环电路的放大倍数为 A_f,则它们二者有函数关系 $A_f = \dfrac{A}{1+0.01A}$. 当 $A = 10^4$ 时,由于受环境温度变化的影响,A 变化了 10%,求 A_f 的变化量是多少? A_f 的相对变化量又为多少?

解:当 $A = 10^4$ 时,$A_f \approx 100$.

因为 $\Delta A_f \approx \mathrm{d}A_f = (A_f)' \Delta A = \dfrac{\Delta A}{(1+0.01A)^2}$,

所以 $\Delta A_f \mid_{A=10^4, \Delta A=10^3} \approx \dfrac{\Delta A}{(1+0.01A)^2} \mid_{A=10^4, \Delta A=10^3} = 0.098$,

$\dfrac{\Delta A_f}{A_f} = \dfrac{0.098}{100} = 9.8 \times 10^{-4}$.

案例 2.22[曲率的表示与求法]在工程技术中,为了描述曲线的弯曲程度,把曲线弧 $\overset{\frown}{MN}$ 的切线转角 $\Delta\alpha$ 与该弧长 Δs 之比的绝对值的极限(当 $\Delta\alpha \to 0$ 时)定义为曲线在 M 点的曲率,记为 K,即 $K = \lim\limits_{\Delta\alpha \to 0} \left| \dfrac{\Delta\alpha}{\Delta s} \right|$. 设函数 $f(x)$ 具有二阶导数,则曲线 $y = f(x)$ 在任意一点 $M(x,y)$ 处的曲率计算公式为 $K = \dfrac{|y''|}{(1+y'^2)^{\frac{3}{2}}}$. 试分别求出直线 $y = ax+b$,圆 $x^2+y^2 = R^2$,以及抛物线 $y = x^2$ 的曲率.

解:对于直线 $y = ax+b$,有 $y' = a$,$y'' = 0$,代入曲率计算公式得 $K = 0$,即直线的曲率为零,这与人们"直线没有弯曲"的直觉是一致的.

对于圆 $x^2+y^2 = R^2$,有 $y' = -\dfrac{x}{y}$,$y'' = -\dfrac{R^2}{y^3}$,代入曲率计算公式得

$$K = \frac{|y''|}{(1+y'^2)^{\frac{3}{2}}} = \frac{1}{R},$$

即圆周上任一点的曲率相等,其值等于圆的半径的倒数.

对于抛物线 $y = x^2$,有 $y' = 2x$,$y'' = 2$,代入曲率计算公式得

$$K = \frac{|y''|}{(1+y'^2)^{\frac{3}{2}}} = \frac{2}{(1+4x^2)^{\frac{3}{2}}}.$$

一元函数微分学及应用(练习一)

一、填空题(每小题 4 分,共 20 分)

1. 设函数 $f(x)=\begin{cases} x^2\sin\dfrac{1}{x}, & x\neq 0, \\ 0, & x=0, \end{cases}$ 则 $f'(0)=$_____.

2. 在曲线 $y=x^2$ 上取两点 $(0,0)$ 与 $(1,1)$,作过这两点的割线,则该曲线在点_____处的切线_____平行于这条割线.

3. 曲线 $y=\sqrt{x}+1$ 在 $(1,2)$ 处的切线斜率是_____.

4. 曲线 $y=\sin x$ 在 $\left(\dfrac{\pi}{2},1\right)$ 处的切线方程是_____.

5. 一物体做变速直线运动,其位移关于时间(单位:s)的函数为 $s(t)=t^3$(单位:m),则其速度函数 $v(t)=$_____(单位:m/s),该物体 1 s 时的瞬时速度为_____.

二、单选题(每小题 4 分,共 20 分)

1. 设 $f(0)=0$ 且极限 $\lim\limits_{x\to 0}\dfrac{f(x)}{x}$ 存在,则 $\lim\limits_{x\to 0}\dfrac{f(x)}{x}=$( ).

   A. $f(0)$　　　　　　B. $f'(0)$　　　　　　C. $f'(x)$　　　　　　D. 0

2. 设 $f(x)$ 在 x_0 可导,则 $\lim\limits_{h\to 0}\dfrac{f(x_0-2h)-f(x_0)}{2h}=$( ).

   A. $-2f'(x_0)$　　　B. $f'(x_0)$　　　　　C. $2f'(x_0)$　　　　D. $-f'(x_0)$

3. 设 $f(x)=e^x$,则 $\lim\limits_{\Delta x\to 0}\dfrac{f(1+\Delta x)-f(1)}{\Delta x}=$( ).

   A. e　　　　　　　B. $2e$　　　　　　　C. $\dfrac{1}{2}e$　　　　　D. $\dfrac{1}{4}e$

4. 设 $f(x)=x(x-1)(x-2)\cdots(x-99)$,则 $f'(0)=$( ).
   A. 99　　　　　　　B. -99　　　　　　C. 99!　　　　　　D. $-99!$

5. 下列结论中正确的是( ).
   A. 若 $f(x)$ 在点 x_0 有极限,则 $f(x)$ 在点 x_0 可导
   B. 若 $f(x)$ 在点 x_0 连续,则 $f(x)$ 在点 x_0 可导
   C. 若 $f(x)$ 在点 x_0 可导,则 $f(x)$ 在点 x_0 有极限
   D. 若 $f(x)$ 在点 x_0 有极限,则 $f(x)$ 在点 x_0 连续

三、计算题(第 1 题 24 分,第 2、3 题各 6 分,共 36 分)

1. 求下列函数的导数 y':

   (1) $y=(x\sqrt{x}+3)e^x$.　　　　　　　　(2) $y=\cot x+x^2\ln x$.

(3) $y=\dfrac{x^2}{\ln x}$.　　　　　　　　　　　　(4) $y=x^4-\sin x\ln x$.

2. 设 $y=x\ln x+\dfrac{1}{\sqrt{x}}$，求 $\dfrac{\mathrm{d}y}{\mathrm{d}x}\bigg|_{x=1}$.

3. 设 $f\left(\dfrac{1}{x}\right)=x^2+\dfrac{1}{x}+1$，求 $f'(1)$.

四、应用题（每小题 12 分，共 24 分）

1. 求曲线 $y=\ln x$ 在点 $(\mathrm{e},1)$ 处的切线和法线方程.

2. 以初速 v_0 上抛的物体，其上升高度 s 与时间 t 的关系为 $s=v_0t-\dfrac{1}{2}gt^2$，求：(1) 该物体的速度 $v(t)$；(2) 该物体达到最高点的时间.

一元函数微分学及应用（练习二）

一、填空题（每小题 4 分，共 20 分）

1. 设 $y = \sin e^{\frac{1}{x}}$，则 $y' =$ _____.

2. 设 $y = x^{2x}$，则 $y' =$ _____.

3. 曲线 $x^2 - xy + y^2 = 3$ 在点 $(0, \sqrt{3})$ 处的切线方程为_____.

4. 设 $y = e^{\cos x}$，则 $y''(0) =$ _____.

5. 设 $y = \sin \frac{1}{x} + \cos \frac{1}{x}$，则 $dy =$ _____.

二、单选题（每小题 4 分，共 20 分）

1. 设 $f(x) = e^{\sin 2x}$，则 $f'(x) = ($ $)$.

    A. $e^{\sin 2x} \cos 2x$ B. $-e^{\sin 2x} \cos 2x$

    C. $-2e^{\sin 2x} \cos 2x$ D. $2e^{\sin 2x} \cos 2x$

2. 设方程 $x^2 y + 2y^3 = 1$ 确定函数 $y = y(x)$，则 $y' = ($ $)$.

    A. $\dfrac{1}{2x + 6y^2}$ B. $\dfrac{1}{2xy + 6y^2}$

    C. $\dfrac{2xy}{x^2 + 6y^2}$ D. $-\dfrac{2xy}{x^2 + 6y^2}$

3. 曲线 $y = x^x$ 在点 $(1, 1)$ 处的法线方程为（   ）.

    A. $x + y - 2 = 0$ B. $x + y + 2 = 0$

    C. $x + y = 0$ D. $x - y = 0$

4. 设 $f(x) = \ln \cos x$，则 $f''(x) = ($ $)$.

    A. $\tan x$ B. $-\tan x$ C. $\sec^2 x$ D. $-\sec^2 x$

5. 设 $y = \cos x^2$，则 $dy = ($ $)$.

    A. $-2x \cos x^2 \, dx$ B. $2x \cos x^2 \, dx$

    C. $-2x \sin x^2 \, dx$ D. $2x \sin x^2 \, dx$

三、计算题（每小题 12 分，共 48 分）

1. 求下列函数的导数 y'：

（1）$y = x^{x^2} + e^{x^2}$.   （2）$y = \sqrt[3]{x + \sqrt{x}}$.

2. 在下列方程中，$y = y(x)$ 是由方程确定的函数，求 y'：

(1) $y\cos x = e^{2y}$.　　　　　　　　　　(2) $y = 5^x + 2^y$.

3. 求下列函数的二阶导数：

(1) $y = x\ln x$.　　　　　　　　　　　　(2) $y = 3^{x^2}$.

4. 求下列函数的微分 dy：

(1) $y = \cot x + \csc x$.　　　　　　　　(2) $y = \sin^2(e^x)$.

四、应用题(每小题 6 分，共 12 分)

1. 一球形细胞的体积以 $16\mu m^3/h$（h：小时；μm：微米）的速度增长，当它的半径为 $10\mu m$ 时，细胞半径增长的速度是多少？

2. 一立方体铁箱的外边长为 $1\,m$，若铁皮厚 $3\,mm$，问能装进铁箱的液体体积大约是多少？

姓名＿＿＿＿＿＿＿ 班级学号＿＿＿＿＿＿＿

一元函数微分学及应用（练习三）

一、填空题（每小题 4 分，共 20 分）

1. 在 $[\pi, 2\pi]$ 上，函数 $f(x) = \sin x$ 满足罗尔定理中的 $\xi =$ ＿＿＿＿＿＿＿．

2. 在 $[0, 1]$ 上，函数 $f(x) = \ln(x+1)$ 满足拉格朗日中值定理中的 $\xi =$ ＿＿＿＿＿＿＿．

3. 设 $f(x) = x(x-1)(x-2)$，则方程 $f'(x) = 0$ 有＿＿＿＿＿＿＿个实根，分别位于区间＿＿＿＿＿＿＿＿＿＿＿内．

4. $\lim\limits_{x \to +\infty} \dfrac{x^2}{x + e^x} =$ ＿＿＿＿＿＿＿．

5. $\lim\limits_{x \to +\infty} \left(\dfrac{x}{\ln x} - \dfrac{1}{x \ln x} \right) =$ ＿＿＿＿＿＿＿．

二、单选题（每小题 4 分，共 20 分）

1. 若函数 $f(x)$ 满足条件（　　　），则存在 $\xi \in (a, b)$，使得 $f(\xi) = \dfrac{f(b) - f(a)}{b - a}$．

　　A. 在 (a, b) 内连续　　　　　　　　　B. 在 (a, b) 内可导

　　C. 在 (a, b) 内连续且可导　　　　　　D. 在 $[a, b]$ 上连续，在 (a, b) 内可导

2. 下列函数中，在区间 $[-1, 1]$ 上满足罗尔定理条件的是（　　　）．

　　A. $y = \dfrac{1}{x}$　　　　　B. $y = |x|$　　　　　C. $y = 1 - x^2$　　　　　D. $y = x - 1$

3. 下列函数中，在区间 $[1, e]$ 上满足拉格朗日中值定理条件的是（　　　）．

　　A. $y = \ln(\ln x)$　　　B. $y = \ln x$　　　C. $y = \dfrac{1}{\ln x}$　　　D. $y = \ln(2 - x)$

4. 下列求极限问题中能够使用洛必达法则的是（　　　）．

　　A. $\lim\limits_{x \to 0} \dfrac{x^2 \sin \dfrac{1}{x}}{\sin x}$ 　　　　　　　　　　B. $\lim\limits_{x \to 1} \dfrac{1 - x}{1 - \sin \dfrac{\pi}{2} x}$

　　C. $\lim\limits_{x \to \infty} \dfrac{x - \sin x}{x \sin x}$ 　　　　　　　　　D. $\lim\limits_{x \to 0} x \left(\dfrac{\pi}{2} - \arctan x \right)$

5. 求极限 $\lim\limits_{x \to \infty} \dfrac{x - \sin x}{x + \sin x}$，下列解法正确的是（　　　）．

　　A. 用洛必达法则，原式 $= \lim\limits_{x \to \infty} \dfrac{1 - \cos x}{1 + \cos x} = \lim\limits_{x \to \infty} \dfrac{\sin x}{-\sin x} = -1$

　　B. 该极限不存在

　　C. 原式 $= \lim\limits_{x \to \infty} \dfrac{1 - \dfrac{\sin x}{x}}{1 + \dfrac{\sin x}{x}} = \lim\limits_{x \to \infty} \dfrac{1 - 1}{2} = 0$

D. 原式 $=\lim\limits_{x\to\infty}\dfrac{1-\dfrac{\sin x}{x}}{1+\dfrac{\sin x}{x}}=\lim\limits_{x\to\infty}\dfrac{1-0}{1+0}=1$

三、求下列极限（每小题 8 分,共 48 分）

1. $\lim\limits_{x\to 1}\dfrac{x^3-3x+2}{x^3-x^2-x+1}.$

2. $\lim\limits_{x\to+\infty}\dfrac{x+1}{e^{2x}}.$

3. $\lim\limits_{x\to\pi}\dfrac{\sin 3x}{\tan 7x}.$

4. $\lim\limits_{x\to+\infty}\dfrac{\ln\left(1+\dfrac{1}{x}\right)}{\text{arccot}\,x}.$

5. $\lim\limits_{x\to 0}\dfrac{2^x-3^x}{\sin x}.$

6. $\lim\limits_{x\to+\infty}\dfrac{e^x+\sin x}{e^x-\cos x}.$

四、证明题（每小题 6 分,共 12 分）

1. 验证拉格朗日中值定理对函数 $f(x)=3\sqrt{x}-4x$ 在区间 $[1,4]$ 上的正确性.

2. 当 $|x| \leqslant \dfrac{1}{2}$ 时,证明等式 $3\arccos x - \arccos(3x - 4x^3) = \pi$ 成立.

姓名＿＿＿＿＿＿＿＿　班级学号＿＿＿＿＿＿＿＿

一元函数微分学及应用（练习四）

一、填空题（每小题 4 分，共 20 分）

1. 设 $f(x)$ 在 (a,b) 内可导，$x_0 \in (a,b)$，且当 $x < x_0$ 时，$f'(x) < 0$；当 $x > x_0$ 时，$f'(x) > 0$，则 x_0 是 $f(x)$ 的＿＿＿＿＿＿＿点.

2. 若函数 $f(x)$ 在点 x_0 可导，且 x_0 是 $f(x)$ 的极值点，则 $f'(x_0) = $＿＿＿＿＿＿＿.

3. 函数 $y = \ln(1+x^2)$ 的单调减少区间是＿＿＿＿＿＿＿.

4. 函数 $f(x) = e^{x^2}$ 的单调增加区间是＿＿＿＿＿＿＿.

5. 方程 $x^5 + x - 1 = 0$ 在实数范围内有＿＿＿＿＿＿＿个实根.

二、单选题（每小题 4 分，共 20 分）

1. 函数 $f(x) = x^2 + 4x - 1$ 的单调增加区间是（　　　）.

  A. $(-\infty, 2)$ B. $(-1, 1)$ C. $(2, +\infty)$ D. $(-2, +\infty)$

2. 函数 $y = x^2 + 4x - 5$ 在区间 $(-6, 6)$ 内满足（　　　）.

  A. 先单调下降再单调上升   B. 单调下降

  C. 先单调上升再单调下降   D. 单调上升

3. 函数 $f(x)$ 满足 $f'(x) = 0$ 的点，一定是 $f(x)$ 的（　　　）.

  A. 间断点   B. 极值点   C. 驻点   D. 零点

4. 设 $f(x)$ 在 (a,b) 内有连续的二阶导数，$x_0 \in (a,b)$，若 $f(x)$ 满足（　　　），则 $f(x)$ 在 x_0 取到极小值.

  A. $f'(x_0) > 0, f''(x_0) = 0$ B. $f'(x_0) < 0, f''(x_0) = 0$

  C. $f'(x_0) = 0, f''(x_0) > 0$ D. $f'(x_0) = 0, f''(x_0) < 0$

5. 设函数 $f(x) = a\cos x - \dfrac{1}{2}\cos 2x$ 在点 $x = \dfrac{\pi}{3}$ 处取得极值，则 $a = $（　　　）.

  A. 0   B. $\dfrac{1}{2}$ C. 1   D. 2

三、计算题（每小题 12 分，共 36 分）

1. 求下列函数的单调区间：

(1) $y = \dfrac{x^2 - 1}{x}$.   (2) $y = 9x^3 - \ln x$.

2. 求下列函数在指定区间内的单调性：

(1) $y=\dfrac{1}{x}\ln x$ 在区间 $(0,+\infty)$ 内.

(2) $y=x-2\sin x$ 在区间 $[0,3]$ 内.

3. 求下列函数的极值：

(1) $y=-x^4+2x^2$.

(2) $y=2-(x+1)^{\frac{2}{3}}$.

四、证明题（第 1 题 16 分,第 2 题 8 分,共 24 分）

1. 利用单调性证明不等式：

(1) 当 $x>0$ 时,$1+\dfrac{1}{2}x>\sqrt{1+x}$.

(2) 当 $x>1$ 时,$e^x>ex$.

2. 证明方程 $x^3+2x-\sin x-1=0$ 在 $(0,1)$ 内仅有一个实根.

（提示:用零值定理和函数单调性证明.）

姓名＿＿＿＿＿＿　　班级学号＿＿＿＿＿＿

一元函数微分学及应用(练习五)

一、填空题(每小题 4 分,共 20 分)

1. 若函数 $f(x)$ 在 $[a,b]$ 内恒有 $f'(x)<0$,则 $f(x)$ 在 $[a,b]$ 上的最大值是＿＿＿＿＿＿.

2. 函数 $f(x)=\dfrac{x-1}{x+1}$ 在区间 $[0,4]$ 上的最大值为＿＿＿＿＿＿,最小值为＿＿＿＿＿＿.

3. 曲线 $y=2+5x-3x^3$ 的拐点是＿＿＿＿＿＿.

4. 若点 $(1,0)$ 是函数 $f(x)=ax^3+bx^2+2$ 的拐点,则 $a=$＿＿＿＿＿＿,$b=$＿＿＿＿＿＿.

5. 曲线 $y=\dfrac{\sin 2x}{x(2x+1)}$ 的垂直渐近线为＿＿＿＿＿＿.

二、单选题(每小题 4 分,共 20 分)

1. 设 $f(x)=\dfrac{1}{3}x^3-x$,则 $x=1$ 为 $f(x)$ 在 $[-2,2]$ 上的(　　).

    A. 极小值点,但不是最小值点   B. 极小值点,也是最小值点

    C. 极大值点,但不是最大值点   D. 极大值点,也是最大值点

2. 设 $f(x)$ 在 (a,b) 内有连续的二阶导数,且 $f'(x)<0$,$f''(x)<0$,则 $f(x)$ 在此区间内是(　　).

    A. 单调减少且是凸的   B. 单调减少且是凹的

    C. 单调增加且是凸的   D. 单调增加且是凹的

3. 曲线 $y=e^{-x^2}$(　　).

    A. 没有拐点   B. 有一个拐点   C. 有两个拐点   D. 有三个拐点

4. 曲线 $y=x\sin\dfrac{1}{x}$(　　).

    A. 仅有水平渐近线   B. 既有水平渐近线,又有垂直渐近线

    C. 仅有垂直渐近线   D. 既无水平渐近线,又无垂直渐近线

5. 下列曲线中既有水平渐近线,又有垂直渐近线是(　　).

    A. $y=\dfrac{x^3+x}{\sin 2x}$ B. $y=\dfrac{x^2+3}{x-1}$ C. $y=\ln\left(3-\dfrac{e}{x}\right)$ D. $y=xe^{-x^2}$

三、计算题(每小题 10 分,共 20 分)

1. 求函数 $y=\dfrac{x^2}{x+1}$ 在区间 $\left[-\dfrac{1}{2},1\right]$ 上的最大值和最小值.

2. 求函数 $y = x^4(12\ln x - 7)$ 的凹凸区间和拐点.

四、应用题(每小题 10 分,共 40 分)

1. 求曲线 $y^2 = 2x$ 上的点,使其到点 $A(2,0)$ 的距离最短.

2. 圆柱体上底的中心到下底的边沿的距离为 L,问当底面半径与高分别为多少时,圆柱体的体积最大?

3. 一体积为 V 的无盖圆柱形容器,问底面半径与高各为多少时表面积最小?

4. 欲做一个底为正方形,容积为 $62.5\ \text{m}^3$ 的长方体开口容器,怎样做可以使用料最省?

一元函数微分学及应用测试题（一）

一、填空题（每小题 4 分，共 20 分）

1. 设 $f(x)=\dfrac{1}{3}x^3-1$，则 $f[f'(x)]=$_____．

2. 已知 $f'(x_0)=3$，则 $\lim\limits_{\Delta x\to 0}\dfrac{f(x_0-2\Delta x)-f(x_0)}{\Delta x}=$_____．

3. 设 $f(x)=(x-3)(x-4)(x-5)(x-6)$，则 $f'(4)=$_____．

4. 在曲线 $y=x^2+1$ 上，点_____处的切线平行于直线 $4x-2y-1=0$．

5. 在曲线 $y=e^{-x}$ 上，点 $(0,1)$ 处的法线方程为_____．

二、单选题（每小题 4 分，共 20 分）

1. 下列命题中正确的是（　　）．

   A. 若 $f(x)$ 在点 x_0 处连续，则 $f(x)$ 在点 x_0 处可导

   B. 若 $y=f(x)$ 在点 $(x_0,f(x_0))$ 处有切线，则 $f(x)$ 在点 x_0 处可导

   C. 若 $f(x)$ 在点 x_0 处可导，则 $f(x)$ 在点 x_0 处可微

   D. 若 $x\to x_0$ 时，$f(x)$ 的极限存在，则 $f(x)$ 在点 x_0 处可导

2. 若 $f(x)$ 在点 x_0 处连续，则有（　　）．

   A. $\lim\limits_{x\to x_0}f(x)=A\neq f(x_0)$　　　　　　B. $f(x)$ 在点 x_0 处可导

   C. $\lim\limits_{x\to x_0}f(x)=f(x_0)$　　　　　　　D. $f(x)$ 在点 x_0 处可微

3. 设 $f(x)=\dfrac{1}{2}x^2(x-1)(x-2)\cdots(x-100)$，则 $f''(0)=$（　　）．

   A. 100　　　　　　　　B. $100!$　　　　　　　　C. -100　　　　　　　　D. $-100!$

4. 已知质点运动方程为 $s=\dfrac{1}{6}t^3-\dfrac{1}{2}t^2+1$，则质点在 $t=2$ 时的速度 v、加速度 a 分别为（　　）．

   A. $v=0,a=1$　　　　　　　　B. $v=0,a=-1$

   C. $v=1,a=1$　　　　　　　　D. $v=1,a=-1$

5. 设 $y=f(u)$，$u=\varphi(x)$ 均可导，则 $\mathrm{d}y=$（　　）．

   A. $\dfrac{\mathrm{d}y}{\mathrm{d}u}\mathrm{d}x$　　　　　B. $\dfrac{\mathrm{d}u}{\mathrm{d}x}\mathrm{d}x$　　　　　C. $\dfrac{\mathrm{d}y}{\mathrm{d}u}\dfrac{\mathrm{d}u}{\mathrm{d}x}$　　　　　D. $\dfrac{\mathrm{d}y}{\mathrm{d}u}\dfrac{\mathrm{d}u}{\mathrm{d}x}\mathrm{d}x$

三、计算题（每小题 5 分，共 45 分）

1. 设 $y=\dfrac{\cos x-1}{\sin x+1}$，求 $\mathrm{d}y$．　　　　　　2. 设 $y=e^{-x}\cdot\ln(2-x)$，求 $y_x{}'$．

33

3. 设 $y = \sin(\ln^2 x)$，求 $\mathrm{d}y$.

4. 设 $y = 2^{\arctan \frac{1}{x}}$，求 $y_x{}'$.

5. 设 $f(x) = \dfrac{x}{1+\sqrt{x}}$，求 $f'(1)$.

6. 设 $y = (\sin x)^x$，求 $y_x{}'$.

7. 设 $y = \sqrt{\dfrac{(x+1)(2-3x)}{(5x+1)^3}}$，求 $y_x{}'$.

8. 设 $f(x) = x\mathrm{e}^{-2x}$，求 $f''(x)$.

9. 设方程 $\mathrm{e}^{xy} + x - y^2 = 0$ 确定函数 $y = y(x)$，求 $y_x{}'$.

四、综合题（第 1 题 7 分，第 2 题 8 分，共 15 分）

1. 设 $f\left(\dfrac{1}{2}x\right) = \sin x$，分别求 $f'(x)$、$f'[f(x)]$.

2. 设方程 $\mathrm{e}^y + xy = \mathrm{e}$ 确定函数 $y = y(x)$，求 $f''(0)$.

一元函数微分学及应用测试题（二）

一、填空题（每小题 3 分，共 18 分）

1. 若 $f(x)$ 在 $[a,b]$ 连续，在 (a,b) 可导，则在 (a,b) 内至少有一点 c，使得 _____ 成立．

2. 函数 $f(x)=x-\ln(x+1)$ 的单调减少区间为 _____．

3. 函数 $f(x)=xe^x$ 的极小值点为 _____．

4. 曲线 $y=x^3-3x^2+3x$ 的拐点的坐标是 _____．

5. 曲线 $y=e^{-x^2}$ 的凸区间是 _____．

6. 曲线 $y=\dfrac{1}{x}e^{-x}$ 的水平渐近线为 _____，垂直渐近线为 _____．

二、单选题（每小题 3 分，共 24 分）

1. 函数 $y=x-\arcsin x$ 的单调减少区间是（　　）．
   - A. $(-\infty,+\infty)$
   - B. $(0,+\infty)$
   - C. $(-\infty,0)$
   - D. $(-1,1)$

2. 下列在指定区间是单调增函数的为（　　）．
   - A. $y=|x|,(-1,1)$
   - B. $y=\sin x,(-\infty,+\infty)$
   - C. $y=-x^2,(-\infty,0)$
   - D. $y=3^{-x},(0,+\infty)$

3. 已知 $f(x)=ax^3-x^2-x-1$ 在 $x_0=1$ 处有极小值，则 a 的值为（　　）．
   - A. 1
   - B. $\dfrac{1}{3}$
   - C. 0
   - D. $-\dfrac{1}{3}$

4. 曲线 $y=x^2(x-6)$ 在区间 $(4,+\infty)$ 是（　　）．
   - A. 单调增加且是凸的
   - B. 单调增加且是凹的
   - C. 单调减少且是凸的
   - D. 单调减少且是凹的

5. 若 $f(x)$ 在 $x_0=c$ 可导且 $f'(c)=0$，则点 c 是 $f(x)$ 的（　　）．
   - A. 驻点
   - B. 极值点
   - C. 拐点
   - D. 最值点

6. 下列命题中正确的是（　　）．
   - A. 若 $f'(c)=0$，则 $x_0=c$ 必是 $f(x)$ 的极值点
   - B. 若 $x_0=c$ 是 $f(x)$ 的极值点，则必有 $f'(c)=0$
   - C. 函数 $f(x)$ 的极值点可以不是 $f(x)$ 的驻点
   - D. 若 $f(x)$ 满足 $f''(c)=0$，则点 $(c,f(c))$ 是曲线 $f(x)$ 的拐点

7. 曲线 $y=x\ln\left(1+\dfrac{1}{x}\right)$ 的水平渐近线是（　　）．
   - A. $y=0$
   - B. $y=1$
   - C. $x=0$
   - D. $x=1$

8. 曲线 $y=\dfrac{1}{\sqrt{1-x^2}}$ 的垂直渐近线是（　　）．
   - A. $x=\pm1$
   - B. $y=\pm1$
   - C. $x=0$
   - D. $x=1$

三、求下列各极限(每小题 5 分,共 30 分)

1. $\lim\limits_{x\to 0}\dfrac{e^x - e^{-x} - 2x}{x - \sin x}$.

2. $\lim\limits_{x\to +\infty}\dfrac{\ln x}{x + 2\sqrt{x}}$.

3. $\lim\limits_{x\to 0^+} x^{100}\ln x$.

4. $\lim\limits_{x\to 1}\left(\dfrac{1}{x-1} - \dfrac{x}{\ln x}\right)$.

5. $\lim\limits_{x\to 0} x^2 e^{\frac{1}{x^2}}$.

6. $\lim\limits_{x\to 0}\left(\dfrac{1}{\sin x} - \dfrac{1}{x}\right)$.

四、综合题(每小题 7 分,共 14 分)

1. 设 $y = x^3 - 3x^2 - 9x + 10$,求单调区间、凹凸区间、极值与拐点.

2. 设 $y = (2x-5)\cdot\sqrt[3]{x^2}$,求单调区间与极值.

五、应用题(每小题 7 分,共 14 分)

1. 在抛物线 $y=1-x^2$ 与 x 轴所围区域中内接一个矩形,求这个矩形的最大面积.

2. 过平面上定点 $P(1,1)$ 引一条直线,使它在两个坐标轴上的截距都是正的,且两截距之和最小,求这条直线的方程.

第三章 一元函数积分学及应用案例与练习

> 本章的主要内容是不定积分和定积分.
>
> 不定积分部分的基本内容:原函数与不定积分的概念,不定积分的性质,不定积分的基本公式,不定积分的计算方法(第一类换元积分法,第二类换元积分法和分部积分法).
>
> 定积分部分的基本内容:定积分的定义、性质和几何意义,定积分的计算(牛顿-莱布尼兹公式,定积分的换元积分法和分部积分法),定积分的几何应用(求平面曲线围成的图形面积以及旋转体体积).
>
> 为了帮助大家更好地理解、掌握和应用这些内容,我们编写了下面的案例与练习.

案例 3.1[**原函数求解**]设 $F(x)$ 是 $f(x)$ 的原函数,且当 $x \geq 0$ 时,$f(x)F(x) = \dfrac{1}{2}xe^x$. 已知 $F(0) = 1, F(x) > 0$,试求 $F(x)$.

解: 因为 $F(x)$ 是 $f(x)$ 的原函数,所以 $F'(x) = f(x)$,则 $2F'(x)F(x) = xe^x$,两边同时对 x 积分得

$$F^2(x) = \int xe^x \mathrm{d}x = xe^x - e^x + C.$$

因为 $F(0) = 1, F(x) > 0$,所以 $F^2(0) = -1 + C$,得到 $C = 2$,则

$$F(x) = \sqrt{xe^x - e^x + 2} \quad (\text{因为 } F(x) > 0).$$

案例 3.2[**倒代换积分**]求 $\displaystyle\int \dfrac{\mathrm{d}x}{x\sqrt{x^{12} - 1}}$.

分析: 设 m, n 分别是被积函数的分子、分母关于 $(x \pm a)$ 的最高次数,一般当 $n - m > 1$ 时,用倒代换可望成功.

解: 令 $x = \dfrac{1}{t}$,则 $\mathrm{d}x = -\dfrac{1}{t^2}\mathrm{d}t$,则

$$原式 = \int \dfrac{t}{\sqrt{\dfrac{1}{t^{12}} - 1}}\left(-\dfrac{1}{t^2}\right)\mathrm{d}t = -\int \dfrac{t^5}{\sqrt{1 - t^{12}}}\mathrm{d}t = -\dfrac{1}{6}\int \dfrac{1}{\sqrt{1 - (t^6)^2}}\mathrm{d}(t^6)$$

$$= -\dfrac{1}{6}\arcsin t^6 + C = -\dfrac{1}{6}\arcsin \dfrac{1}{x^6} + C.$$

案例 3.3[**换元积分**]已知 $f(x)$ 二阶连续可导,试求 $\displaystyle\int xf''(2x - 1)\mathrm{d}x$.

分析: 当被积函数为抽象函数且含有中间变量时,一般均应先进行变量代换,化简后再计算积分.

解: 令 $u = 2x - 1$,则 $x = \dfrac{u+1}{2}, \mathrm{d}x = \dfrac{1}{2}\mathrm{d}u$,所以

$$\int xf''(2x - 1)\mathrm{d}x = \int \dfrac{1}{2}(u+1)f''(u) \cdot \dfrac{1}{2}\mathrm{d}u = \dfrac{1}{4}\int (u+1)f''(u)\mathrm{d}u$$

$$= \frac{1}{4}\int (u+1)\mathrm{d}f'(u) = \frac{1}{4}(u+1)f'(u) - \frac{1}{4}\int f'(u)\mathrm{d}u$$

$$= \frac{1}{4}(u+1)f'(u) - \frac{1}{4}f(u) + C(回代\ u=2x-1)$$

$$= \frac{x}{2}f'(2x-1) - \frac{1}{4}f(2x-1) + C.$$

案例 3.4[积分估值] 估计 $\int_{\frac{\pi}{4}}^{\frac{\pi}{3}} \frac{1}{1+\sin^2 x}\mathrm{d}x$ 的积分值.

分析: 对于本道题的解答,由定积分中的性质——估值定理可知,首先要求出被积函数 $f(x) = \frac{1}{1+\sin^2 x}$ 的最大值与最小值.

解: 因为 $f'(x) = \frac{-2\sin x \cos x}{(1+\sin^2 x)^2} < 0, x \in \left[\frac{\pi}{4}, \frac{\pi}{3}\right]$,所以 $f(x)$ 在 $x \in \left[\frac{\pi}{4}, \frac{\pi}{3}\right]$ 上为单调减函数,故 $f(x)$ 在其定义域内的最小值为 $m = \frac{1}{1+\sin^2 \frac{\pi}{3}} = \frac{4}{7}$,最大值为 $M = \frac{1}{1+\sin^2 \frac{\pi}{4}} = \frac{2}{3}$.

利用估值定理 $m(b-a) \leqslant \int_a^b f(x)\mathrm{d}x \leqslant M(b-a)$ 知

$$\frac{4}{7}\left(\frac{\pi}{3} - \frac{\pi}{4}\right) \leqslant \int_{\frac{\pi}{4}}^{\frac{\pi}{3}} \frac{1}{1+\sin^2 x}\mathrm{d}x \leqslant \frac{2}{3}\left(\frac{\pi}{3} - \frac{\pi}{4}\right),$$

即

$$\frac{\pi}{21} \leqslant \int_{\frac{\pi}{4}}^{\frac{\pi}{3}} \frac{1}{1+\sin^2 x}\mathrm{d}x \leqslant \frac{\pi}{18}.$$

案例 3.5[薄片质心坐标] 一密度均匀的薄片,其边界由抛物线 $y^2 = ax$ 与直线 $x = a$ 围成,求此薄片的质心坐标.

解: 如图 3.1 所示,由对称性知,质心在 x 轴上,即 $\bar{y} = 0$,利用质心计算公式,有

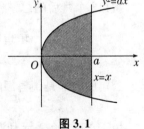

$$\bar{x} = \frac{\int_{-a}^{a} \left(\frac{y^2}{a}\right)^2 \mathrm{d}y}{\int_{-a}^{a} \frac{y^2}{a}\mathrm{d}y} = \frac{\frac{2}{a^2} \cdot \frac{a^5}{5}}{\frac{2}{a} \cdot \frac{a^3}{3}} = \frac{3}{5}a.$$

图 3.1

所以,薄片的质心坐标为 $\left(\frac{3}{5}a, 0\right)$.

案例 3.6[弹簧做功] 一个弹簧,用 $4\,\mathrm{N}$ 的力可以把它拉长 $0.02\,\mathrm{m}$,求把它拉长 $0.1\,\mathrm{m}$ 所做的功.

解: 由胡克定理 $F = kx$,得 $x = 0.02$,把 $F = 4$ 代入,得 $k = 200$,于是 $F = 200x$.

功微元为 $\mathrm{d}w = 200x\mathrm{d}x$,因此所做的功为

$$w = \int_0^{0.1} 200x\mathrm{d}x = 1(\mathrm{J}).$$

案例 3.7[抽水做功] 一个圆柱形的容器,高 4 米,底面半径 3 米,装满水,问:把容器内的水全部抽完需做多少功?

解: 本题属于变距离的做功问题,如图 3.2 所示,设水的密度为 ρ,则在某一点处的压强为 $p = g\rho h$,在某一面上的压力为

$$F = pA = 9\pi g\rho h.$$

功的微元为

$$\mathrm{d}w = F\mathrm{d}h = 9\pi\rho h\,\mathrm{d}h.$$

于是所需做的功为

$$w = \int_0^4 9\pi\rho h\,\mathrm{d}h = 9\pi\rho\,\frac{h^2}{2}\Big|_0^4 = 72\pi\rho\,(\mathrm{J}).$$

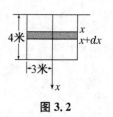

图 3.2

案例 3.8[最优方案选择] 某单位公布房改政策,规定每个没享受过福利分房待遇的人,可在下述两种方案中选择一个执行:

(1) 每月领取 1 200 元住房补贴,共领取 10 年;

(2) 每月领取 600 元住房补贴,共领取 25 年;

假如你是一个没享受过福利分房待遇的人,请你在这两个方案中选择一个,并用计算数据来说明你的选择理由(假如银行的购房贷款年利率为 5%,且以连续复利计息).

解:研究两种方案总补贴收入的现值

$$A_1 = \int_0^{120} 1\,200\,\mathrm{e}^{-\frac{0.05}{12}t}\mathrm{d}t = 288\,000(1 - \mathrm{e}^{-0.5}) \approx 113\,319(元),$$

$$A_2 = \int_0^{3\,000} 600\,\mathrm{e}^{-\frac{0.05}{12}t}\mathrm{d}t = 144\,000(1 - \mathrm{e}^{-1.25}) \approx 102\,743(元).$$

显然第一方案优于第二方案,所以应该选择第一方案.

案例 3.9[广告策略] 某出口公司每月销售额是 1 000 000 美元,平均利润是销售额的 10%. 根据公司以往的经验,广告宣传期间月销售额的变化率近似地服从增长曲线 1 000 000$\mathrm{e}^{0.02t}$(t 以月为单位),公司现在需要决定是否举行一次类似的总成本为 130 000 美元的广告活动. 按惯例,对于超过 100 000 美元的广告活动,如果新增销售额产生的利润超过广告投资的 10%,则决定做广告. 试问该公司按惯例是否应该做此广告?

解:12 个月后的总销售额是当 $t = 12$ 时的定积分,即

$$销售额 = \int_0^{12} 1\,000\,000\mathrm{e}^{0.02t}\mathrm{d}t = \frac{1\,000\,000\mathrm{e}^{0.02t}}{0.02}\Big|_0^{12}$$

$$= 50\,000\,000(\mathrm{e}^{0.24} - 1) \approx 13\,560\,000(美元).$$

公司的利润是销售额的 10%,所以新增销售额产生的利润是

$$0.1 \times (13\,560\,000 - 12\,000\,000) = 156\,000(美元).$$

由于 156 000 美元利润是花费 130 000 美元的广告费而取得的,因此广告所产生的实际利润是 156 000 − 130 000 = 26 000(美元).

这表明赢利大于广告成本的 10%,公司应该做此广告.

案例 3.10[函数最值] 设 $f(x)$ 为连续函数,且 $\int_0^{2x} xf(t)\mathrm{d}t + 2\int_x^0 tf(2t)\mathrm{d}t = 2x^3(x-1)$ 求 $f(x)$ 在 $[0,2]$ 上的最值.

分析:本题要想求出 $f(x)$ 的最值,首先应该知道函数 $f(x)$.

解:原方程的两端对 x 求导,则

$$左端 = \int_0^{2x} f(t)\mathrm{d}t + 2xf(2x) - 2xf(2x) = \int_0^{2x} f(t)\mathrm{d}t,$$

$$右端 = 8x^3 - 6x^2,$$

所以

$$\int_0^{2x} f(t)\mathrm{d}t = 8x^3 - 6x^2.$$

两端再对 x 求导得

$$2f(2x) = 24x^2 - 12x.$$

则 $f(2x) = 6x(2x-1) = 3 \cdot 2x(2x-1)$，即 $f(x) = 3x(x-1)$.

根据函数最值的性质可知，函数的最值一般在可疑极值点或是在端点处取得，则 $f'(x) = 6x - 3$，令 $f'(x) = 0$，则驻点为 $x = \dfrac{1}{2}$.

因为 $f(0) = 0$，$f\left(\dfrac{1}{2}\right) = -\dfrac{3}{4}$，$f(2) = 6$，所以函数 $f(x)$ 的最大值与最小值分别为 6，$-\dfrac{3}{4}$.

案例 3.11［极限求解］求 $\lim\limits_{x\to 0} \dfrac{\displaystyle\int_0^x t^2 \mathrm{d}t}{\displaystyle\int_0^x (1-\cos t)\mathrm{d}t}$.

分析：求定积分形式的极限时，一般都用罗比达法则.

解：原式为 $\dfrac{0}{0}$ 型，因此由罗比达法则知

$$原式 = \lim_{x\to 0} \frac{x^2}{1-\cos x} = \lim_{x\to 0} \frac{2x}{\sin x} = 2\left(重要极限：\lim_{x\to 0} \frac{\sin x}{x} = 1\right).$$

案例 3.12［隐函数求导］求由方程 $\displaystyle\int_0^y e^t \mathrm{d}t + \int_0^x \cos t\,\mathrm{d}t = 0$ 所确定的隐函数 $y = y(x)$ 的导数 $\dfrac{\mathrm{d}y}{\mathrm{d}x}$.

分析：此题要求 $y = y(x)$ 的导数 $\dfrac{\mathrm{d}y}{\mathrm{d}x}$，涉及变上限的定积分求导问题，在求解的过程中，一定要记住此时 $y = y(x)$ 是一个复合函数，使用公式：

$$\frac{\mathrm{d}}{\mathrm{d}x} \int_a^{\varphi(x)} f(t)\mathrm{d}t = f[\varphi(x)]\varphi'(x).$$

解：方程的两端同时对 x 求导，得

$$e^y \frac{\mathrm{d}y}{\mathrm{d}x} + \cos x = 0,$$

所以 $\dfrac{\mathrm{d}y}{\mathrm{d}x} = -\dfrac{\cos x}{e^y}$.

案例 3.13［函数极值］求函数 $f(x) = \displaystyle\int_0^x t e^{-t^2}\mathrm{d}t$ 的极值.

分析：求函数极值，首先要知道函数极值点的取得，可能在一阶导数为零的点，也可能在一阶不可导点处，因此先要对函数进行求导.

解：令 $f'(x) = x e^{-x^2} = 0$，得 $x = 0$（此题不存在一阶不可导点），则

x	$(-\infty, 0)$	0	$(0, +\infty)$
$f'(x)$	$-$	0	$+$
$f(x)$	$\searrow$		$\nearrow$

由上表可知,当 $x=0$ 时,函数有极小值 $f(0)=0$.

案例 3.14[判断根的个数] 设 $f(x)$ 在 $[0,1]$ 上连续,且 $f(x)<1$,现有 $F(x)=(2x-1)-\int_0^x f(t)\mathrm{d}t$,证明:$F(x)$ 在 $(0,1)$ 内只有一个根.

分析: 证明方程 $F(x)=0$ 的根唯一的问题,一般分两个步骤:第一步由零点定理证明方程 $F(x)=0$ 至少有一个实根;第二步由单调性证明方程 $F(x)=0$ 只有唯一的根.

证明: 由题意得 $F(x)$ 在 $[0,1]$ 上连续,且 $F(0)=-1$,$F(1)=1-\int_0^1 f(t)\mathrm{d}t$.

由条件 $f(x)<1$ 知,$\int_0^1 f(t)\mathrm{d}t<\int_0^1 1\mathrm{d}t=1$,因此 $F(1)=1-\int_0^1 f(t)\mathrm{d}t>0$.

由零点定理知,$F(x)=0$ 在 $(0,1)$ 上至少有一个实根.

又因为 $F'(x)=2-f(x)>0$(因为 $f(x)<1$),所以 $F(x)$ 在 $(0,1)$ 上是单调增函数,即 $F(x)$ 在 $(0,1)$ 内只有一个实根.

案例 3.15[奇偶函数积分] 求 $\int_{-1}^1\left(\dfrac{x^3}{1+x^4}+x\sqrt{1-x^2}+\sqrt{1-x^2}\right)\mathrm{d}x$.

分析: 本题看起来很复杂,但仔细分析之后会发现,只要知道定积分的一些性质,本题就迎刃而解. 大家记住一般只要遇到上下限互为相反数的时候,我们首先应想到被积函数的奇偶性.

设函数 $f(x)$ 在原点对称的区间 $[-a,a]$ 上可积,则

$$\int_{-a}^a f(x)\mathrm{d}x=\begin{cases}2\int_0^a f(x)\mathrm{d}x, & f(x)\text{ 在}[-a,a]\text{为偶函数,}\\0, & f(x)\text{ 在}[-a,a]\text{为奇函数.}\end{cases}$$

解: 因为 $\dfrac{x^3}{1+x^4}$、$x\sqrt{1-x^2}$ 在 $[-1,1]$ 中都为奇函数,而 $\sqrt{1-x^2}$ 为偶函数,且 $\int_0^1\sqrt{1-x^2}\mathrm{d}x$ 表示的是半径为 1 的四分之一圆的面积,所以

$$\int_{-1}^1\left(\frac{x^3}{1+x^4}+x\sqrt{1-x^2}+\sqrt{1-x^2}\right)\mathrm{d}x=2\int_0^1\sqrt{1-x^2}\mathrm{d}x=\frac{1}{2}\pi.$$

案例 3.16[分段函数积分] 设 $f(x)=\begin{cases}x^2, & 0\leqslant x<1,\\1, & 1\leqslant x<2, \\ 4-x, & 2\leqslant x<4,\end{cases}$ 求 $\int_0^4 f(x)\mathrm{d}x$.

分析: 本题为分段函数积分问题,因为分段函数在自变量的不同范围内的函数表达式不同,所以计算时应使用定积分关于积分区间的可加性分别计算.

解: $\displaystyle\int_0^4 f(x)\mathrm{d}x=\int_0^1 x^2\mathrm{d}x+\int_1^2\mathrm{d}x+\int_2^4(4-x)\mathrm{d}x$

$\qquad=\dfrac{x^3}{3}\Big|_0^1+x\Big|_1^2-\dfrac{(4-x)^2}{2}\Big|_2^4=\dfrac{10}{3}$.

案例 3.17[判断函数凹凸性] 设 $f(x)$ 为奇函数,且当 $x<0$ 时,$f(x)<0$,$f'(x)\geqslant 0$,令 $F(x)=\int_{-1}^1 f(xt)\mathrm{d}t+\int_0^x tf(t^2-x^2)\mathrm{d}t$,判别 $F(x)$ 在 $(-\infty,+\infty)$ 上的凹凸性.

分析: 由函数凹凸性可知,当 $F(x)$ 在定义域内 $F''(x)>0$ 时,函数的图像是凹的;当 $F(x)$ 在定义域内 $F''(x)<0$ 时,函数的图像是凸的.

解：先看右边第一项，令 $u=xt$，则

$$\int_{-1}^{1} f(xt)\mathrm{d}t = \frac{1}{x}\int_{-x}^{x} f(u)\mathrm{d}u = 0(因为 f(x) 为奇函数).$$

右边第二项，令 $v=t^2-x^2$，则 $t=\pm\sqrt{v+x^2}$，$\mathrm{d}t=\pm\dfrac{1}{2}\dfrac{1}{\sqrt{v+x^2}}\mathrm{d}v$，代入得

$$\int_0^x tf(t^2-x^2)\mathrm{d}t = \int_{-x^2}^0 (\pm\sqrt{v+x^2})\cdot f(v)\cdot(\pm\frac{1}{2}\frac{1}{\sqrt{v+x^2}})\mathrm{d}v = \frac{1}{2}\int_{-x^2}^0 f(v)\mathrm{d}v.$$

所以 $F(x)=\dfrac{1}{2}\displaystyle\int_{-x^2}^0 f(v)\mathrm{d}v$，则

$$F'(x)=\frac{1}{2}[-f(-x^2)(-2x)]=xf(-x^2).$$

因为 $f(x)$ 为奇函数，且当 $x<0$ 时 $f(x)<0$，$f'(x)\geqslant 0$，所以 $f(-x^2)<0$，$f'(-x^2)\geqslant 0$，则

$$F''(x)=f(-x^2)-2x^2 f'(-x^2)\leqslant 0,$$

所以 $F(x)$ 在 $(-\infty,+\infty)$ 上是凸的.

案例3.18[平面图形面积 1]求曲线 $y=x^2$，$y=(x-2)^2$ 与 x 轴围成的平面图形的面积.

解：如图 3.3 所示，由 $\begin{cases} y=x^2, \\ y=(x-2)^2 \end{cases}$ 得两曲线交点$(1,1)$. 取 x 为积分变量，$x\in[0,2]$，则所求面积为

$$A=\int_0^1 x^2\mathrm{d}x+\int_1^2 (x-2)^2\mathrm{d}x = \frac{x^3}{3}\Big|_0^1 + \frac{(x-2)^3}{3}\Big|_1^2 = \frac{2}{3}.$$

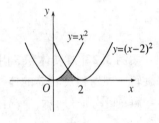

图 3.3

案例3.19[平面图形面积 2]求由曲线 $y=|\ln x|$ 与直线 $x=\dfrac{1}{10}$，$x=10$，$y=0$ 所围图形的面积.

解：如图 3.4 所示，所求面积为

$$S=\int_{\frac{1}{10}}^{10} |\ln x|\mathrm{d}x = \int_{\frac{1}{10}}^1 (-\ln x)\mathrm{d}x + \int_1^{10} \ln x\mathrm{d}x$$

$$=-(x\ln x - x)\Big|_{\frac{1}{10}}^1 + (x\ln x - x)\Big|_1^{10}$$

$$=\frac{99}{10}\ln 10 - \frac{81}{10}.$$

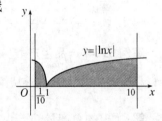

图 3.4

案例3.20[平面图形面积 3]求曲线 $y=\cos x$ 与 $y=\sin x$ 在区间 $[0,\pi]$ 上所围平面图形的面积.

解：如图 3.5 所示，曲线 $y=\cos x$ 与 $y=\sin x$ 的交点坐标为 $\left(\dfrac{\pi}{4},\dfrac{\sqrt{2}}{2}\right)$，选取 x 作为积分变量，$x\in[0,\pi]$，则所求面积为

$$A=\int_0^{\frac{\pi}{4}} (\cos x - \sin x)\mathrm{d}x + \int_{\frac{\pi}{4}}^{\pi} (\sin x - \cos x)\mathrm{d}x$$

$$=(\sin x + \cos x)\Big|_0^{\frac{\pi}{4}} + (-\cos x - \sin x)\Big|_{\frac{\pi}{4}}^{\pi} = 2\sqrt{2}.$$

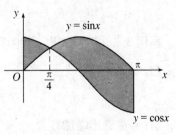

图 3.5

案例 3. 21[旋转体积 1]求圆 $x^2+(y-2)^2=4$ 绕 x 轴旋转一周而成的立体体积.

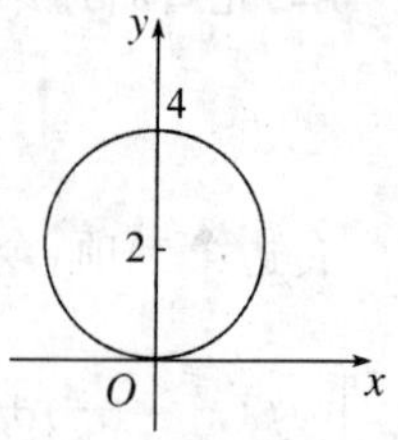

解:如图 3.6 所示,$y=2\pm\sqrt{4-x^2}$.

$$V=\pi\int_{-2}^{2}\left[(2+\sqrt{4-x^2})^2-(2-\sqrt{4-x^2})^2\right]\mathrm{d}x$$

$$=16\pi\int_{0}^{2}\sqrt{4-x^2}\,\mathrm{d}x$$

$$=16\pi^2.\left(\int_{0}^{2}\sqrt{4-x^2}\ \text{大小为半径为 2 的圆面积的四分之一}\right)$$

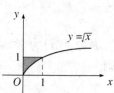

图 3.6

案例 3. 22[旋转体积 2]计算由 $y=\sqrt{x},y=1,y$ 轴围成的图形分别绕 y 轴及 x 轴旋转所生成的立体体积.

解:如图 3.7 所示,阴影部分为所围成的图形.

(1) 绕 y 轴旋转:$V=\pi\int_{0}^{1}x^2\mathrm{d}y=\pi\int_{0}^{1}y^4\mathrm{d}y=\pi\dfrac{y^5}{5}\Big|_{0}^{1}=\dfrac{\pi}{5}$.

(2) 绕 x 轴旋转:$V=\pi\int_{0}^{1}(1^2-y^2)\mathrm{d}x=\pi\int_{0}^{1}(1-x)\mathrm{d}x$

$$=\pi\left(x-\dfrac{x^2}{2}\right)\Big|_{0}^{1}=\dfrac{\pi}{2}.$$

图 3.7

案例 3. 23[旋转体积 3]用定积分求由 $y=x^2+1,y=0,x=1,x=0$ 所围平面图形绕 x 轴旋转一周所得旋转体的体积.

解:如图 3.8 所示,所求体积为

$$V=\int_{0}^{1}\pi(x^2+1)^2\mathrm{d}x=\pi\int_{0}^{1}(x^4+2x^2+1)\mathrm{d}x$$

$$=\pi\left(\dfrac{x^5}{5}+\dfrac{2x^3}{3}+x\right)\Big|_{0}^{1}=\dfrac{28}{15}\pi.$$

案例 3. 24[产品生产]已知某产品总产量的变化率为 $f(t)=40+12t-\dfrac{3}{2}t^2$(件/天),试求从第 2 天到第 10 天生产产品的总量.

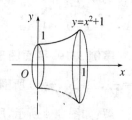

图 3.8

解:所求的总产量 $Q=\int_{2}^{10}f(t)\mathrm{d}t=\int_{2}^{10}\left(40+12t-\dfrac{3}{2}t^2\right)\mathrm{d}t$

$$=\left[40t+6t^2-\dfrac{1}{2}t^3\right]\Big|_{2}^{10}=400(\text{件}).$$

案例 3. 25[消费支出]某地区居民购买冰箱的消费支出 $W(x)$ 的变化率是居民总收入 x 的函数,$W'(x)=\dfrac{1}{200\sqrt{x}}$.当居民收入由 4 亿元增加至 9 亿元时,购买冰箱的消费支出增加多少?

解:消费支出增加数为

$$W(9)-W(4)=\int_{4}^{9}W'(x)\mathrm{d}x=\int_{4}^{9}\dfrac{\mathrm{d}x}{200\sqrt{x}}=\dfrac{\sqrt{x}}{100}\Big|_{4}^{9}=0.01(\text{亿元}).$$

姓名_____ 班级学号_____

一元函数积分学及应用(练习一)

一、填空题(每小题 4 分,共 20 分)

1. 函数 $f(x)=e^x+\cos x$ 的全体原函数是_____.

2. $\int F'(x)\mathrm{d}x=$_____.

3. $\dfrac{\mathrm{d}}{\mathrm{d}x}\left[\int f(x)\mathrm{d}x\right]=$_____.

4. $\int f(x)\mathrm{d}x=F(x)+C$,则 $\int f(\cos x)\sin x\mathrm{d}x=$_____.

5. 若 $\int f(x)\mathrm{d}x=x+C$,则 $\int f(1-x)\mathrm{d}x=$_____.

二、单选题(每小题 4 分,共 20 分)

1. 下列关于不定积分的性质表达错误的是( ).

   A. $\left[\int f(x)\mathrm{d}x\right]'=f(x)$ B. $\mathrm{d}\left[\int f(x)\mathrm{d}x\right]=f(x)\mathrm{d}x$

   C. $\int kf(x)\mathrm{d}x=k+\int f(x)\mathrm{d}x$ D. $\int F'(x)\mathrm{d}x=F(x)+C$

2. 在切线斜率为 $2x$ 的积分曲线族中,通过点 $(1,4)$ 的曲线为( ).
   A. $y=x^2+3$ B. $y=x^2+4$
   C. $y=2x+2$ D. $y=4x$

3. 以下计算正确的是( ).

   A. $xe^{x^2}\mathrm{d}x=\mathrm{d}(e^{x^2})$ B. $\dfrac{\mathrm{d}x}{\sqrt{1-x^2}}=\mathrm{d}\sin x$

   C. $\dfrac{\mathrm{d}x}{x^2}=\mathrm{d}\left(-\dfrac{1}{x}\right)$ D. $\sqrt{x}\mathrm{d}x=\mathrm{d}\sqrt{x}$

4. 以下计算正确的是( ).

   A. $3^x\mathrm{d}x=\dfrac{\mathrm{d}3^x}{\ln 3}$ B. $\dfrac{\mathrm{d}x}{1+x^2}=\mathrm{d}(1+x^2)$

   C. $\dfrac{\mathrm{d}x}{\sqrt{x}}=\mathrm{d}\sqrt{x}$ D. $\dfrac{\ln x}{x}\mathrm{d}x=\ln x\mathrm{d}x$

5. $\int\left(\dfrac{1}{\sin^2 x}+1\right)\mathrm{d}\sin x=$( ).

   A. $-\dfrac{1}{\sin x}+\sin x+C$ B. $\dfrac{1}{\sin x}+\sin x+C$

   C. $-\cot x+\sin x+C$ D. $\cot x+\sin x+C$

三、求下列不定积分（每小题 5 分，共 20 分）

1. $\int \dfrac{1-\sqrt{1-\theta^2}}{\sqrt{1-\theta^2}}\mathrm{d}\theta.$

2. $\int \dfrac{x^2}{1+x^2}\mathrm{d}x.$

3. $\int \dfrac{2^t-3^t}{5^t}\mathrm{d}t.$

4. $\int \left(\mathrm{e}^x+\dfrac{1}{2}\cos x\right)\mathrm{d}x.$

四、换元积分法（每小题 5 分，共 40 分）

1. $\int (2x-1)^{10}\mathrm{d}x.$

2. $\int \dfrac{\cos x}{1+\sin x}\mathrm{d}x.$

3. $\int \dfrac{1}{x^2}\sin\dfrac{1}{x}\mathrm{d}x.$

4. $\int \dfrac{\cos\sqrt{x}\,\mathrm{d}x}{\sqrt{x}}.$

5. $\int \dfrac{1}{x^2+3x+4}\mathrm{d}x.$

6. $\int \dfrac{1}{x(x-3)}\mathrm{d}x.$

7. $\int \dfrac{1}{x^4-1}\mathrm{d}x.$

8. $\int \dfrac{2x+5}{x^2+4x+13}\mathrm{d}x.$

一元函数积分学及应用(练习二)

一、填空题(每小题 4 分,共 20 分)

1. $\displaystyle\int x\mathrm{e}^x\,\mathrm{d}x=$_____.

2. $\displaystyle\int \arccos x\,\mathrm{d}x=$_____.

3. $\displaystyle\int \frac{x}{\cos^2 x}\,\mathrm{d}x=$_____.

4. 设 $\sin x$ 是 $f(x)$ 的一个原函数,则 $\displaystyle\int xf(x)\,\mathrm{d}x=$_____.

5. 设 e^x 是 $f(x)$ 的一个原函数,则 $\displaystyle\int x^2 f(x)\,\mathrm{d}x=$_____.

二、单选题(每小题 4 分,共 20 分)

1. 分部积分的公式为(   ).

   A. $\displaystyle\int u\,\mathrm{d}v=uv-\int u\,\mathrm{d}v$

   B. $\displaystyle\int u\,\mathrm{d}v=uv-\int v\,\mathrm{d}u$

   C. $\displaystyle\int uv'\,\mathrm{d}x=uv-\int uv'\,\mathrm{d}x$

   D. $\displaystyle\int u'v\,\mathrm{d}x=uv-\int u'v\,\mathrm{d}x$

2. $\displaystyle\int x\,\mathrm{d}(\mathrm{e}^{-x})=($).

   A. $x\mathrm{e}^{-x}+C$
   B. $x\mathrm{e}^{-x}+\mathrm{e}^{-x}+C$
   C. $-x\mathrm{e}^{-x}+C$
   D. $x\mathrm{e}^{-x}-\mathrm{e}^{-x}+C$

3. $\displaystyle\int x\cos 2x\,\mathrm{d}x=($).

   A. $\dfrac{1}{2}x\sin 2x+\dfrac{1}{4}\cos 2x+C$

   B. $x\sin 2x+\cos 2x+C$

   C. $\dfrac{1}{2}\sin 2x+\dfrac{1}{2}\cos 2x+C$

   D. $\dfrac{1}{2}x\sin 2x+\dfrac{1}{2}\cos 2x+C$

4. $\displaystyle\int xf''(x)\,\mathrm{d}x=($).

   A. $xf'(x)-f(x)+C$

   B. $xf'(x)+C$

   C. $\dfrac{1}{2}x^2 f'(x)+C$

   D. $(x+1)f'(x)+C$

5. 下列分部积分中,对 u 和 v' 选择正确的有(   ).

   A. $\displaystyle\int x^2\cos x\,\mathrm{d}x,u=\cos x,v'=x^2$

   B. $\displaystyle\int (x+1)\ln x\,\mathrm{d}x,u=x+1,v'=\ln x$

   C. $\displaystyle\int x\mathrm{e}^{-x}\,\mathrm{d}x,u=x,v'=\mathrm{e}^{-x}$

D. $\int \arcsin x \mathrm{d}x, u=1, v'=\arcsin x$

三、求下列不定积分（每小题 5 分，共 60 分）

1. $\int \ln x \mathrm{d}x.$

2. $\int \dfrac{\ln x}{x^3} \mathrm{d}x.$

3. $\int x\sin x \mathrm{d}x.$

4. $\int x\mathrm{e}^{2x} \mathrm{d}x.$

5. $\int \arcsin x \mathrm{d}x.$

6. $\int \left(\dfrac{\ln x}{x}\right)^2 \mathrm{d}x.$

7. $\int \mathrm{e}^x \sin x \mathrm{d}x.$

8. $\int \cos \sqrt{x} \mathrm{d}x.$

9. $\int \sec^3 x \mathrm{d}x.$

10. $\int \tan^3 x \mathrm{d}x.$

11. $\int \dfrac{x^3}{1+x^2} \mathrm{d}x.$

12. $\int \dfrac{x}{\cos^2 x} \mathrm{d}x.$

姓名_____ 班级学号_____

一元函数积分学及应用(练习三)

一、填空题(每小题 4 分,共 20 分)

1. 已知 $I_1 = \int_0^1 x^2 \, dx$,$I_2 = \int_0^1 x^3 \, dx$,则 I_1 _____ I_2(填">""<""=").

2. 估计 $I = \int_0^1 \dfrac{x}{1+x^2} \, dx$ 的值的范围是_____.

3. $\int_0^{\frac{\pi}{2}} \sin\left(x + \dfrac{\pi}{2}\right) dx = $_____.

4. 设 $\Phi(x) = \int_x^0 \dfrac{dt}{\sqrt{1+t^3}}$,则 $\Phi'(x) = $_____.

5. 设 $\int_0^1 (3x^2 + ax) \, dx = 3$,则 $a = $_____.

二、单选题(每小题 4 分,共 20 分)

1. 设 $f(x)$ 在 $(-\infty, +\infty)$ 内连续,则 $\int_2^3 f(x) \, dx + \int_3^2 f(t) \, dt + \int_1^2 dx = ($).

   A. -2 B. -1 C. 0 D. 1

2. $\int_{-2}^1 3x |x| \, dx = ($).

   A. -7 B. $-\dfrac{7}{3}$ C. 21 D. 9

3. 已知 $f(x) = \int_x^2 \sqrt{2+t^2} \, dt$,则 $f'(1) = ($).

   A. $-\sqrt{3}$ B. $\sqrt{3}-\sqrt{6}$ C. $\sqrt{6}-\sqrt{3}$ D. $\sqrt{3}$

4. 设 $\Phi(x) = \int_{\sin x}^2 \dfrac{1}{1+t^2} \, dt$,则 $\Phi'(x) = ($).

   A. $\dfrac{1}{1+\sin^2 x}$ B. $\dfrac{\cos x}{1+\sin^2 x}$ C. $-\dfrac{\cos x}{1+\sin^2 x}$ D. $-\dfrac{1}{1+\sin^2 x}$

5. $\lim\limits_{x \to 0} \dfrac{\int_0^x \cos t^2 \, dt}{x} = ($)

   A. ∞ B. -1 C. 0 D. 1

三、计算下列定积分(每小题 6 分,共 42 分)

1. $\int_1^2 \dfrac{1}{x^2 + x} \, dx$.

2. $\int_0^\pi \sqrt{1+\cos 2x}\,\mathrm{d}x.$

3. $\int_0^{\frac{\pi}{4}} \tan^2 \theta\,\mathrm{d}\theta.$

4. $\int_{\frac{\pi}{4}}^{\frac{\pi}{3}} \dfrac{1}{\sin^2 x\cos^2 x}\,\mathrm{d}x.$

5. $\int_0^3 |2-x|\,\mathrm{d}x.$

6. $\int_0^{\frac{\pi}{2}} \dfrac{\cos x}{1+\sin^2 x}\,\mathrm{d}x.$

7. 设 $f(x)=\begin{cases} x^2, & x\leqslant 1, \\ x-1, & x>1, \end{cases}$ 求定积分 $\int_0^2 f(x)\,\mathrm{d}x.$

四、综合题(每小题 6 分,共 18 分)

1. 证明:$0 \leqslant \displaystyle\int_0^{10} \dfrac{x}{x^3+16} \mathrm{d}x \leqslant \dfrac{5}{6}$.

2. 计算极限 $\displaystyle\lim_{x \to 0^+} \dfrac{\displaystyle\int_0^x \ln(t+\mathrm{e}^t) \mathrm{d}t}{1-\cos x}$.

3. 求函数 $y = \displaystyle\int_0^x (t^3-1) \mathrm{d}t$ 的极值.

一元函数积分学及应用(练习四)

一、填空题(每小题 4 分,共 20 分)

1. $\int_{-1}^{1} \dfrac{x}{\sqrt{2+x^2}} \mathrm{d}x =$ _____.

2. $\int_{-\frac{\pi}{4}}^{\frac{\pi}{4}} \cos 2x \mathrm{d}x =$ _____.

3. 已知 $f(x)$ 为连续函数,则 $\int_{-a}^{a} x^2 [f(x) - f(-x)] \mathrm{d}x =$ _____.

4. 设 $f''(x)$ 在 $[0,2]$ 上连续,且 $f(0)=1, f(2)=3, f'(2)=5$,则 $\int_{0}^{2} x f''(x) \mathrm{d}x =$ _____.

5. 设 $f(x), g(x)$ 在 $[a,b]$ 上连续,且 $f(x)+g(x) \neq 0$,若 $\int_{a}^{b} \dfrac{f(x)}{f(x)+g(x)} \mathrm{d}x = 1$,则 $\int_{a}^{b} \dfrac{g(x)}{f(x)+g(x)} \mathrm{d}x =$ _____.

二、单选题(每小题 4 分,共 20 分)

1. 下列积分不为零的是( ).

   A. $\int_{-\pi}^{\pi} \sin x \mathrm{d}x$ B. $\int_{-\pi}^{\pi} x^2 \sin x \mathrm{d}x$ C. $\int_{-\pi}^{\pi} e^x \mathrm{d}x$ D. $\int_{-\pi}^{\pi} \sin x \cos x \mathrm{d}x$

2. $\int_{a}^{b} f'(3x) \mathrm{d}x = ($).

   A. $\dfrac{1}{3}[f(3b) - f(3a)]$ B. $f(3b) - f(3a)$

   C. $f(3b) - f(3a)$ D. $f'(3b) - f'(3a)$

3. 已知 $\int_{-a}^{a} (2x - 1 + \sin x) \mathrm{d}x = -4$,则 $a = ($).

   A. -2 B. 2 C. $\dfrac{3}{2}$ D. 4

4. 已知 $f(0) = 0$,则 $\int_{0}^{x} t f(t^2) f'(t^2) \mathrm{d}t = ($).

   A. $\dfrac{1}{2} f^2(x)$ B. $\dfrac{1}{2} f^2(x^2)$ C. $\dfrac{1}{4} f^2(x)$ D. $\dfrac{1}{4} f^2(x^2)$

5. 设连续函数 $f(x)$ 满足:$f(x) = x + x^2 \int_{0}^{1} f(x) \mathrm{d}x$,则 $f(x) = ($).

   A. $\dfrac{3}{4} x + x^2$ B. $x + \dfrac{3}{2} x^2$ C. $\dfrac{3}{2} x + x^2$ D. $x + \dfrac{3}{4} x^2$

三、计算下列定积分（每小题 6 分，共 48 分）

1. $\int_0^2 \dfrac{x}{1+x} \mathrm{d}x.$

2. $\int_{-\frac{\pi}{2}}^{\frac{\pi}{2}} \dfrac{|\sin\theta|}{1+\cos^2\theta} \mathrm{d}\theta.$

3. $\int_0^1 x\mathrm{e}^{-x} \mathrm{d}x.$

4. $\int_{-\frac{1}{2}}^{\frac{1}{2}} \dfrac{x\arcsin x}{\sqrt{1-x^2}} \mathrm{d}x.$

5. $\int_0^\pi 5\mathrm{e}^x\cos 2x\,\mathrm{d}x.$

6. $\int_0^1 x\,(1-2x)^{10}\,\mathrm{d}x$

7. $\int_1^{\mathrm{e}^2} \dfrac{1}{x\,\sqrt{1+\ln x}} \mathrm{d}x.$

8. $\int_{\frac{1}{\mathrm{e}}}^{\mathrm{e}} |\ln x|\,\mathrm{d}x.$

四、综合题（每小题 6 分，共 12 分）

1. 已知 $x\mathrm{e}^x$ 为 $f(x)$ 的一个原函数，求 $\int_0^1 xf'(x)\mathrm{d}x.$

2. 设 $f(x)$ 在 $[0,a]$ 上连续，证明：$\int_0^a f(x)\mathrm{d}x = \int_0^a f(a-x)\mathrm{d}x.$

姓名＿＿＿＿＿ 班级学号＿＿＿＿＿

一元函数积分学及应用(练习五)

一、填空题(每小题 4 分,共 20 分)

1. 无穷限反常积分 $\int_0^{+\infty} e^{-5x} dx =$ ＿＿＿＿＿.

2. 无穷限反常积分 $\int_1^{+\infty} \dfrac{dx}{x^p}$ 收敛,则 p 的取值范围为＿＿＿＿＿.

3. 无穷限反常积分 $\int_{-\infty}^0 \dfrac{2}{1+x^2} dx =$ ＿＿＿＿＿.

4. 广义积分 $\int_1^{+\infty} xe^{-x^2} dx =$ ＿＿＿＿＿.

5. 一物体以速度 $v=3t^2+2t$(米/秒)做直线运动,则它在 $t=0$ 到 $t=3$ 秒时间内的速度的平均值为＿＿＿＿＿米/秒.

二、选择填(每小题 4 分,共 20 分)

1. 设常数 $a>0$,则 $\int_0^a \sqrt{a^2-x^2} dx =$ (   ).

   A. πa^2 B. $\dfrac{\pi}{4}a^2$ C. π D. $\arcsin a$

2. 由两条抛物线:$y^2=x, y=x^2$ 所围成的图形的面积为(   ).

   A. $\dfrac{1}{2}$ B. $\dfrac{1}{3}$ C. $\dfrac{1}{4}$ D. $\dfrac{1}{5}$

3. 由曲线 $y=\ln x, x=a, x=b(0<a<b)$ 及 x 轴所围成的曲边梯形的面积为(   ).

   A. $\left| \int_a^b \ln x\, dx \right|$ B. $\int_a^b \ln x\, dx$ C. $(b-a)\ln x$ D. $\int_a^b |\ln x|\, dx$

4. 曲线 $y^2=x, y=x, y=\sqrt{3}$ 所围图形的面积是(   ).

   A. $\int_1^{\sqrt{3}} (y^2-y) dy$ B. $\int_1^{\sqrt{3}} (x-\sqrt{x}) dx$

   C. $\int_0^1 (y^2-y) dy$ D. $\int_0^{\sqrt{3}} (y-y^2) dy$

5. 下列反常积分收敛的是(   ).

   A. $\int_0^{+\infty} 2^x dx$ B. $\int_0^{+\infty} e^x dx$ C. $\int_0^{+\infty} x dx$ D. $\int_0^{+\infty} \dfrac{1}{1+x^2} dx$

三、计算题(每小题 12 分,共 60 分)

1. 计算由曲线 $y=\dfrac{1}{2}x^2$ 及 $y=x+4$ 所围成的平面图形的面积.

2. 计算由曲线 $y=2x$ 与直线 $y=x-1,y=1$ 围成的平面图形的面积.

3. 求抛物线 $y=-x^2+4x-3$ 及其在点 $(0,-3)$ 和 $(3,0)$ 处的切线所围平面图形的面积.

4. 求抛物线 $y=x^2$ 与直线 $x=2,y=0$ 所围平面图形分别绕 x 轴与 y 轴旋转一周而成的旋转体的体积.

5. 求由曲线 $xy=1$ 与直线 $y=2,x=3$ 所围成的平面图形绕 x 轴旋转一周所成的旋转体的体积.

一元函数积分学及应用测试题（一）

一、填空题（每小题 3 分，共 15 分）

1. 若 $\int f(x)\mathrm{d}x = \sin 2x + C$，则 $f(x) = $ _____.

2. $\int (\log_a x)' \mathrm{d}x = $ _____.

3. 若 $\int f(x)\mathrm{d}x = F(x) + C$，则 $\int f(2x-3)\mathrm{d}x = $ _____.

4. 已知 $\cos x$ 是 $f(x)$ 的一个原函数，则 $\int x f(x)\mathrm{d}x = $ _____.

5. 已知 $\int f(x)\mathrm{d}x = x^2 + C$，则 $\int x f(1-x^2)\mathrm{d}x = $ _____.

二、单选题（每小题 3 分，共 15 分）

1. 下列函数 $F(x)$ 是 $f(x) = \dfrac{1}{2x}$ 的一个原函数的为（　　）.

    A. $F(x) = \ln 2x$ B. $F(x) = -\dfrac{1}{2x^2}$

    C. $F(x) = \ln(2+x)$ D. $F(x) = \dfrac{1}{2}\ln 3x$

2. 已知 $\mathrm{e} = 2.718\cdots$ 是一个无理数，则 $\int x^{\mathrm{e}}\mathrm{d}x = $（　　）.

    A. $x^{\mathrm{e}} + C$ B. $\dfrac{1}{\mathrm{e}+1} x^{\mathrm{e}+1} + C$

    C. $\mathrm{e}^x + C$ D. $\dfrac{1}{\mathrm{e}+1} \mathrm{e}^x + C$

3. $\int \dfrac{x}{\sqrt{1+x^2}}\mathrm{d}x = $（　　）.

    A. $\sqrt{1+x^2} + C$ B. $\ln\sqrt{1+x^2} + C$

    C. $-\dfrac{2}{3}(1+x^2)^{-\frac{3}{2}} + C$ D. $\dfrac{1}{\sqrt{1+x^2}} + C$

4. 若 $\int f(x)\mathrm{d}x = F(x) + C$，则 $\int \sin x \cdot f(\cos x)\mathrm{d}x = $（　　）.

    A. $-F(\cos x) + C$ B. $F(\cos x) + C$

    C. $-F(\sin x) + C$ D. $F(\sin x) + C$

5. 下列分部积分的计算中，选择 u 和 $\mathrm{d}v$ 不正确的是（　　）.

    A. $\int x^2 \ln x\mathrm{d}x, u = \ln x, \mathrm{d}v = x^2\mathrm{d}x$ B. $\int (x+1)\sin x\mathrm{d}x, u = x+1, \mathrm{d}v = \sin x\mathrm{d}x$

    C. $\int x^2 \mathrm{e}^x\mathrm{d}x, u = \mathrm{e}^x, \mathrm{d}v = x^2\mathrm{d}x$ D. $\int x\arctan x\mathrm{d}x, u = \arctan x, \mathrm{d}v = x\mathrm{d}x$

三、求下列各不定积分（每小题 4 分，共 48 分）

1. $\int \dfrac{2 \cdot 3^x - 5 \cdot 2^x}{3^x} \mathrm{d}x.$

2. $\int \dfrac{x^2}{1+x} \mathrm{d}x.$

3. $\int \arctan x \,\mathrm{d}x.$

4. $\int x^2 \cos x \,\mathrm{d}x.$

5. $\int \sin\sqrt{x} \,\mathrm{d}x.$

6. $\int \sin(\ln x) \mathrm{d}x.$

7. $\int \dfrac{\sqrt{1-x^2}}{x^2} \mathrm{d}x.$

8. $\int \dfrac{1}{1-\sqrt{2x+1}} \mathrm{d}x.$

9. $\int (x+2)\mathrm{e}^{\frac{x}{2}} \mathrm{d}x.$

10. $\int \cos^2 x \sin^2 x \,\mathrm{d}x.$

11. $\int \dfrac{x^2}{x^6+4} \mathrm{d}x.$

12. $\int \dfrac{1+x}{(1-x)^3} \mathrm{d}x.$

四、证明题（每小题 5 分，共 10 分）

1. 试证函数 $y=\ln(ax)$ 和 $y=\ln x$ 分别都是同一个函数的一个原函数.

2. 已知 $f(x)$ 的导函数是 $\sin x$，试证 $f(x)$ 有一个原函数是 $1-\sin x$.

五、补充题（每小题 6 分，共 12 分）

求下列各不定积分：

1. $\int x^5 \mathrm{e}^{x^3} \mathrm{d}x.$

2. $\int \dfrac{\cos x}{3+\cos^2 x} \mathrm{d}x.$

一元函数积分学及应用测试题（二）

一、填空题（每小题 3 分，共 15 分）

1. 设 a、b 为常数，则 $\left(\int_a^b e^{-\frac{1}{2}x^2}dx\right)'_x = $ _____.

2. 极限 $\lim\limits_{x\to 0} \dfrac{2\int_0^x \sin t \, dt}{x^2} = $ _____.

3. 定积分 $\int_{-\frac{1}{2}}^{\frac{1}{2}} \dfrac{x^2 \arcsin x}{\sqrt{1-x^2}} dx = $ _____.

4. 第一类反常积分 $\int_e^{+\infty} \dfrac{dx}{x(\ln x)^2} = $ _____.

5. 根据定积分的几何意义计算 $\int_0^{-1} \sqrt{1-x^2}\,dx = $ _____.

二、单选题（每小题 3 分，共 15 分）

1. 已知 $\int_{-1}^2 f(x)dx = -2$，$\int_2^5 f(x)dx = 3$，则 $\int_{-1}^5 f(x)dx = ($　　$)$.

    A. -1 B. 0 C. 1 D. 5

2. 设 $a>0$，已知 $\int_{-a}^a (x^3+x^2)dx = \dfrac{2}{3}$，则常数 $a = ($　　$)$.

    A. $\dfrac{1}{2}$ B. 1 C. 2 D. 4

3. 若 $F(x)$ 是 $f(x)$ 的一个原函数，则下列等式成立的是（　　）.

    A. $\left(\int_a^x F(t)dt\right)'_x = f(x)$ B. $\int_a^b F(x)dx = f(b)-f(a)$

    C. $\left(\int_a^x f(t)dt\right)'_x = F(x)$ D. $\int_a^b f(x)dx = F(b)-F(a)$

4. 下列第一类反常积分中收敛的是（　　）.

    A. $\int_0^{+\infty} e^{-x}dx$ B. $\int_0^{+\infty} e^x dx$ C. $\int_1^{+\infty} \dfrac{1}{x}dx$ D. $\int_0^{+\infty} \sin x \, dx$

5. 设 $0 \leqslant x \leqslant 2\pi$，则曲线 $y=\sin x$ 与 x 轴所围的面积为（　　）.

    A. $\int_0^{2\pi} \sin x \, dx$ B. $\left|\int_0^{2\pi} \sin x \, dx\right|$

    C. $\int_0^{2\pi} |\sin x| \, dx$ D. $\left|\int_0^{\pi} \sin x \, dx\right| - \left|\int_0^{2\pi} \sin x \, dx\right|$

三、求下列各定积分（每小题 5 分，共 40 分）

1. $\int_1^4 \dfrac{\ln x}{\sqrt{x}}dx$.   2. $\int_0^{\ln 2} \sqrt{e^x - 1}\,dx$.

3. $\int_0^1 x\arctan x\,\mathrm{d}x$.

4. $\int_0^1 \dfrac{x\,\mathrm{d}x}{(1+x^2)^2}$.

5. $\int_{-2}^0 \dfrac{\mathrm{d}x}{x^2+2x+2}$.

6. $\int_1^2 \mathrm{e}^{\sqrt{x-1}}\,\mathrm{d}x$.

7. $\int_0^1 x\ln(x+1)\,\mathrm{d}x$.

8. $\int_{-3}^3 \left[x^2\ln(x+\sqrt{1+x^2})-\sqrt{9-x^2}\right]\mathrm{d}x$.

四、应用题(每小题 7 分,共 14 分)

1. 求由曲线 $y=-x^2$ 与 $x=y^2$ 所围平面图形的面积.

2. 求由曲线 $y=x^2$,$y=\dfrac{1}{x}$ 与直线 $x=4$ 所围平面图形的面积.

五、补充题(每小题 8 分,共 16 分)

1. 设 $f(x)=\begin{cases} x^2, & x\leqslant 0, \\ \mathrm{e}^x, & x>0, \end{cases}$ 求 $\int_{-2}^3 f(x)\,\mathrm{d}x$.

2. 求第一类反常积分 $\int_0^{-\infty} \dfrac{1}{\sqrt{1+\mathrm{e}^{-x}}}\,\mathrm{d}x$.

第四章 常微分方程案例及练习

本章的内容主要是常微分方程的概念,一阶、二阶微分方程通解的求法.

微分方程的概念部分的基本内容:阶、解、特解、通解、线性微分方程等基本概念.

一阶微分方程通解的求法部分的基本内容:一阶变量可分离微分方程和一阶线性微分方程的求解.

二阶微分方程通解的求法部分的基本内容:二阶常系数齐次微分方程的求解,二阶常系数非齐次微分方程的求解(非齐次项为 $f(x)=P_m(x)\cdot e^{\lambda x}$ 的情形).

为了帮助大家更好地理解、掌握和应用这些内容,我们编写了下面的案例与练习.

案例 4.1[自由落体运动规律] 设有一质量为 m 的物体,从空中某处,不计空气阻力而只受重力作用由静止状态自由降落.试求物体的运动规律(即物体在自由降落过程中,所经过的路程 s 与时间 t 的函数关系).

解: 设物体在时刻 t 所经过的路程为 $s=s(t)$,根据牛顿第二定律可知,作用在物体上的外力 mg(重力)应等于物体的质量 m 与加速度的乘积,于是得

$$m\frac{\mathrm{d}^2 s}{\mathrm{d}t^2}=mg,\ \text{即} \frac{\mathrm{d}^2 s}{\mathrm{d}t^2}=g,\text{其中 } g \text{ 是重力加速度.}$$

将上式改写为 $\dfrac{\mathrm{d}}{\mathrm{d}t}\left(\dfrac{\mathrm{d}s}{\mathrm{d}t}\right)=g$,因此可得 $\mathrm{d}\left(\dfrac{\mathrm{d}s}{\mathrm{d}t}\right)=g\mathrm{d}t$.

因为物体由静止状态自由降落,所以 $s=s(t)$ 还应满足初始条件:

$$s\big|_{t=0}=0,\frac{\mathrm{d}s}{\mathrm{d}t}\bigg|_{t=0}=0.$$

对方程的两端积分一次,得

$$\frac{\mathrm{d}s}{\mathrm{d}t}=\int g\mathrm{d}t=gt+C_1,$$

再对上式两端积分,得

$$s=\int (gt+C_1)\mathrm{d}t=\frac{1}{2}gt^2+C_1 t+C_2,$$

其中 C_1,C_2 是两个任意常数.

代入初始条件,可得

$$C_1=0,C_2=0.$$

于是,所求的自由落体的运动规律为

$$s=\frac{1}{2}gt^2.$$

案例 4.2[制动问题] 列车在平直的线路上以 20 米/秒的速度行驶,当制动时列车获得加速度-0.4 米/秒²,问开始制动后多少时间列车才能停住?以及列车在这段时间内行驶了多少路程?

解：设制动后 t 秒钟列车行驶 s 米，则 $s=s(t)$ 满足微分方程：

$$\frac{\mathrm{d}^2 s}{\mathrm{d}t^2}=-0.4.$$

初始条件：当 $t=0$ 时，$s=0$，$v=\frac{\mathrm{d}s}{\mathrm{d}t}=20$.

解微分方程得

$$v=-0.4t+C_1,\quad s=-0.2t^2+C_1t+C_2.$$

代入初始条件知 $C_1=20$，$C_2=0$，所以

$$v=-0.4t+20,\quad s=-0.2t^2+20t.$$

所以开始制动到列车完全停住共需 $t=\frac{20}{0.4}=50$（秒），列车在这段时间内行驶了 $s=-0.2\times 50^2+20\times 50=500$（米）.

案例 4.3[**曲线问题**]一曲线通过点 $(1,2)$，且在该曲线上任一点 $M(x,y)$ 处的切线的斜率为 $2x$，求该曲线的方程.

解：设所求曲线为 $y=y(x)$，则满足微分方程：

$$\frac{\mathrm{d}y}{\mathrm{d}x}=2x，其中当 x=1 时，y=2.$$

解微分方程得 $y=x^2+C$，代入条件求得 $C=1$.

所以该曲线的方程为 $y=x^2+1$.

案例 4.4[**衰变问题**]镭元素的衰变满足如下规律：其衰变的速度与它的现存量成正比. 经验得知，镭经过 1 600 年后，只剩下原始量的一半，试求镭现存量与时间 t 的函数关系.

解：设 t 时刻镭的现存量 $M=M(t)$，由题意知 $M(0)=M_0$.

由于镭的衰变速度与现存量成正比，故可列出方程

$$\frac{\mathrm{d}M}{\mathrm{d}t}=-kM,$$

其中 $k(k>0)$ 为比例系数，式中的负号表示在衰变过程中 M 逐渐减小，$\frac{\mathrm{d}M}{\mathrm{d}t}<0$.

将方程分离变量得 $M=Ce^{-kt}$，再由初始条件得 $M_0=Ce^0=C$，所以

$$M=M_0e^{-kt}.$$

至于参数 k，可用另一附加条件 $M(1\ 600)=\frac{M_0}{2}$ 求出，即 $\frac{M_0}{2}=M_0e^{-k\cdot 1\,600}$，解之得

$$k=\frac{\ln 2}{1\ 600}\approx 0.000\ 433.$$

所以镭在衰变中的现存量 M 与时间 t 的关系为

$$M=M_0e^{-0.000\,433t}.$$

案例 4.5[**小船的航线问题**]有一小船从岸边的 O 点出发驶向对岸，假定河流两岸是互相平行的直线，并设船速为 a，方向始终垂直于对岸（图 4.1）. 又设河宽为 $2l$，河面上任一点处的水速与该点到两岸距离之积成正比，比例系数为 $k=\frac{v_0}{l^2}$，求小船航行的轨迹方程.

解：以指向对岸方向为 x 轴方向，顺水方向为 y 轴方向，建立坐标系如图 4.1 所示. 根据题意条件可知，在时刻 t 有

$$v_x = \frac{\mathrm{d}x}{\mathrm{d}t} = a, \quad v_y = \frac{\mathrm{d}y}{\mathrm{d}t} = kx(2l-x) = \frac{v_0}{l^2}x(2l-x),$$

即 $\dfrac{\mathrm{d}y}{\mathrm{d}x} = \dfrac{v_0}{al^2}x(2l-x)$.

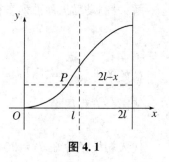

图 4.1

这是一个可分离变量方程,分离变量再积分,可得

$$y = C + \frac{v_0}{3al^2}(3lx^2 - x^3).$$

由初始条件 $(x_0, y_0) = (0, 0)$,可得 $C = 0$,即小船航行的轨迹方程为

$$y = \frac{v_0}{3al^2}(3lx^2 - x^3), \quad 0 \leqslant x \leqslant 2l.$$

案例 4.6[容器内溶液的含盐量问题]一容器内有盐水 100 L,含盐量为 100 g,现在以 5 L/min 的速度注入浓度为 10 g/L 的盐水,同时将均匀混合的盐水以 5 L/min 的速度排出.

(1) 求 20 min 后容器内盐水的含盐量;

(2) 经过多少时间,容器内盐水的含盐量超过 800 g?

解:(1) 设时刻 t 容器内的含盐量为 $m(t)$,由于盐水溶液的体积没有发生改变,所以此时容器内盐水的浓度为 $\dfrac{m}{100}$ g/L.

在时间段 $[t, t+\mathrm{d}t]$ 内,根据物料平衡原理,有

容器内含盐量的改变量=注入盐水的含盐量-排出盐水的含盐量,

即 $\mathrm{d}m = 5 \times 10 \times \mathrm{d}t - 5 \times \dfrac{m}{100} \times \mathrm{d}t$.

这是一个可分离变量的微分方程,分离变量得

$$\frac{\mathrm{d}m}{m - 1\,000} = -\frac{\mathrm{d}t}{20}.$$

方程两端积分得 $\ln(m - 1\,000) = -\dfrac{t}{20} + \ln C$,即 $m = 1\,000 + Ce^{-\frac{t}{20}}$.

代入初始条件 $m(0) = 100$,得 $C = -900$,所以在时刻 t 容器内的含盐量为

$$m = 1\,000 - 900e^{-\frac{t}{20}}.$$

于是可求出 20 min 后容器内盐水的含盐量为

$$m(20) = 1\,000 - 900e^{-1} \approx 668.9\,(\mathrm{g}).$$

(2) 解不等式 $1\,000 - 900e^{-\frac{t}{20}} > 800$,得 $t > -20\ln\dfrac{1\,000 - 800}{900} \approx 30.10\,(\mathrm{min})$.

所以经过约 30 分 06 秒后,容器内盐水的含盐量超过 800 g.

案例 4.7[半球形漏斗的漏水问题]有一个半径为 1 m 的半球形的漏斗,开始时里面盛满了水,现在水从漏斗底部一个半径为 1 cm 的小圆孔流出,问经过多少时间,容器内的水从小孔全部流完?[已知在液面高度为 h 时,水从小孔内流出的(体积)速度为 $\alpha A\sqrt{2gh}$ cm³/s,其中 A 为孔口面积,α 为孔口收缩系数,经测定其值约为 0.62.]

解:以底部中心为原点,铅直向上为 h 轴正向,建立坐标轴如图 4.2 所示.

设在时刻 t 时,液面高度为 $h(t)$,此时液面圆的半径为

$$r = \sqrt{100^2 - (100 - h)^2} = \sqrt{200h - h^2}.$$

在时间段 $[t,t+\mathrm{d}t]$ 内，液面高度由 h 变为 $h+\mathrm{d}h$，可知 $\mathrm{d}h<0$，根据物料平衡原理，有

容器内减少的体积＝底部小孔中流出的体积.

注意到 $\mathrm{d}h<0$ 的事实，可得

$$-\pi r^2\mathrm{d}h=\alpha A\sqrt{2gh}\mathrm{d}t,$$

即 $-\dfrac{200h-h^2}{\sqrt{h}}\mathrm{d}h=0.62\sqrt{2g}\mathrm{d}t.$

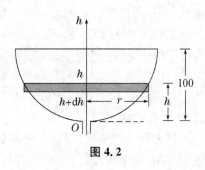

图 4.2

这是一个可分离变量方程，分离变量并积分得

$$\frac{2}{5}h^{\frac{5}{2}}-\frac{400}{3}h^{\frac{3}{2}}=27.45t+C.$$

代入初始条件 $h(0)=100$，得 $C=-\dfrac{280\,000}{3}$，所以在时刻 t 的液面高度 h 为

$$6h^{\frac{5}{2}}-2\,000h^{\frac{3}{2}}=411.75t-1\,400\,000.$$

令 $h=0$，即可求出容器内的水从小孔全部流完所需时间约 3 400 秒.

案例 4.8[污水治理问题] 某湖泊的水量为 V，每年以均匀的速度排入湖泊内的含污染物 A 的污水量为 $\dfrac{V}{6}$，而流入湖泊内不含污染物 A 的水量也是 $\dfrac{V}{6}$，同时每年以均匀的速度将湖水量 $\dfrac{V}{3}$ 排出湖泊，以保持湖泊的常年水量为 V.

现在，经测量发现湖水中污染物 A 的含量为 $5m_0$，即超过了国家标准的 4 倍.

为了治理湖水的污染问题，规定从明年年初起执行限排标准：排入湖泊中的污水含 A 浓度不得超过 $\dfrac{m_0}{V}$.

问在执行这样的规定后，至多需要经多少年，湖泊内污染物 A 的含量会降至不超过 m_0.（这里假定湖水中含 A 的浓度始终是均匀的）？

解： 以明年年初作为时间坐标轴的原点，设在时刻 t 湖泊中含污染物 A 的量为 $m=m(t)$，则在时间段 $[t,t+\mathrm{d}t]$ 内湖水中含污染物 A 的量的改变量为 $\mathrm{d}m$.

根据湖泊内含 A 量的改变量＝流入量－排出量的原理，有

$$\mathrm{d}m=\left(\frac{V}{6}\right)\left(\frac{m_0}{V}\right)\mathrm{d}t-\left(\frac{V}{3}\right)\left(\frac{m}{V}\right)\mathrm{d}t=\frac{1}{3}\left(\frac{m_0}{2}-m\right)\mathrm{d}t.$$

这是一个一阶可分离变量方程，分离变量并积分得

$$m=\frac{m_0}{2}+Ce^{-\frac{t}{3}}.$$

由初始条件 $m(0)=5m_0$，可得 $C=\dfrac{9}{2}m_0$，从而有

$$m=\frac{m_0}{2}(1+9e^{-\frac{t}{3}}).$$

解不等式 $m\leqslant m_0$，即 $1+9e^{-\frac{t}{3}}\leqslant 2$，可得 $t\geqslant 6\ln 3\approx 6.592$.

即至多经过 6.592 年，湖泊内污染物 A 的含量就会降至不超过 m_0.

注： 从解的形式 $t\geqslant 6\ln 3$ 看，似乎应有"至少需要经过 6.592 年"的结论，但前提条件是所有相关单位都严格执行了限排标准，并假定出现的是最坏情况，即各单位刚好达到限排标

准的上限,所以实际情况要比这个结果好一点,即在不到 6.592 年内就可实现控制目标.

案例 4.9[冷却定理与破案问题]

问题一 在一个冬天的夜晚,警方于 20:20 接到报警,立即于第一时间赶到凶案现场,随即法医在晚上 20:30 测得尸体体温为 33.4 ℃,一小时后在现场再次测得尸体体温为 32.2 ℃,案发现场气温始终是 23 ℃,据死者王某家属称,20:15 回家时发现窗户就一直是开着的,并设定在 23 ℃上.

警方经过初步排查,认为张某具有较大嫌疑. 因为他有作案动机:张某与死者王某生前纠纷不断,结怨甚深,曾多次对王某有过人身侵犯.

现在要确定张某有没有作案时间,有确凿的证据说明,18:00 之前的整个下午张某一直在岗位上,但 18:00 以后谁也无法作证张某在何处,而张某的岗位到死者遇害地点只有步行 5 min 的路程.

请你根据牛顿冷却定理,确定能不能从时间上排除张某的作案嫌疑.

解:众所周知,一个正常的人在一般的温度环境下,受大脑神经中枢的调节,其体温能维持为 37 ℃,但死亡后其体温调节功能立即丧失,于是逐渐冷却.

以 20:30 作为时间坐标的起始点,记为 $t=0$,设在时刻 t,尸体的体温为 $T(t)$,根据牛顿冷却定律可知,冷却速率与温差成正比,即在 $[t,t+\mathrm{d}t]$ 时段内,体温的改变量服从等量关系

$$\mathrm{d}T=-k(T-23)\mathrm{d}t.$$

这是一个一阶可分离变量方程,分离变量并积分得

$$T=23+C\mathrm{e}^{-kt}.$$

由初始条件 $T(0)=33.4$,可得 $C=10.4$,所以有

$$T=23+10.4\mathrm{e}^{-kt}.$$

由 $T(1)=32.2$,可得 $k=0.1226$,即

$$T=23+10.4\mathrm{e}^{-0.1226t}.$$

据此,可确定被害者死亡时间. 在上式中令 $T=37$,解得

$$t=-2.425,$$

也就是说被害者是在 2.425 小时前,即在 18:05 遇害的.

由此可知,从时间上看暂时还不能排除张某是嫌犯的可能性.

问题二 在经过深入的调查取证中,发现死者在当天 15:30 曾去医院就诊,病历卡上记录:体温 38.3 ℃,而根据法医鉴定,死者体内没有发现服用过任何退烧药的迹象.

试问据此可排除张某的作案可能性吗?

解:在上面已经得到的结论

$$T=23+10.4\mathrm{e}^{-0.1226t}$$

中,代入 $T=38.3$ ℃,可解得

$$t=-3.1488,$$

即死者遇害时间约为 17:21,可彻底排除张某作案的可能性.

案例 4.10[新技术的推广问题]某工厂推广一项新技术,刚开始时候,在 2 000 人中派出 10 个人先出去学习这种新技术,完全掌握后回厂进行传帮带,使其他工人也掌握此技术. 经一个星期推广后有 40 个人掌握了这种新技术. 已知推广这种新技术的速度,跟已经掌握这种新技术的人数与尚未掌握这种新技术的人数之乘积成正比. 试问经过 4 个星期推广后,还

有多少人没有掌握这种新技术? 再经过 4 个星期呢?

解:设在时刻 t(星期)已掌握的人数为 $N(t)$,则根据元素法,在$[t,t+dt]$时段内掌握新技术人数的增量为

$$dN=kN(2\,000-N)dt.$$

这是一个一阶可分离变量方程,分离变量得

$$\left(\frac{1}{N}+\frac{1}{2\,000-N}\right)dN=2\,000kdt.$$

方程两端积分得 $\ln\dfrac{N}{2\,000-N}=2\,000kt+\ln C$,即 $\dfrac{N}{2\,000-N}=Ce^{2\,000kt}$.

由初始条件 $N(0)=10$,可知 $C=\dfrac{1}{199}$,即

$$\frac{N}{2\,000-N}=\frac{1}{199}e^{2\,000kt}.$$

又因为 $N(1)=40$,可确定 $k=\dfrac{\ln\dfrac{199\times40}{2\,000-40}}{2\,000}=0.000\,700\,7$,即

$$\frac{N}{2\,000-N}=\frac{1}{199}e^{1.401\,4t},$$

由此即可得

$$N=\frac{2\,000}{1+199e^{-1.401\,4t}}.$$

当 $t=4$ 时,可解得 $N\approx1\,155$,即尚未掌握这种新技术的人数为 $2\,000-N\approx845$;

当 $t=8$ 时,可解得 $N\approx1\,994.6$,即仅有五六个人还没有掌握这种新技术.

案例 4.11[第二宇宙速度问题]要使垂直向上发射的火箭永远离开地面,问发射初速度 v_0 至少应该有多大?

解:取地球中心为坐标原点建立 r 轴如图 4.3 所示. 若设地球质量为 M,半径为 R,火箭质量为 m,并忽略火箭运动过程中的各种阻力,则当火箭运动到 $r(>R)$ 点的位置时,仅受地球对它引力

$$F(r)=\frac{GmM}{r^2}$$

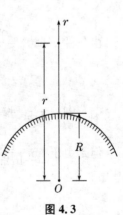

图 4.3

的作用,其中 G 为万有引力常数.

由于当 $r=R$ 时,地球的引力就是物体的重力,即

$$\frac{GmM}{R^2}=mg,$$

所以有 $MG=gR^2$,于是

$$F(r)=mg\frac{R^2}{r^2}.$$

利用牛顿第二定律,得

$$m\frac{d^2r}{dt^2}=-mg\frac{R^2}{r^2}.$$

这是一个不显含自变量 t 的特殊的二阶微分方程,并有初始条件 $r(0)=R,r'(0)=v_0$.

以 $v=\dfrac{dr}{dt}$ 为新未知函数,r 为新自变量,则 $\dfrac{d^2r}{dt^2}=\dfrac{dv}{dt}=\dfrac{dv}{dr}\dfrac{dr}{dt}=v\dfrac{dv}{dr}$,于是有

$$v \frac{\mathrm{d}v}{\mathrm{d}r} = -\frac{gR^2}{r^2}.$$

这是一个可分离变量方程,分离变量并积分得

$$\frac{1}{2}(v^2 - v_0^2) = \frac{gR^2}{r} - gR \Rightarrow v = \sqrt{\frac{2gR^2}{r} + v_0^2 - 2gR}.$$

为使物体永远离开地球,r 应该能够趋于离地球无穷远处,此时有 $\frac{2gR^2}{r} \to 0$,因此必须有

$$v_0^2 - 2gR \geqslant 0.$$

代入数据 $g = 981$ cm/s^2 和 $R = 6.378 \times 10^8$ cm,可得

$$v_0 \geqslant \sqrt{2 \times 981 \times 6.378 \times 10^8} \approx 1.12 \times 10^6 (\text{cm/s}) = 11.2(\text{km/s}).$$

这就是我们所要求的**脱离速度**,也就是通常所说的**第二宇宙速度**.

案例 4.12[关闭动力的汽艇还能滑行多远问题]汽艇以 27 km/h 的速度,在静止的海面上行驶,现在突然关闭其动力系统,它就在静止的海面上做直线滑行.设已知水对汽艇运动的阻力与汽艇运动的速度成正比,并已知在关闭其动力后 20 s 汽艇的速度降为 10.8 km/h.试问它最能滑行多远?

解:设汽艇的质量为 m(kg),关闭动力后 t(s),汽艇滑行了 x(m),根据牛顿第二运动定律,有 $m \frac{\mathrm{d}^2 x}{\mathrm{d}t^2} = -k \frac{\mathrm{d}x}{\mathrm{d}t}$,即 $x'' + \mu x' = 0$,其中 $\mu = \frac{k}{m}$.

上述方程是二阶常系数线性齐次方程,其通解为

$$x = C_1 + C_2 e^{-\mu t}.$$

由初始条件 $x(0) = 0$,$x'(0) = \frac{27\,000}{3\,600} = 7.5$,得 $C_1 = \frac{7.5}{\mu}$,$C_2 = -\frac{7.5}{\mu}$,即运动方程为

$$x = \frac{7.5}{\mu}(1 - e^{-\mu t}).$$

由条件 $x'(20) = \frac{10\,800}{3\,600} = 3$,即 $3 = 7.5 e^{-20\mu}$,可得 $\mu = \frac{\ln 2.5}{20}$,即

$$x = \frac{150}{\ln 2.5}(1 - e^{-\frac{\ln 2.5}{20}t}).$$

因为 $\frac{\mathrm{d}x}{\mathrm{d}t} = 7.5 e^{-\frac{\ln 2.5}{20}t} > 0$ 恒成立,所以从理论上说,这艘汽艇是永远也不会停下来的.

但是由于 $\lim\limits_{t \to +\infty} \frac{150}{\ln 2.5}(1 - e^{-\mu t}) = \frac{150}{\ln 2.5} \approx 163.7$(m),所以最大滑行距离为 163.7 m.

姓名＿＿＿＿＿＿＿　班级学号＿＿＿＿＿＿＿

常微分方程（练习一）

一、填空题（每小题 4 分，共 20 分）

1. 微分方程 $\dfrac{d^2y}{dx^2}+\left(\dfrac{dy}{dx}\right)^3-2xy=1$ 的阶是＿＿＿＿＿＿＿．

2. 微分方程 $\dfrac{d^3y}{dx^3}+\left(\dfrac{dy}{dx}\right)^4-y=2x$ 的通解中应包含的任意常数的个数是＿＿＿＿＿＿．

3. 微分方程 $\dfrac{dy}{dx}=\dfrac{1}{x}$ 的通解是＿＿＿＿＿＿＿．

4. 一阶线性微分方程的一般形式是＿＿＿＿＿＿＿．

5. 通解为 $y=C\cdot e^x+x$ 的微分方程是＿＿＿＿＿＿＿．

二、单选题（每小题 4 分，共 20 分）

1. 下列微分方程中，（　　）是一阶线性微分方程．
   A. $xydy=(x^2+y^2)dx$ 　　　　　　　B. $y'+xy^2=e^x$
   C. $\dfrac{1}{x}y'+\dfrac{\sin x}{y}=\cos x$ 　　　　　D. $xdy-ydx=0$

2. 下列微分方程中，（　　）是线性微分方程．
   A. $yx^2+\ln y=y'$ 　　　　　　　　B. $y'y+xy^2=e^x$
   C. $y''+xy'=e^y$ 　　　　　　　　　D. $y''\sin x-y'e^x=y\ln x$

3. 微分方程 $(y')^2+y'(y'')^3+xy^4=0$ 的阶是（　　）．
   A. 4 　　　　　B. 3 　　　　　C. 2 　　　　　D. 1

4. 微分方程 $y'=x^2y-2xy$ 是（　　）．
   A. 一阶非齐次线性微分方程 　　　　B. 一阶齐次微分方程
   C. 可分离变量的微分方程 　　　　　D. 二阶微分方程

5. 下列函数中，（　　）是微分方程 $y'+\dfrac{y}{x}=\dfrac{4}{3}x^2$ 的解．

   A. $\dfrac{x^2}{3}+1$ 　　B. $\dfrac{x^3}{3}+\dfrac{1}{x}$ 　　C. $-\dfrac{x^2}{3}+1$ 　　D. $\dfrac{x^2}{3}+\dfrac{1}{x}$

三、计算题（每小题 10 分，共 50 分）

1. 求微分方程 $xydx+(x^2+1)dy=0$ 的通解．

2. 求微分方程 $\dfrac{\mathrm{d}y}{\mathrm{d}x}=\mathrm{e}^{x+y}$ 的通解.

3. 求微分方程 $\sin x \cdot \cos y \mathrm{d}x = \cos x \cdot \sin y \mathrm{d}y$ 满足初始条件 $y\big|_{x=0}=\dfrac{\pi}{4}$ 的特解.

4. 求微分方程 $y'-y=\mathrm{e}^x$ 的通解.

5. 求微分方程 $y'+y\tan x=\cos x$ 的通解.

四、应用题(本小题 10 分)

已知某平面曲线经过点 $(1,1)$,它的切线在纵轴上的截距等于切点的横坐标,求曲线方程.

姓名_____ 班级学号_____

常微分方程(练习二)

一、填空题(每小题 4 分,共 20 分)

1. 微分方程 $y''+y'-2y=0$ 的通解为_____.

2. 微分方程 $y''-4y'+4y=0$ 的通解为_____.

3. 微分方程 $2y''+2y'+y=0$ 的通解为_____.

4. 微分方程 $y''+4y'+3y=2x^2$ 的一个特解可设为 $y^*=$_____.

5. 微分方程 $y''+y=2 \cdot e^x$ 的一个特解可设为 $y^*=$_____.

二、单选题(每小题 4 分,共 20 分)

1. 微分方程 $y''-4y'+3y=e^x$ 的一个特解可设为 $y^*=($).
   A. xe^x B. Axe^x C. $x+e^x$ D. e^x

2. 微分方程 $y''-4y'+4y=xe^{2x}$ 的一个特解可设为 $y^*=($).
   A. x^2e^{2x} B. x^3e^{2x} C. $x^2(Ax+B)e^{2x}$ D. e^{2x}

3. 微分方程 $y''+y=2x$ 的一个特解可设为 $y^*=($).
   A. $2x$ B. $A \cdot 2x$ C. $x \cdot Ax$ D. x^2

4. 微分方程 $y''=x^2$ 的解是( ).
   A. $y=\dfrac{1}{x}$ B. $y=\dfrac{x^3}{3}+C$ C. $y=\dfrac{x^4}{12}$ D. $y=\dfrac{x^4}{6}$

5. 微分方程 $y''-2y'+y=0$ 的两个线性无关的解是( ).
   A. e^x 与 e^{-x} B. e^{2x} 与 e^{-2x} C. e^x 与 xe^x D. e^x 与 xe^{-x}

三、计算题(每小题 10 分,共 50 分)

1. 求微分方程 $4y''+4y'+y=0$ 满足初始条件 $y(0)=2,y'(0)=0$ 的特解.

2. 求微分方程 $y''+y=-2x$ 的通解.

3. 求微分方程 $y''-4y=e^{2x}$ 的通解.

4. 求微分方程 $y''-3y'+2y=2e^{2x}$ 的通解.

5. 求微分方程 $y''+3y'+2y=x \cdot e^x$ 的通解.

四、应用题(本题 10 分)

求满足方程 $y''-y=0$ 的曲线,使其在点 $(0,0)$ 处与直线 $y=x$ 相切.

常微分方程测试题

一、填空题（每小题 4 分，共 20 分）

1. 微分方程 $y^3(y'')^2+xy'=x^2$ 的阶数为_____．

2. 通过点 $(1,1)$ 处，且斜率处处为 x 的曲线方程是_____．

3. 微分方程 $xyy'=1-x^2$ 满足初始条件 $y|_{x=1}=1$ 的特解为_____．

4. 已知 $y_1(x),y_2(x)$ 是二阶常系数齐次线性微分方程的两个解，则 $C_1y_1(x)+C_2y_2(x)$ 是该方程通解的充分必要条件是_____．

5. 微分方程 $y''+2y'=0$ 的通解是_____．

二、单选题（每小题 4 分，共 20 分）

1. 下列方程中，（　　）是一阶线性微分方程．

   A. $\dfrac{\mathrm{d}y}{\mathrm{d}x}=\dfrac{x^2+y^2}{xy}$ 　　　　B. $\dfrac{1}{x}y'+y\sin x=\cos x$

   C. $y''+2y'+y=0$ 　　　　D. $y'+2y^2=0$

2. 下列方程中，（　　）是可分离变量的微分方程．

   A. $y'=1+x+y^2+xy^2$ 　　　　B. $y'+y=\mathrm{e}^{-x}$

   C. $y'=1+\ln x+\ln y$ 　　　　D. $y\mathrm{d}x=(x-y^2)\mathrm{d}y$

3. 二阶线性齐次微分方程 $y''-y'=0$ 的通解是（　　）．

   A. $C_1-C_2\mathrm{e}^x$ 　　　　B. $C_1\mathrm{e}^x+C_2x\mathrm{e}^x$

   C. $C_1+C_2\mathrm{e}^{-x}$ 　　　　D. $C_1\mathrm{e}^{-x}+C_2x\mathrm{e}^{-x}$

4. 微分方程 $y''+y=\mathrm{e}^x$ 的一个特解可设为 $y^*=$（　　）．

   A. e^x 　　　B. $A\mathrm{e}^x$ 　　　C. x 　　　D. $x\cdot A\mathrm{e}^x$

5. 微分方程 $y''+y=0$ 的一个解是 $y=$（　　）．

   A. e^x 　　　B. $\sin2x$ 　　　C. $\sin x$ 　　　D. $\mathrm{e}^x+\mathrm{e}^{-x}$

三、计算题（每小题 12 分，共 60 分）

1. 求微分方程 $y'=\mathrm{e}^{2x-y}$ 满足初始条件 $y|_{x=0}=0$ 的特解．

2. 求微分方程 $y' + \dfrac{y}{x} = \sin x$ 的通解.

3. 求微分方程 $y'' + 2y' - 3y = 2e^x$ 的通解.

4. 求微分方程 $y'' - 5y' + 6y = 2e^x$ 满足初始条件 $y|_{x=0} = 1, y'|_{x=0} = 0$ 的特解.

5. 求微分方程 $y'' + 2y' + 2y = xe^{-x}$ 满足初始条件 $y|_{x=0} = y'|_{x=0} = 0$ 的特解.

第五章　无穷级数案例与练习

本章的内容主要是级数收敛、发散的概念,数项级数收敛、发散的判别和幂级数收敛区间的求法.

级数收敛、发散的概念部分的基本内容:数项级数收敛、发散的概念和几何级数的敛散性.

数项级数收敛、发散的判别部分的基本内容:正项级数的比较判别法和比值判别法,p 级数的敛散性,交错级数的莱布尼兹判别法,任意项级数的绝对收敛和条件收敛判别.

幂级数收敛区间的求法部分的基本内容:幂级数收敛点、收敛区间、收敛域和收敛半径的概念,求幂级数的收敛区间.

为了帮助大家更好地理解、掌握和应用这些内容,我们编写了下面的案例与练习.

案例 5.1[分苹果]有 A、B、C 三人按以下方法分一个苹果:先将苹果分成四份,每人各取一份;然后将剩下的一份又分成四份,每人又各取一份;依此类推,以至无穷. 验证:最终每人分得苹果的 $\dfrac{1}{3}$.

解:根据题意,每人分得的苹果为

$$\frac{1}{4}+\frac{1}{4^2}+\frac{1}{4^3}+\cdots+\frac{1}{4^n}+\cdots$$

它为等比级数,因为 $\dfrac{1}{4}<1$,所以此级数收敛,其和为

$$\lim_{n\to\infty}s_n=\lim_{n\to\infty}\frac{\frac{1}{4}}{1-\frac{1}{4}}=\frac{1}{3}.$$

案例 5.2[增加投资带来的消费总增长]假设政府在经济上投入 1 亿元人民币以刺激消费. 如果每个经营者和每个居民将收入的 25% 存入银行,其余的 75% 被消费掉,从最初的 1 亿元开始,这样一直下去. 问:由政府增加投资而引起的消费总增长为多少? 如果每人只存 10%,结果为多少?

解:根据题意,若每人收入的 25% 存入银行,则引起的消费总增长为

$$1+\frac{3}{4}+\left(\frac{3}{4}\right)^2+\left(\frac{3}{4}\right)^3+\cdots+\left(\frac{3}{4}\right)^n+\cdots$$

它为等比级数,因为 $\dfrac{3}{4}<1$,所以此级数收敛,其和为

$$\lim_{n\to\infty}s_n=\lim_{n\to\infty}\frac{1}{1-\frac{3}{4}}=4.$$

同理,若每人只存 10%,则引起的消费总增长为 $\lim\limits_{n \to \infty} \dfrac{1}{1-\dfrac{9}{10}} = 10$.

案例 5.3[弹簧的运动总路程]一只球从 100 米的高空落下,每次弹回的高度为上次高度的 $\dfrac{2}{3}$,这样运动下去,求小球运动的总路程.

解:总路程为 $100 + 100 \times \dfrac{2}{3} \times 2 + 100 \times \left(\dfrac{2}{3}\right)^2 \times 2 + \cdots + 100 \times \left(\dfrac{2}{3}\right)^{n-1} \times 2 + \cdots$

$$= 100 + 200 \times \dfrac{2}{3} + 200 \times \left(\dfrac{2}{3}\right)^2 + \cdots + 200 \times \left(\dfrac{2}{3}\right)^{n-1}$$

$$= \lim_{n \to \infty}\left(100 + \dfrac{200 \times \dfrac{2}{3}}{1 - \dfrac{2}{3}}\right) = 500(米).$$

案例 5.4[Koch 雪花]做法:先给定一个正三角形,然后在每条边上对称的产生边长为原边长的 1/3 的小正三角形. 如此类推在每条凸边上都做类似的操作,我们就得到了面积有限而周长无限的图形——"Koch 雪花".

解:如图 5.1 所示,可以观察雪花分形过程. 设三角形周长为 $P_1 = 3$,面积为 $A_1 = \dfrac{\sqrt{3}}{4}$;

第一次分叉:周长为 $P_2 = \dfrac{4}{3} P_1$,面积为 $A_2 = A_1 + 3 \cdot \dfrac{1}{9} \cdot A_1$;

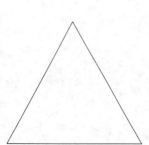

(a) 原三角形周长为 3,面积为 0.433

(b) 第 1 次分叉周长为 4,面积为 0.577

(c) 第 2 次分叉周长为 5.33,面积为 0.642

(d) 第 3 次分叉周长为 7.11,面积为 0.67

图 5.1

依次类推

第 n 次分叉：周长为 $P_n=\left(\dfrac{4}{3}\right)^{n-1}P_1,n=1,2,\cdots$

面积为 $A_n=A_{n-1}+3\left\{4^{n-2}\left[\left(\dfrac{1}{9}\right)^{n-1}A_1\right]\right\}$

$$=A_1+3\cdot\dfrac{1}{9}A_1+3\cdot4\cdot\left(\dfrac{1}{9}\right)^2A_1+\cdots+3\cdot4^{n-2}\cdot\left(\dfrac{1}{9}\right)^{n-1}A_1$$

$$=A_1\left\{1+\left[\dfrac{1}{3}+\dfrac{1}{3}\left(\dfrac{4}{9}\right)+\dfrac{1}{3}\left(\dfrac{4}{9}\right)^2+\cdots+\dfrac{1}{3}\left(\dfrac{4}{9}\right)^{n-2}\right]\right\}.$$

于是有

$$\lim_{n\to\infty}P_n=\infty,$$

$$\lim_{n\to\infty}A_n=A_1\left(1+\dfrac{\dfrac{1}{3}}{1-\dfrac{4}{9}}\right)=A_1\left(1+\dfrac{3}{5}\right)=\dfrac{2\sqrt{3}}{5}.$$

结论：雪花的周长是无界的，而面积有界.

案例 5.5[近似计算] 计算 $\ln2$ 的近似值（精确到小数后第 4 位）.

解： 我们可利用展开式

$$\ln(1+x)=x-\dfrac{x^2}{2}+\dfrac{x^3}{3}-\dfrac{x^4}{4}+\cdots+(-1)^{n-1}\dfrac{x^n}{n}+\cdots\quad(-1<x\leqslant1)$$

令 $x=1$，即 $\ln2=1-\dfrac{1}{2}+\dfrac{1}{3}-\dfrac{1}{4}+\cdots+(-1)^{n-1}\dfrac{1}{n}+\cdots$

其误差为 $|R_n|=|\ln2-S_n|=\left|(-1)^n\dfrac{1}{n+1}+(-1)^{n+1}\dfrac{1}{n+2}+\cdots\right|$

$$=\left|\dfrac{1}{n+1}-\dfrac{1}{n+2}+\cdots\right|<\dfrac{1}{n+1}.$$

故要使精度达到 10^{-4}，需要的项数 n 应满足 $\dfrac{1}{n+1}<10^{-4}$，即 $n>10^4-1=9\,999$，亦即 n 应要取到 10 000 项，这个计算量实在是太大了. 是否有计算 $\ln2$ 更有效的方法呢？

将展开式

$$\ln(1+x)=x-\dfrac{x^2}{2}+\dfrac{x^3}{3}-\dfrac{x^4}{4}+\cdots+(-1)^{n-1}\dfrac{x^n}{n}+\cdots\quad(-1<x\leqslant1)$$

中的 x 换成 $(-x)$，得

$$\ln(1-x)=-x-\dfrac{x^2}{2}-\dfrac{x^3}{3}-\dfrac{x^4}{4}-\cdots-\dfrac{x^n}{n}-\cdots\quad(-1\leqslant x<1)$$

两式相减，得到如下不含有偶次幂的幂级数展开式

$$\ln\dfrac{1+x}{1-x}=2\left(\dfrac{x}{1}+\dfrac{x^3}{3}+\dfrac{x^5}{5}+\dfrac{x^7}{7}+\cdots\right)\quad(-1<x<1)$$

在上式中令 $\dfrac{1+x}{1-x}=2$，可解得 $x=\dfrac{1}{3}$，代入上式得

$$\ln2=2\left(\dfrac{1}{1}\cdot\dfrac{1}{3}+\dfrac{1}{3}\cdot\dfrac{1}{3^3}+\dfrac{1}{5}\cdot\dfrac{1}{3^5}+\dfrac{1}{7}\cdot\dfrac{1}{3^7}+\cdots\right)$$

其误差为 $|R_{2n+1}|=|\ln2-S_{2n-1}|=2\cdot\left|\dfrac{1}{2n+1}\cdot\dfrac{1}{3^{2n+1}}+\dfrac{1}{2n+3}\cdot\dfrac{1}{3^{2n+3}}+\cdots\right|$

$$\leqslant 2 \cdot \frac{1}{2n+1} \cdot \frac{1}{3^{2n+1}} \left| 1 + \frac{1}{3^2} + \frac{1}{3^4} + \cdots \right| < \frac{1}{4(2n+1) \cdot 3^{2n-1}}.$$

用试根的方法可确定当 $n=4$ 时满足误差 $|R_{2n-1}| < 10^{-4}$，此时的 $\ln 2 \approx 0.693\ 14$. 显然这一计算方法速度大大提高了计算的速度，这种处理手段通常称作幂级数收敛的加速技术.

案例 5.6[银行存款问题]某人在银行里存入人民币 A 元，一年后取出 1 元，两年后取出 4 元，三年后取出 9 元……n 年后取出 n^2 元. 试问：A 至少应为多大时，才能使这笔钱按照这种取钱方式永远也取不完？这里，设银行年利率为 r，且以复利计息.

分别在 $r=0.02$ 和 $r=0.05$ 时，求出期初应存入人民币 A 的值.

解：记 $A_0=A$，则在一年后，由于取出了 1 元，所以还余下

$$A_1 = A_0(1+r) - 1;$$

在两年后，由于又取出了 4 元，所以还余下

$$A_2 = A_1(1+r) - 4 = A_0(1+r)^2 - (1+r) - 4;$$

$$\cdots \cdots$$

在 n 年后，由于又取出 n^2 元，所以还余下

$$A_n = A_{n-1}(1+r) - n^2$$
$$= A_0(1+r)^n - \left[(1+r)^{n-1} + 4(1+r)^{n-2} + 9(1+r)^{n-3} + \cdots + n^2 \right]$$
$$= (1+r)^n \left\{ A_0 - \left[\frac{1}{1+r} + \frac{4}{(1+r)^2} + \frac{9}{(1+r)^3} + \cdots + \frac{n^2}{(1+r)^n} \right] \right\}.$$

根据题意可知，对任一正整数 n，都有 $A_n > 0$，即

$$A_0 - \left[\frac{1}{1+r} + \frac{4}{(1+r)^2} + \frac{9}{(1+r)^3} + \cdots + \frac{n^2}{(1+r)^n} \right] > 0.$$

根据 n 的任意性可知应有

$$A_0 \geqslant \sum_{n=1}^{\infty} \frac{n^2}{(1+r)^n}.$$

构造幂级数 $\sum\limits_{n=1}^{\infty} n^2 x^n$，容易求得其收敛域为 $(-1,1)$，它在收敛域上的和函数为

$$S(x) = \sum_{n=1}^{\infty} n^2 x^n = x \left[\sum_{n=1}^{\infty} n x^n \right]' = x \left[x \left(\sum_{n=1}^{\infty} x^n \right)' \right]'$$
$$= x \left[x \left(\frac{x}{1-x} \right)' \right]' = \frac{x(1+x)}{(1-x)^3}.$$

所以 $A_0 \geqslant S\left(\frac{1}{1+r}\right) = \frac{(1+r)(2+r)}{r^3}$，即期初至少应存入银行 $\frac{(1+r)(2+r)}{r^3}$ 元.

若 $r=0.02$，期初至少应存入 257 550 元；若 $r=0.05$，期初至少应存入 17 220 元.

无穷级数（练习一）

一、填空题（每小题 4 分,共 20 分）

1. 等比级数（几何级数）$\sum\limits_{n=0}^{+\infty} aq^n\ (a\neq 0)$,当＿＿＿＿＿＿＿时发散;当＿＿＿＿＿＿＿时收敛.

2. p 级数 $\sum\limits_{n=1}^{+\infty} \dfrac{1}{n^p}$,当＿＿＿＿＿＿＿时发散;当＿＿＿＿＿＿＿时收敛.

3. 设级数的部分和数列 $S_n=\dfrac{n}{2n+1}(n=1,2,\cdots)$,则级数的通项 $u_n=$＿＿＿＿＿＿＿,级数的和 $S=$＿＿＿＿＿＿＿.

4. 若数项级数 $\sum\limits_{n=1}^{+\infty} u_n$ 收敛,则必有 $\lim\limits_{n\to+\infty} u_n=$＿＿＿＿＿＿＿.

5. 若级数 $\sum\limits_{n=1}^{+\infty} u_n$ 和 $\sum\limits_{n=1}^{+\infty} v_n$ 均发散,则 $\sum\limits_{n=1}^{+\infty} (u_n+v_n)$ 是＿＿＿＿＿＿＿.

二、单选题（每小题 4 分,共 20 分）

1. 设数项级数 $\sum\limits_{n=1}^{+\infty} u_n$ 收敛,则( )必收敛.

   A. $\sum\limits_{n=1}^{+\infty} \dfrac{1}{u_n}$ B. $\sum\limits_{n=1}^{+\infty} \dfrac{u_n}{100}$ C. $\sum\limits_{n=1}^{+\infty} \left(u_n+\dfrac{1}{100}\right)$ D. $\sum\limits_{n=1}^{+\infty} |u_n|$

2. 下列级数中,收敛的是( ).

   A. $\sum\limits_{n=1}^{+\infty} \left(\dfrac{1}{n}+\dfrac{1}{n^2}\right)$ B. $\sum\limits_{n=1}^{+\infty} \left(\dfrac{1}{n}+1\right)$

   C. $\sum\limits_{n=1}^{+\infty} \left(\dfrac{1}{2^n}-\dfrac{1}{n^2}\right)$ D. $\sum\limits_{n=1}^{+\infty} (-1)^n$

3. 设 $0\leqslant a_n<\dfrac{1}{n}(n=1,2,\cdots)$,则下列级数中肯定收敛的是( ).

   A. $\sum\limits_{n=1}^{+\infty} a_n$ B. $\sum\limits_{n=1}^{+\infty} (-1)^n a_n$ C. $\sum\limits_{n=1}^{+\infty} \sqrt{a_n}$ D. $\sum\limits_{n=1}^{+\infty} (-1)^n a_n^2$

4. 级数 $\sum\limits_{n=1}^{+\infty} \dfrac{\sin na}{n^2}$ 是( ).

   A. 发散   B. 绝对收敛

   C. 条件收敛   D. 敛散性不能确定

5. 级数 $\sum\limits_{n=1}^{+\infty} (-1)^n \dfrac{1}{n^{\frac{1}{4}}}$ 是( ).

   A. 绝对收敛   B. 条件收敛

   C. 发散   D. 敛散性不能确定

三、计算题(每小题 12 分,共 60 分)

1. 判别级数 $\sum\limits_{n=1}^{+\infty} (\sqrt{n+1}-\sqrt{n})$ 的敛散性.

2. 判别级数 $\sum\limits_{n=1}^{+\infty} \dfrac{n^2}{4^n}$ 的敛散性.

3. 判别级数 $\sum\limits_{n=1}^{+\infty} \dfrac{2^n n!}{n^n}$ 的敛散性.

4. 判别级数 $\sum\limits_{n=1}^{+\infty} \dfrac{\sin \frac{n\pi}{2}}{3^n}$ 是绝对收敛还是条件收敛?

5. 级数 $\sum\limits_{n=1}^{+\infty} (-1)^n \dfrac{2}{n}$ 是否收敛?若收敛,是条件收敛还是绝对收敛?

姓名＿＿＿＿＿＿＿＿　班级学号＿＿＿＿＿＿＿＿

无穷级数 (练习二)

一、填空题(每小题 4 分,共 20 分)

1. 若幂级数 $\sum\limits_{n=0}^{+\infty} a_n x^n$ 的收敛半径为 R,则收敛区间为＿＿＿＿＿＿.

2. 幂级数 $\sum\limits_{n=1}^{+\infty} x^n$ 在 $x=2$ 点敛散性是＿＿＿＿＿＿.

3. 幂级数 $\sum\limits_{n=1}^{+\infty} \dfrac{n! \cdot x^n}{n^n}$ 在 $x=2$ 点敛散性是＿＿＿＿＿＿.

4. 幂级数 $\sum\limits_{n=1}^{+\infty} \dfrac{(-2)^n}{n^3} x^n$ 的收敛半径为＿＿＿＿＿＿.

5. 幂级数 $\sum\limits_{n=1}^{+\infty} \dfrac{x^{2n}}{n4^n}$ 的收敛半径为＿＿＿＿＿＿.

二、单选题(每小题 4 分,共 20 分)

1. 若幂级数 $\sum\limits_{n=1}^{+\infty} a_n x^n$ 在 $x=3$ 处收敛,则该幂级数在 $x=2$ 处(　　).

   A. 绝对收敛　　　　　　　　B. 条件收敛

   C. 发散　　　　　　　　　　D. 敛散性不能确定

2. 当 $|x|<1$ 时,幂级数 $\sum\limits_{n=0}^{+\infty} x^n$ 收敛于(　　).

   A. $\dfrac{x^2}{1-x}$　　　　B. $1-x$　　　　C. $\dfrac{x}{1-x}$　　　　D. $\dfrac{1}{1-x}$

3. 幂级数 $\sum\limits_{n=1}^{+\infty} \dfrac{x^n}{n}$ 的收敛半径是(　　).

   A. $R=+\infty$　　　　B. $R=2$　　　　C. $R=0$　　　　D. $R=1$

4. 幂级数 $\sum\limits_{n=1}^{+\infty} \dfrac{x^{2n-1}}{n4^n}$ 的收敛半径为(　　).

   A. 4　　　　　　　　　　　　B. $\dfrac{1}{4}$

   C. 2　　　　　　　　　　　　D. $\dfrac{1}{2}$

5. 幂级数 $\sum\limits_{n=1}^{+\infty} \dfrac{x^{2n-1}}{n4^n}$ 在 $(2,+\infty)$ 内必为(　　).

   A. 收敛　　　　　　　　　　B. 条件收敛

   C. 绝对收敛　　　　　　　　D. 发散

三、计算题(每小题 12 分,共 60 分)

    1. 求幂级数 $\sum\limits_{n=1}^{+\infty} \dfrac{(-2)^n}{n^3} x^n$ 的收敛域.

    2. 求幂级数 $\sum\limits_{n=1}^{+\infty} \dfrac{x^n}{n!}$ 的收敛区间.

    3. 求幂级数 $\sum\limits_{n=1}^{+\infty} n^n x^n$ 的收敛区间.

    4. 求幂级数 $\sum\limits_{n=1}^{+\infty} \dfrac{2n-1}{2^n} x^{2n-2}$ 的收敛区间.

    5. 求幂级数 $\sum\limits_{n=1}^{+\infty} \dfrac{x^{2n}}{n4^n}$ 的收敛区间.

无穷级数测试题

一、填空题（每小题 4 分，共 20 分）

1. 级数 $\sum\limits_{n=1}^{\infty} u_n$ 收敛的必要条件是_____．

2. 判断下列级数的敛散性：(1) $\sum\limits_{n=1}^{\infty} \dfrac{1}{2^n}$_____；(2) $\sum\limits_{n=1}^{\infty} \dfrac{1}{\sqrt{n}}$_____；

(3) $\sum\limits_{n=1}^{\infty} \dfrac{1}{n}$_____；(4) $\sum\limits_{n=1}^{\infty} \left(\dfrac{3}{2}\right)^n$_____；(5) $\sum\limits_{n=1}^{\infty} \dfrac{1}{n^2}$_____．

3. 若级数 $\sum\limits_{n=1}^{\infty} u_n$ 绝对收敛，则级数 $\sum\limits_{n=1}^{\infty} u_n$ 必定_____；若级数 $\sum\limits_{n=1}^{\infty} u_n$ 条件收敛，则级数 $\sum\limits_{n=1}^{\infty} |u_n|$ 必定_____．

4. 设 $\lim\limits_{n\to\infty} \left|\dfrac{u_{n+1}}{u_n}\right| = \lambda$，若 $\lambda < 1$，则级数 $\sum\limits_{n=1}^{\infty} u_n$_____；若 $\lambda > 1$，则级数 $\sum\limits_{n=1}^{\infty} u_n$_____．

5. 设幂级数 $\sum\limits_{n=1}^{\infty} a_n x^n$ 的收敛半径为 $R(0 < R < +\infty)$，则当_____时，该幂级数绝对收敛；当_____时，该幂级数发散．

二、单选题（每小题 4 分，共 20 分）

1. 以下命题正确的是（　　）．

A. $\lim\limits_{n\to\infty} u_n = 0 \Rightarrow \sum\limits_{n=1}^{\infty} u_n$ 收敛

B. 当 p<1 时，p 级数 $\sum\limits_{n=1}^{\infty} \dfrac{1}{n^p}$ 收敛

C. 收敛级数 $\sum\limits_{n=1}^{\infty} u_n$ 的部分和 $S_n = \sum\limits_{k=1}^{n} u_k$ 有极限

D. 若级数 $\sum\limits_{n=1}^{\infty} u_n$ 与 $\sum\limits_{n=1}^{\infty} v_n$ 发散，则级数 $\sum\limits_{n=1}^{\infty} (u_n + v_n)$ 也发散

2. 下列级数中收敛的级数为（　　）．

A. $\sum\limits_{n=1}^{\infty} \dfrac{1}{n}$　　　　B. $\sum\limits_{n=1}^{\infty} \dfrac{1}{\sqrt{n}}$　　　　C. $\sum\limits_{n=1}^{\infty} \dfrac{1}{n^{\frac{2}{3}}}$　　　　D. $\sum\limits_{n=1}^{\infty} \dfrac{1}{n^{\frac{3}{2}}}$

3. 下列级数中收敛的级数为（　　）．

A. $\sum\limits_{n=1}^{\infty} 3$　　　　B. $\sum\limits_{n=1}^{\infty} 3^n$　　　　C. $\sum\limits_{n=1}^{\infty} \left(\dfrac{3}{2}\right)^n$　　　　D. $\sum\limits_{n=1}^{\infty} \left(\dfrac{2}{3}\right)^n$

4. 下列级数中收敛的级数为（　　）．

A. $\sum\limits_{n=1}^{\infty} \left(\dfrac{1}{n} + \dfrac{1}{n^2}\right)$　　B. $\sum\limits_{n=1}^{\infty} \dfrac{1}{n} + 1$　　C. $\sum\limits_{n=1}^{\infty} \left(\dfrac{1}{2^n} + \dfrac{1}{n^2}\right)$　　D. $\sum\limits_{n=1}^{\infty} (-1)^n$

5. 若幂级数 $\sum\limits_{n=1}^{\infty} a_n(x-1)^n$ 在 $x=-1$ 处收敛,则该级数在点 $x=2$ 处( ).

    A. 条件收敛   B. 绝对收敛

    C. 发散   D. 敛散性不能确定

三、计算题(第 1~3 题各 10 分,第 4 题 30 分,共 60 分)

1. 判别级数 $\sum\limits_{n=1}^{\infty} \dfrac{1}{\sqrt{n(n+1)}}$ 的敛散性.

2. 判别级数 $\sum\limits_{n=1}^{\infty} \dfrac{4^n}{n!}$ 的敛散性.

3. 判别级数 $\sum\limits_{n=2}^{\infty} (-1)^n \dfrac{1}{n\ln n}$ 的敛散性.

4. 求以下幂级数的收敛半径与收敛区间:

(1) $\sum\limits_{n=1}^{\infty} \dfrac{2^n}{n+1} x^n$.   (2) $\sum\limits_{n=1}^{\infty} \dfrac{(-1)^n}{\sqrt{n+1}\cdot 2^n} x^n$.

(3) $\sum\limits_{n=1}^{\infty} n\left(\dfrac{x}{4}\right)^{2n}$.

第六章　傅里叶级数与积分变换案例与练习

本章的内容主要是傅里叶级数、傅里叶变换、拉普拉斯变换.

傅里叶级数部分的基本内容：谐波分析与三角级数，周期为 2π 的周期函数的傅里叶级数，正弦级数和余弦级数，周期为 $2l$ 的周期函数的傅里叶级数.

傅里叶变换部分的基本内容：傅里叶变换的概念与性质，傅里叶变换的应用.

拉普拉斯变换部分的基本内容：拉普拉斯变换的概念与性质，拉普拉斯逆变换的求法，拉普拉斯变换的应用.

为了帮助大家更好地理解、掌握和应用这些内容，我们编写了下面的案例与练习.

案例 6.1[矩形脉冲信号]如图 6.1 所示，脉冲矩形波的信号函数 $f(x)$ 是以 2π 为周期的周期函数，它在 $[-\pi,\pi)$ 的表达式为

$$f(x)=\begin{cases}-1, & -\pi\leqslant x<0,\\ 1, & 0\leqslant x<\pi,\end{cases}$$

求此函数的傅里叶级数展开式.

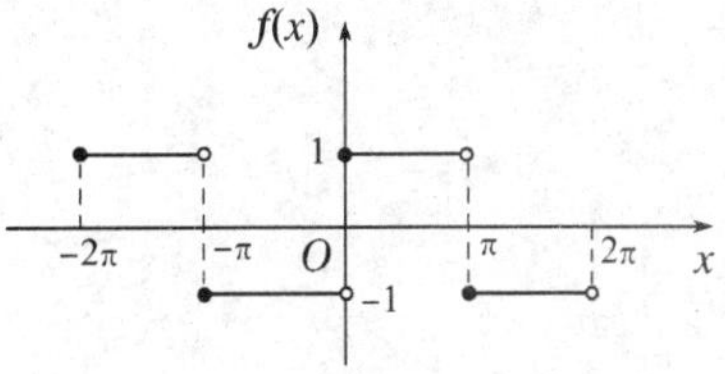

图 6.1

解：$a_n=\dfrac{1}{\pi}\displaystyle\int_{-\pi}^{\pi}f(x)\cos nx\,\mathrm{d}x=0,n=0,1,2,\cdots$

$b_n=\dfrac{1}{\pi}\displaystyle\int_{-\pi}^{\pi}f(x)\sin nx\,\mathrm{d}x=\dfrac{2}{\pi}\int_{0}^{\pi}f(x)\sin nx\,\mathrm{d}x=\dfrac{2}{\pi}\int_{0}^{\pi}\sin nx\,\mathrm{d}x$

$=\dfrac{2}{\pi}\left(-\dfrac{1}{n}\cos nx\right)\Big|_{0}^{\pi}=\dfrac{2}{n\pi}(1-\cos n\pi)=\dfrac{2}{n\pi}\big[1-(-1)^n\big]$

$=\begin{cases}\dfrac{4}{n\pi}, & n=1,3,5,\cdots\\[2mm] 0, & n=2,4,6,\cdots\end{cases}$

所以 $f(x)=\dfrac{4}{\pi}\left[\sin x+\dfrac{1}{3}\sin 3x+\dfrac{1}{5}\sin 5x+\cdots+\dfrac{1}{2n-1}\sin(2n-1)x+\cdots\right],-\infty<x<+\infty,x\neq k\pi,k=0,\pm1,\pm2,\cdots$

因为当 $x=k\pi(k=0,\pm1,\pm2,\cdots)$ 时，$\dfrac{f(k\pi-0)+f(k\pi+0)}{2}=\dfrac{-1+1}{2}=0$，

所以 $f(x)=\dfrac{4}{\pi}\left[\sin x+\dfrac{1}{3}\sin 3x+\dfrac{1}{5}\sin 5x+\cdots+\dfrac{1}{2n-1}\sin(2n-1)x+\cdots\right]$.

案例 6.2[三角脉冲信号]已知脉冲三角信号 $f(x)$ 是以 2π 为周期的周期函数，它在 $[-\pi,\pi)$ 的表达式为

$$f(x)=\begin{cases}-x+1, & -\pi\leqslant x<0,\\ x+1, & 0\leqslant x<\pi,\end{cases}$$

将函数 $f(x)$ 展开成傅里叶级数.

解：$b_n = \frac{1}{\pi} \int_{-\pi}^{\pi} f(x) \sin nx \, dx = 0, n = 1, 2, \cdots$

$$a_0 = \frac{2}{\pi} \int_0^{\pi} f(x) dx = \frac{2}{\pi} \int_0^{\pi} (x+1) dx = \frac{1}{\pi} (x+1)^2 \Big|_0^{\pi} = \pi + 2,$$

$$a_n = \frac{2}{\pi} \int_0^{\pi} f(x) \cos nx \, dx = \frac{2}{\pi} \int_0^{\pi} (x+1) \cos nx \, dx$$

$$= \frac{2}{n\pi} \Big(x \sin nx + \frac{1}{n} \cos nx + \sin nx \Big) \Big|_0^{\pi}$$

$$= \frac{2}{n^2 \pi} [(-1)^n 1] = \begin{cases} -\dfrac{4}{n^2 \pi}, & n=1,3,5,\cdots \\ 0, & n=2,4,6,\cdots \end{cases}$$

所以 $f(x) = \frac{\pi}{2} + 1 - \frac{4}{\pi} \Big(\cos x + \frac{\cos 3x}{3^2} + \frac{\cos 5x}{5^2} + \cdots \Big), -\infty < x < +\infty.$

案例 6.3[锯齿脉冲信号] 如图 6.2 所示，锯齿脉冲信号函数 $f(x)$ 的周期为 2π，它在 $[-\pi, \pi)$ 的表达式为

$$f(x) = \begin{cases} 0, & -\pi \leqslant x < 0, \\ x, & 0 \leqslant x < \pi, \end{cases}$$

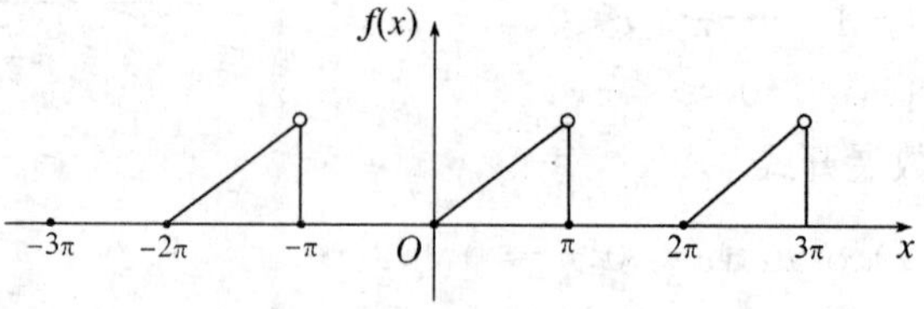

图 6.2

将它展开成傅里叶级数.

解：$a_0 = \frac{1}{\pi} \int_{-\pi}^{\pi} f(x) dx = \frac{1}{\pi} \int_0^{\pi} x dx = \frac{x^2}{2\pi} \Big|_0^{\pi} = \frac{\pi}{2},$

$$a_n = \frac{1}{\pi} \int_{-\pi}^{\pi} f(x) \cos nx \, dx = \frac{1}{\pi} \int_0^{\pi} x \cos nx \, dx = \frac{1}{\pi} \Big(\frac{x}{n} \sin nx + \frac{1}{n^2} \cos nx \Big) \Big|_0^{\pi}$$

$$= \frac{1}{n^2 \pi} [(-1)^n - 1] = \begin{cases} 0, & n=2,4,6,\cdots \\ -\dfrac{2}{n^2 \pi}, & n=1,3,5,\cdots \end{cases}$$

$$b_n = \frac{1}{\pi} \int_{-\pi}^{\pi} f(x) \sin nx \, dx = \frac{1}{\pi} \int_0^{\pi} x \sin nx \, dx = \frac{1}{\pi} \Big(-\frac{x}{n} \cos nx + \frac{1}{n^2} \sin nx \Big) \Big|_0^{\pi}$$

$$= \frac{(-1)^{n+1}}{n}.$$

所以 $f(x) = \frac{\pi}{4} - \frac{2}{\pi} \Big(\cos x + \frac{\cos 3x}{3^2} + \frac{\cos 5x}{5^2} + \cdots \Big) + \Big(\sin x - \frac{\sin 2x}{2} + \frac{\sin 3x}{3} - \cdots \Big)$

$-\infty < x < +\infty, x \neq k\pi, k = 0, \pm 1, \pm 2, \cdots$

当 $x = k\pi (k = 0, \pm 1, \pm 2, \cdots)$ 时，级数收敛于 $\frac{\pi}{2}$.

案例 6.4[单脉冲信号] 有一定义在 $[-\pi, \pi]$ 上的单脉冲信号函数 $f(x) = x^2$，将它展开

成傅里叶级数.

解:$b_n = 0, n = 1, 2, \cdots$

$$a_0 = \frac{2}{\pi} \int_0^\pi f(x) \mathrm{d}x = \frac{2}{\pi} \int_0^\pi x^2 \mathrm{d}x = \frac{2}{3\pi} x^3 \mid_0^\pi = \frac{2}{3} \pi^2,$$

$$a_n = \frac{2}{\pi} \int_0^\pi F(x) \cos nx \, \mathrm{d}x = \frac{2}{\pi} \int_0^\pi x^2 \cos nx \, \mathrm{d}x = \frac{2}{n\pi} \left(x^2 \sin nx \mid_0^\pi - \int_0^\pi x \sin nx \, \mathrm{d}x \right)$$

$$= \frac{4}{n^2 \pi} (x \cos nx) \mid_0^\pi - \frac{4}{n^2 \pi} \int_0^\pi \cos nx \, \mathrm{d}x = \frac{4}{n^2} (-1)^n, n = 1, 2, 3, \cdots$$

所以 $f(x) = \frac{\pi^2}{3} - 4 \left(\cos x - \frac{\cos 2x}{2^2} + \frac{\cos 4x}{4^2} - \cdots \right), -\pi \leqslant x \leqslant \pi.$

案例 6.5[矩形脉冲信号]如图 6.3 所示,脉冲信
号函数 $f(x)$ 是周期为 4 的周期函数,它在一个周期
$[-2, 2)$ 上的表达式为

$$f(x) = \begin{cases} 0, & -2 \leqslant x < 0, \\ k, & 0 \leqslant x < 2, \end{cases}$$

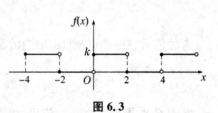

图 6.3

其中 $k > 0$. 如图 6.3 所示.

将函数 $f(x)$ 展开成傅里叶级数.

解:$a_0 = \frac{1}{2} \int_{-2}^2 f(x) \mathrm{d}x = \frac{1}{2} \left(\int_{-2}^0 0 \mathrm{d}x + \int_0^2 k \mathrm{d}x \right) = \frac{1}{2} (kx) \mid_0^2 = k,$

$$a_n = \frac{1}{2} \int_{-2}^2 f(x) \cos \frac{n\pi x}{2} \mathrm{d}x = \frac{1}{2} \int_0^2 k \cos \frac{n\pi x}{2} \mathrm{d}x$$

$$= \left(\frac{k}{n\pi} \sin \frac{n\pi x}{2} \right) \Big|_0^2 = 0, n = 1, 2, \cdots$$

$$b_n = \frac{1}{2} \int_{-2}^2 f(x) \sin \frac{n\pi x}{2} \mathrm{d}x = \frac{1}{2} \int_0^2 k \sin \frac{n\pi x}{2} \mathrm{d}x = \left(-\frac{k}{n\pi} \cos \frac{n\pi x}{2} \right) \Big|_0^2$$

$$= \frac{k}{n\pi} [1 - (-1)^n] = \begin{cases} \frac{2k}{n\pi}, & n = 1, 3, 5, \cdots \\ 0, & n = 2, 4, 6, \cdots \end{cases}$$

所以 $f(x) = \frac{k}{2} + \frac{2k}{\pi} \left(\sin \frac{\pi x}{2} + \frac{1}{3} \sin \frac{3\pi x}{2} + \frac{1}{5} \sin \frac{5\pi x}{2} + \cdots \right), -\infty < x < +\infty, x \neq 0, \pm 2,$
$\pm 4, \cdots$

因为当 $x = 0, \pm 2, \pm 4, \cdots$ 时,$\frac{f(x-0) + f(x+0)}{2} = \frac{k}{2}$,所以 $f(x) = \frac{k}{2} + \frac{2k}{\pi} \left(\sin \frac{\pi x}{2} + \right.$
$\left. \frac{1}{3} \sin \frac{3\pi x}{2} + \frac{1}{5} \frac{5\pi x}{2} + \cdots \right).$

案例 6.6[周期矩形脉冲信号]如图 6.4 所示,周
期矩形脉冲信号 $f(t)$ 的脉冲宽度为 τ,脉冲幅度为 E,
周期为 T. 它在一个周期内的函数表达式为

$$f(t) = \begin{cases} E, & |t| \leqslant \frac{\tau}{2}, \\ 0, & |t| > \frac{\tau}{2}. \end{cases}$$

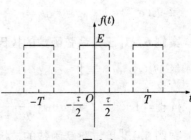

图 6.4

它的傅里叶级数展开式为

$$f(t) \approx \frac{E\tau}{T} + \frac{4E}{T\omega} \sum_{n=1}^{m} \frac{1}{n} \sin \frac{n\omega t}{2} \cos n\omega t, t \neq kT \pm \frac{\tau}{2}, k = 0, 1, 2, \cdots \text{其中 } \omega = \frac{2\pi}{T}.$$

案例 6.7[周期锯齿脉冲信号]周期锯齿脉冲信号如图 6.5 所示.

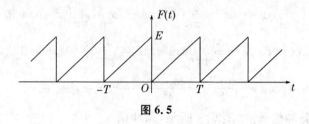

图 6.5

这种信号在一个周期 $[0, T)$ 内的函数为 $f(t) = \frac{E}{T}t$，它的傅里叶级数展开式为

$$f(t) \approx \frac{E}{2} - \frac{E}{\pi} \sum_{n=1}^{m} \frac{1}{2n-1} \sin(2n-1)\omega t, t \neq kT, k = 0, \pm 1, \pm 2, \cdots \text{其中 } \omega = \frac{2\pi}{T}.$$

案例 6.8[周期三角脉冲信号]周期三角脉冲信号如图 6.6 所示.

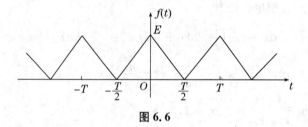

图 6.6

这种信号在一个周期 $[0, T)$ 内的函数为 $f(t) = E\left(1 - \frac{1}{2}|t|\right)$，它的傅里叶级数展开

式为

$$f(t) \approx \frac{E}{2} + \frac{4E}{\pi^2} \sum_{n=1}^{m} \frac{1}{(2n-1)^2} \cos(2n-1)\omega t, -\infty < t < +\infty, \text{其中 } \omega = \frac{2\pi}{T}.$$

案例 6.9[一次函数的拉氏变换]求一次函数 $f(t) = at$（a 为常数）的拉氏变换.

解：$L(at) = \int_0^{+\infty} (at) e^{-pt} dt = -\frac{a}{p} \int_0^{+\infty} t d(e^{-pt}) = -\frac{at}{p} e^{-pt} \Big|_0^{+\infty} + \frac{a}{p} \int_0^{+\infty} e^{-pt} dt$

$$= -\frac{a}{p^2} e^{-pt} \Big|_0^{+\infty} = \frac{a}{p^2}, p > 0.$$

案例 6.10[指数函数的拉氏变换]求 $f(t) = e^{at}$（$t > 0$，a 为常数）的拉氏变换.

解：$L(e^{at}) = \int_0^{+\infty} e^{at} e^{-pt} dt = -\frac{1}{p-a} e^{-(p-a)t} \Big|_0^{+\infty} = \frac{1}{p-a}, p > a.$

案例 6.11[三角余弦函数的拉氏变换]求函数 $f(t) = \cos at$ 的拉氏变换.

解：$L(\cos at) = \int_0^{+\infty} \cos at \cdot e^{-pt} dt = \frac{e^{-pt}}{p^2+a^2}(a\sin at - p\cos at) \Big|_0^{+\infty} = \frac{p}{p^2+a^2}, p > 0.$

同理，可求得 $L(\sin at) = \frac{a}{p^2+a^2}, p > 0.$

案例 6.12[单位阶跃函数的拉氏变换]求单位阶跃函数的拉氏变换.

解:因为 $u(t)=\begin{cases}0, & t<0,\\1, & t\geq 0,\end{cases}$

所以 $L[u(t)]=\int_0^{+\infty}e^{-pt}dt=-\dfrac{1}{p}e^{-pt}\mid_0^{+\infty}=\dfrac{1}{p},p>0.$

案例 6.13[分段信号函数的表示]将分段信号函数

$$f(t)=\begin{cases}\cos t, & 0\leq t<\pi,\\t, & t\geq\pi,\end{cases}$$

用一个式子表示.

解:因为 $\cos t[u(t)-u(t-\pi)]=\begin{cases}\cos t, & 0\leq t<\pi,\\0, & t<0\ 或\ t\geq\pi,\end{cases}\ tu(t-\pi)=\begin{cases}0, & t<\pi,\\t, & t\geq\pi,\end{cases}$

所以 $f(t)=\cos t[u(t)-u(t-\pi)]+tu(t-\pi)=\cos tu(t)+(t-\cos t)u(t-\pi).$

案例 6.14[狄拉克函数的拉氏变换]求狄拉克函数的拉氏变换.

解:$L[\delta(t)]=\int_0^{+\infty}\delta(t)e^{-pt}dt=\int_{-\infty}^{+\infty}\delta(t)e^{-pt}dt=e^{-p\times 0}=1,p>0.$

案例 6.15[单位阶跃函数的拉氏变换]求函数 $u(t-\tau)=\begin{cases}0, & t<\tau,\\1, & t\geq\tau\end{cases}$ 的拉氏变换.

解:因为 $L[u(t)]=\dfrac{1}{p},p>0,$所以 $L[u(t-\tau)]=e^{-p\tau}\dfrac{1}{p},p>0.$

案例 6.16[三角正弦函数的拉氏变换]利用积分性质求函数 $f(t)=\sin at$ 的拉氏变换.

解:因为 $\sin(at)=a\int_0^t\cos(ax)dx,$且 $L[\cos(at)]=\dfrac{p}{p^2+a^2},p>0,$

所以 $L[\sin(at)]=aL\left[\int_0^t\cos(ax)dx\right]=\dfrac{a}{p^2+a^2},p>0.$

案例 6.17[拉氏逆变换]求下列象函数的拉氏逆变换:

(1) $F(p)=\dfrac{1}{(p-3)^3}$; (2) $F(p)=\dfrac{2p-5}{p^2}$;

(3) $F(p)=\dfrac{4p-3}{p^2+4}$; (4) $F(p)=\dfrac{2p+3}{p^2-2p+5}.$

解:(1) $f(t)=L^{-1}\left[\dfrac{1}{(p-3)^3}\right]=e^{3t}L^{-1}\left[\dfrac{1}{p^3}\right]=\dfrac{e^{3t}}{2}L^{-1}\left[\dfrac{2!}{p^3}\right]=\dfrac{t^2}{2}e^{3t}$;

(2) $f(t)=L^{-1}\left[\dfrac{2p-5}{p^2}\right]=2L^{-1}\left[\dfrac{1}{p}\right]-5L^{-1}\left[\dfrac{1}{p^2}\right]=2-5t$;

(3) $f(t)=L^{-1}\left[\dfrac{4p-3}{p^2+4}\right]=4L^{-1}\left[\dfrac{p}{p^2+4}\right]-\dfrac{3}{2}L^{-1}\left[\dfrac{2}{p^2+4}\right]$

$\qquad=4\cos 2t-\dfrac{3}{2}\sin 2t$;

(4) $f(t)=L^{-1}\left[\dfrac{2p+3}{p^2-2p+5}\right]=L^{-1}\left[\dfrac{2(p-1)+5}{(p-1)^2+4}\right]$

$\qquad=2L^{-1}\left[\dfrac{p-1}{(p-1)^2+4}\right]+\dfrac{5}{2}L^{-1}\left[\dfrac{2}{(p-1)^2+4}\right]$

$\qquad=2e^tL^{-1}\left[\dfrac{p}{p^2+4}\right]+\dfrac{5}{2}e^tL^{-1}\left[\dfrac{2}{p^2+4}\right]$

$$=2\mathrm{e}^t\cos 2t+\frac{5}{2}\mathrm{e}^t\sin 2t.$$

案例 6.18[解一阶线性微分方程]求微分方程 $x'(t)+2x(t)=0$ 满足初始条件 $x(0)=3$ 的解.

解：设 $L[x(t)]=X(p)$，则 $pX(p)-x(0)+2X(p)=0$.

因为 $x(0)=3$，所以 $(p+2)X(p)=3$.

解之得 $X(p)=\dfrac{3}{p+2}$.

结合初始条件 $x(0)=3$，可得 $x(t)=3\mathrm{e}^{-2t}$.

案例 6.19[解二阶常系数线性微分方程]用拉氏变换求微分方程

$$y''(t)-3y'(t)+2y(t)=3\mathrm{e}^{-t}$$

满足初始条件 $y(0)=2,y'(0)=-1$ 的解.

解：设 $L[Y(t)]=Y(p)=Y$，则 $[p^2Y-py(0)-y'(0)]-[3pY-y(0)]+2Y=\dfrac{2}{p+1}$.

因为 $y(0)=2,y'(0)=-1$，所以 $(p^2-3p+2)Y=\dfrac{2}{p+1}+2p-7$.

解得 $Y=\dfrac{2p^2-5p-5}{(p-1)(p+1)(p-2)}=\dfrac{1}{3}\cdot\dfrac{1}{p+1}+\dfrac{4}{p-1}-\dfrac{7}{3}\cdot\dfrac{1}{p-2}$.

结合初始条件 $y(0)=2,y'(0)=-1$，可得 $y(t)=\dfrac{1}{3}\mathrm{e}^{-t}+4\mathrm{e}^t-\dfrac{7}{3}\mathrm{e}^{2t}$.

姓名＿＿＿＿＿＿　班级学号＿＿＿＿＿＿

傅里叶级数与积分变换（练习一）

一、填空题（每小题 4 分，共 20 分）

1. 设 $f(x)$ 是周期为 2π 的周期函数，它在区间 $[-\pi,\pi)$ 上的表达式为

$$f(x)=\begin{cases} -1, & -\pi\leqslant x<0, \\ 1+x^2, & 0\leqslant x<\pi, \end{cases}$$

则 $f(x)$ 的傅里叶级数收敛于 $f(x)$ 的区间是＿＿＿＿＿＿＿＿．

2. 设 $f(x)=\begin{cases} x^2, & -2\leqslant x<0, \\ 1, & 0\leqslant x\leqslant 2, \end{cases}$ 则 $f(x)$ 的傅里叶级数在区间＿＿＿＿＿＿＿＿上收敛于 $f(x)$．

3. 设 $f(x)=1-x^2(0\leqslant x\leqslant 1)$，则 $f(x)$ 的正弦级数在区间＿＿＿＿＿＿＿＿上收敛于 $f(x)$．

4. 将周期函数 $f(t)=|E\sin t|(E>0$ 是常数），展开成傅里叶级数必定是＿＿＿＿＿＿级数．

5. 设 $f(x)$ 是周期为 2 的周期函数，它在区间上 $(-1,1]$ 的表达式为

$$f(x)=\begin{cases} 2, & -1<x\leqslant 0, \\ x^2, & 0<x\leqslant 1, \end{cases}$$

则 $f(x)$ 的傅里叶级数在 $x=1$ 收敛于＿＿＿＿＿＿＿＿＿＿．

二、单选题（每小题 4 分，共 20 分）

1. 设 $f(x)$ 是以 2π 为周期的连续的偶函数，则其傅里叶级数必为（　　）．

　A. $\sum_{n=1}^{+\infty} b_n \sin nx$ 　　　　　　　　B. $\sum_{n=1}^{+\infty} a_n \cos nx$

　C. $\dfrac{a_0}{2}+\sum_{n=1}^{+\infty} a_n \cos nx$ 　　　　　D. $\dfrac{a_0}{2}+\sum_{n=1}^{+\infty} (a_n \cos nx+b_n \sin nx)$

2. 函数 $f(x)=\begin{cases} x, & -\pi<x\leqslant 0, \\ -x, & 0<x\leqslant\pi \end{cases}$ 的傅里叶展开式中的 $a_0=$（　　）．

　A. $-\pi$ 　　　　　　B. 0 　　　　　　C. π 　　　　　　D. 2π

3. 设 $f(x)$ 是以 2π 为周期的连续的偶函数，则其傅里叶系数的计算公式为（　　）．

　A. $a_n=0(n=0,1,2,\cdots),b_n=\dfrac{1}{\pi}\int_0^\pi f(x)\sin nx\mathrm{d}x(n=1,2,\cdots)$

　B. $a_n=\dfrac{1}{\pi}\int_0^\pi f(x)\cos nx\mathrm{d}x(n=0,1,2,\cdots),b_n=0(n=1,2,\cdots)$

　C. $a_n=0(n=0,1,2,\cdots),b_n=\dfrac{2}{\pi}\int_0^\pi f(x)\sin nx\mathrm{d}x(n=1,2,\cdots)$

　D. $a_n=\dfrac{2}{\pi}\int_0^\pi f(x)\cos nx\mathrm{d}x(n=0,1,2,\cdots),b_n=0(n=1,2,\cdots)$

89

4. 周期为 2π 的函数 $f(x)=2x^2\ (-\pi\leqslant x<\pi)$，若 $S(x)$ 是 $f(x)$ 的傅里叶级数的和函数，则 $S(\pi)=($).

    A. $4\pi^2$ B. π^2 C. $8\pi^2$ D. $2\pi^2$

5. 周期为 2π 的函数 $f(x)$，在一个周期 $[-\pi,\pi)$ 上的表达式为 $f(x)=\dfrac{e^x-e^{-x}}{2}$，则它的傅里叶级数( ).

    A. 不含正弦项   B. 不含余弦项

    C. 既有正弦项，又有余弦项   D. 不存在

三、计算题(每小题 20 分，共 60 分)

1. 设周期为 2π 的函数 $f(x)$，它在 $[-\pi,\pi)$ 上的表达式为 $f(x)=\begin{cases}1, & -\pi\leqslant x<0,\\ 2, & 0\leqslant x<\pi,\end{cases}$ 将 $f(x)$ 展开成傅里叶级数.

2. 若半波整流后一个周期内的波形函数为 $u(t)=\begin{cases}0, & -\pi\leqslant t<0,\\ 220\sin t, & 0\leqslant t<\pi,\end{cases}$ 求它的傅里叶级数.

3. 将函数 $f(x)=\dfrac{\pi}{2}-x$ 在 $[0,\pi]$ 上展成正弦级数.

姓名＿＿＿＿＿＿＿　班级学号＿＿＿＿＿＿＿

傅里叶级数与积分变换（练习二）

一、填空题（每小题 4 分，共 20 分）

1. 正弦函数 $f(t)=\sin\omega_0 t$ 的傅氏变换为 $F(\omega)=$＿＿＿＿＿＿＿＿＿＿＿．

2. 积分 $\int_{-\infty}^{\infty} e^t\delta(t+3)\mathrm{d}t=$＿＿＿＿＿＿＿＿＿．

3. $F(\omega)=2\cos3\omega$ 的傅氏逆变换为 $f(t)=$＿＿＿＿＿＿＿＿．

4. 设 $f(t)$ 的傅氏变换为 $F(\omega)$，则函数 $tf(t)$ 的傅氏变换为＿＿＿＿＿＿＿＿＿．

5. 振幅频谱 $|F(\omega)|$ 的图形关于＿＿＿＿＿＿＿＿轴对称．

二、单选题（每小题 4 分，共 20 分）

1. 下列变换中不正确的是（　　　　）．

   A. $\mathscr{F}[u(t)]=\dfrac{1}{i\omega}+\pi\delta(\omega)$ 　　　　　　B. $\mathscr{F}[\delta(t)]=1$

   C. $\mathscr{F}^{-1}[2\pi\delta(\omega)]=1$ 　　　　　　　D. $\mathscr{F}[e^{-|t|}]=\dfrac{1}{1+\omega^2}$

2. 设 $f(t)=\delta(t-t_0)$，则傅氏变换 $F[f(t)]=$（　　　　）．

   A. 1 　　　　　B. 2π 　　　　　C. $e^{i\omega t_0}$ 　　　　D. $e^{-i\omega t_0}$

3. 设 $F(\omega)=2\pi\delta(\omega-\omega_0)$，则傅氏逆变换 $\mathscr{F}^{-1}[F(\omega)]=$（　　　　）．

   A. 1 　　　　　B. $e^{i\omega_0 t}$ 　　　　　C. $\delta(t-t_0)$ 　　　　D. $e^{-i\omega_0 t}$

4. 设 $f(t)=e^{-\beta|t|}\ (\beta>0)$，则 $\mathscr{F}[f(t)]=$（　　　　）．

   A. $\dfrac{2\omega}{\beta^2+\omega^2}$ 　　　B. $\dfrac{2\beta}{\beta^2+\omega^2}$ 　　　C. $\dfrac{2\omega}{\beta^2-\omega^2}$ 　　　D. $\dfrac{2\beta}{\beta^2-\omega^2}$

5. 设 $\mathscr{F}[f(t)]=F(\omega)$，则 $\mathscr{F}[f(t)\sin\omega_0 t]=$（　　　　）．

   A. $\dfrac{i}{2}[F(\omega+\omega_0)-F(\omega-\omega_0)]$ 　　　B. $\dfrac{i}{2}[F(\omega+\omega_0)+F(\omega-\omega_0)]$

   C. $\dfrac{1}{2}[F(\omega+\omega_0)-F(\omega-\omega_0)]$ 　　　D. $\dfrac{1}{2}[F(\omega+\omega_0)+F(\omega-\omega_0)]$

三、计算题（每小题 12 分，共 60 分）

1. 求函数 $f(t)=\begin{cases} e^t, & t\leqslant 0, \\ 0, & t>0 \end{cases}$ 的傅氏变换．

2. 求函数 $f(t) = \begin{cases} -1, & -1 < t < 0, \\ 1, & 0 < t < 1, \\ 0, & \text{其他} \end{cases}$ 的傅氏变换.

3. 已知 $\mathscr{F}[f(t)] = F(\omega)$, 利用傅氏变换的性质求下列函数的傅氏变换:

(1) $f(t-1)$.

(2) $f(2t-5)$.

4. 求下列函数的傅氏逆变换:

(1) $F(\omega) = \delta(\omega+2) - \delta(\omega-2)$.

(2) $F(\omega) = \dfrac{1}{2+\omega^2}$.

5. 求单个矩形脉冲 $f(t) = \begin{cases} E, & |t| < \dfrac{\tau}{2}, \\ 0, & |t| \geqslant \dfrac{\tau}{2} \end{cases}$ 的频谱函数, 并作频谱图.

姓名＿＿＿＿＿＿＿　班级学号＿＿＿＿＿＿＿

傅里叶级数与积分变换（练习三）

一、填空题（每小题 4 分，共 20 分）

1. 设拉氏变换 $\mathscr{L}[f(t)]=F(s)$，则 $\mathscr{L}\left[\int_0^t f(u)\,\mathrm{d}u\right]=$ ＿＿＿＿＿＿＿．

2. 设 $f(t)$ 的拉氏变换为 $F(s)=\dfrac{1}{s^2+s-1}$，则 $y(t)=\mathrm{e}^{-t}f(t)$ 的拉氏变换 $Y(s)$ ＝＿＿＿＿＿＿＿．

3. 已知 $f(t)=\begin{cases} t^2, & 0<t\leqslant 1, \\ 0, & t>1, \end{cases}$ 则 $\mathscr{L}[f''(t)]=$ ＿＿＿＿＿＿＿．

4. 设 $f(t)=\mathrm{e}^{-2t}+\delta(t)$，则 $\mathscr{L}[f(t)]=$ ＿＿＿＿＿＿＿．

5. 设 $f(t)=t\cos 2t$，则 $\mathscr{L}[f(t)]=$ ＿＿＿＿＿＿＿．

二、单选题（每小题 4 分，共 20 分）

1. 设 $f(t)=\mathrm{e}^{-t}\cos 5t$，则 $\mathscr{L}[f(t)]=$（　　）．

   A. $\dfrac{5}{(s+1)^2+25}$　　　　　　　　B. $\dfrac{s+1}{(s+1)^2+25}$

   C. $\dfrac{5}{(s-1)^2+25}$　　　　　　　　D. $\dfrac{s-1}{(s-1)^2+25}$

2. 函数 $\delta(2-t)$ 的拉氏变换 $\mathscr{L}[\delta(2-t)]=$（　　）．
   A. 1　　　　　　B. e^{2s}　　　　　　C. e^{-2s}　　　　　　D. 不存在

3. 设 $f(t)=\mathrm{e}^{-t}u(t-1)$，则 $\mathscr{L}[f(t)]=$（　　）．

   A. $\dfrac{\mathrm{e}^{-(s-1)}}{s-1}$　　　　B. $\dfrac{\mathrm{e}^{-(s+1)}}{s+1}$　　　　C. $\dfrac{\mathrm{e}^{-s}}{s-1}$　　　　D. $\dfrac{\mathrm{e}^{-s}}{s+1}$

4. 设 $f(t)=\sin\left(t-\dfrac{\pi}{3}\right)$，则 $\mathscr{L}[f(t)]=$（　　）．

   A. $\dfrac{1-\sqrt{3}s}{2(s^2+1)}$　　　　B. $\dfrac{s-\sqrt{3}}{2(s^2+1)}$　　　　C. $\dfrac{s}{s^2+1}\mathrm{e}^{-\frac{\pi}{3}s}$　　　　D. $\dfrac{1}{s^2+1}\mathrm{e}^{-\frac{\pi}{3}s}$

5. 设 $f(t)=t\sin 3t$，则 $\mathscr{L}[f(t)]=$（　　）．

   A. $\dfrac{6s}{(s^2+9)^2}$　　　　B. $\dfrac{s^2-9}{(s^2+9)^2}$　　　　C. $\dfrac{3}{s^2+9}$　　　　D. $\dfrac{s}{s^2+9}$

三、计算题（第 1、3 题各 10 分，第 2 题 40 分，共 60 分）

1. 用定义求下列函数的拉氏变换：
   (1) $f(t)=\mathrm{e}^{-2t}$．　　　　　　　　(2) $f(t)=2t$．

2. 求下列函数的拉氏变换：

(1) $f(t)=t^2+t+2$.

(2) $f(t)=2\mathrm{e}^{-t}-3\mathrm{e}^{2t}$.

(3) $f(t)=t^2\mathrm{e}^{-t}$.

(4) $f(t)=\sin\left(2t-\dfrac{\pi}{2}\right)$.

(5) $f(t)=u(3t-1)$.

3. 求函数 $f(t)=\begin{cases}t+1, & 0\leqslant t\leqslant 3, \\ 0, & t>3\end{cases}$ 的拉氏变换.

姓名＿＿＿＿＿＿＿　　班级学号＿＿＿＿＿＿＿

傅里叶级数与积分变换（练习四）

一、填空题（每小题 4 分，共 20 分）

1. 已知 $F(s)=\dfrac{1}{s(s^2+1)}$，则 $f(t)=\mathscr{L}^{-1}[F(s)]=$＿＿＿＿＿＿＿＿．

2. 拉氏逆变换 $\mathscr{L}^{-1}\left[\dfrac{s}{s^2+4}\right]=$＿＿＿＿＿＿＿．

3. 拉氏逆变换 $\mathscr{L}^{-1}\left[\dfrac{1}{s^2-2s+5}\right]=$＿＿＿＿＿＿＿．

4. 拉氏逆变换 $\mathscr{L}^{-1}\left[\dfrac{1}{(s+2)^2}\right]=$＿＿＿＿＿＿＿．

5. 拉氏逆变换 $\mathscr{L}^{-1}\left[\dfrac{s^2-2s+3}{s^3}\right]=$＿＿＿＿＿＿＿．

二、单选题（每小题 4 分，共 20 分）

1. 设 $F(s)=\dfrac{-5}{(s+1)^2+25}$，则 $f(t)=\mathscr{L}^{-1}[F(s)]=($ 　　).

   A. $e^{-t}\cos(5t)$ 　　　　　　　　B. $-e^{-t}\sin(5t)$

   C. $e^t\cos(5t)$ 　　　　　　　　　D. $e^t\sin(5t)$

2. 设 $F(s)=\dfrac{s^2}{s^2+1}$，则 $f(t)=\mathscr{L}^{-1}[F(s)]=($ 　　).

   A. $\delta(t)+\cos t$ 　　　　　　　　B. $\delta(t)-\cos t$

   C. $\delta(t)+\sin t$ 　　　　　　　　D. $\delta(t)-\sin t$

3. 设 $F(s)=\dfrac{2e^{-s}-e^{-2s}}{s}$，则 $f(t)=\mathscr{L}^{-1}[F(s)]=($ 　　).

   A. $u(t-2)-2u(t-1)$ 　　　　　　B. $u(t-1)-2u(t-2)$

   C. $2u(t-1)-u(t-2)$ 　　　　　　D. $2u(t-2)-u(t-1)$

4. 设 $F(s)=\dfrac{2s+5}{s^2+4s+13}$，则 $f(t)=\mathscr{L}^{-1}[F(s)]=($ 　　).

   A. $e^{-2t}\left(2\cos 3t+\dfrac{1}{3}\sin 3t\right)$ 　　　B. $e^{-2t}\left(\dfrac{1}{3}\cos 3t+2\sin 3t\right)$

   C. $e^{2t}\left(2\cos 3t+\dfrac{1}{3}\sin 3t\right)$ 　　　　D. $e^{2t}\left(\dfrac{1}{3}\cos 3t+2\sin 3t\right)$

5. 设 $F(s)=\dfrac{e^{-s}}{s+2}$，则 $f(t)=\mathscr{L}^{-1}[F(s)]=($ 　　).

   A. $e^{-2t}u(t-1)$ 　　　　　　　　B. $e^{-2(t-1)}u(t-1)$

   C. $e^{-2(t-2)}u(t-1)$ 　　　　　　D. $e^{-2t}u(t-2)$

三、求下列函数的拉氏逆变换（每小题 6 分，共 24 分）

1. $F(s) = \dfrac{3}{s-2}$.

2. $F(s) = \dfrac{1}{9s^2+4}$.

3. $F(s) = \dfrac{s}{s-1}$.

4. $F(s) = \dfrac{s}{(s+5)(s+3)}$.

四、应用题（每小题 12 分，共 36 分）

1. 用拉氏变换解微分方程：$y'' - 2y' + y = e^t$，$y(0) = y'(0) = 0$.

2. 用拉氏变换解微分方程：$y'' + 3y' + y = 3\cos t$，$y(0) = 0$，$y'(0) = 1$.

3. 一静止的弹簧在 $t = 0$ 时受到一个垂直方向的力的冲击而振动，振动所满足的方程为

$$y'' + 2y' + 2y = \delta(t), \quad y(0) = 0, \quad y'(0) = 0,$$

求其振动规律.

傅里叶级数与积分变换测试题

一、填空题(每小题 4 分,共 20 分)

1. 设 $f(x)$ 是周期为 2π 的周期函数,它在区间 $[-\pi,\pi)$ 上的表达式为

$$f(x)=\begin{cases} 0, & -\pi\leqslant x<0, \\ 4, & 0\leqslant x<\pi, \end{cases}$$

则 $f(x)$ 的傅里叶级数在 $x=-\pi$ 处收敛于_____.

2. 设 $f(x)$ 是以 $2l$ 为周期的奇函数,则它的傅里叶系数为 $a_n=$_____,
$b_n=$_____.

3. $F(\omega)=\dfrac{3}{1+\omega^2}$ 的傅氏逆变换为 $f(t)=$_____.

4. 设 $f(t)=t\sin 4t$,则 $\mathscr{L}[f(t)]=$_____.

5. 拉氏逆变换 $\mathscr{L}^{-1}\left[\dfrac{1}{(s-2)^3}\right]=$_____.

二、单选题(每小题 4 分,共 20 分)

1. 设 $f(x)$ 是以 6 为周期的连续的奇函数,则下式中正确的为( ).

 A. $b_n=0$ 　　　　　　　　　　　B. $a_n=\dfrac{2}{3}\displaystyle\int_0^3 f(x)\cos\dfrac{n\pi x}{3}\mathrm{d}x$

 C. $f(x)=\dfrac{a_0}{2}+\displaystyle\sum_{n=1}^{+\infty} a_n\cos\dfrac{n\pi x}{3}$ 　　　D. $f(x)=\displaystyle\sum_{n=1}^{+\infty} b_n\sin\dfrac{n\pi x}{3}$

2. 函数系 $\{1,\cos x,\sin x,\cdots,\cos nx,\sin nx,\cdots\}$ 是区间( )上的正交系.

 A. $[0,\pi]$ 　　　　　　　　　　B. $\left[-\dfrac{\pi}{2},\dfrac{\pi}{2}\right]$

 C. $[0,2\pi]$ 　　　　　　　　　　D. $[-\pi,0]$

3. 积分 $\displaystyle\int_{-\infty}^{+\infty} 2(t^3+4)\delta(t)\mathrm{d}t$ 的值为( ).

 A. $2(t^3+4)$ 　　　B. 8 　　　　C. -10 　　　　D. 10

4. 设 $f(t)=\delta(t-2)+\mathrm{e}^{it}$,则傅氏变换 $\mathscr{F}[f(t)]=$( ).
 A. $\mathrm{e}^{-2\omega i}+2\pi\delta(\omega-1)$ 　　　　　B. $\mathrm{e}^{2\omega i}+2\pi\delta(\omega-1)$
 C. $\mathrm{e}^{-2\omega i}+2\pi\delta(\omega+1)$ 　　　　　D. $\mathrm{e}^{2\omega i}+2\pi\delta(\omega+1)$

5. 设 $F(s)=\dfrac{2s-2}{(s-1)^2+16}$,则 $f(t)=\mathscr{L}^{-1}[F(s)]=$( ).

 A. $2\mathrm{e}^{-t}\cos(4t)$ 　　　　　　　B. $-2\mathrm{e}^{-t}\sin(4t)$

 C. $2\mathrm{e}^{t}\cos(4t)$ 　　　　　　　D. $2\mathrm{e}^{t}\sin(4t)$

三、计算题(每小题 10 分,共 30 分)

1. 设周期为 2π 的函数 $f(x)$,它在 $[-\pi,\pi]$ 上的表达式为

$$f(x)=\begin{cases} x+2\pi, & -\pi\leqslant x<0, \\ \pi, & x=0, \\ x, & 0<x<\pi, \end{cases}$$

将 $f(x)$ 展开成傅里叶级数.

2. 求函数 $f(t) = \begin{cases} 1, & |t| \leqslant 1, \\ 0, & |t| > 1 \end{cases}$ 的傅氏变换.

3. 求函数 $f(t) = \begin{cases} \sin t, & 0 \leqslant t \leqslant \pi, \\ t, & t > \pi \end{cases}$ 的拉氏变换.

四、应用题（每小题 10 分，共 30 分）

1. 用拉氏变换求解微分方程初值问题：$y'' + 4y = 0, y(0) = 1, y'(0) = 2$.

2. 用拉氏变换求解微分方程初值问题：$y'' - 2y' + 2y = 2e^t \cos t, y(0) = y'(0) = 0$.

3. 设有一个由电阻 R，电感 L 串联组成的电路，在 $t = 0$ 时接入直流电源 E，求电流 i 与时间 t 的函数关系.

第七章 向量代数与空间解析几何案例与练习

> 本章的内容主要有空间直角坐标系与向量代数,平面与空间直线和曲面与空间曲线.
>
> 空间直角坐标系与向量代数部分的基本内容:空间直角坐标系,点的坐标,两点间距离公式,向量概念,向量的运算,两向量的夹角,平行、垂直的条件.
>
> 平面与空间直线部分的基本内容:平面的点法式方程、一般方程,直线的对称式方程、参数方程、一般方程,平面与直线的位置关系的讨论.
>
> 曲面与空间曲线部分的基本内容:曲面方程的概念和一些常见的曲面及其方程,空间曲线的一般方程和参数方程,空间曲线在坐标面上的投影.
>
> 为了帮助大家更好地理解、掌握和应用这些内容,我们编写了下面的案例与练习.

案例 7.1[动点轨迹]一动点到点 $A(2,0,-1)$ 的距离与到点 $B(3,-5,1)$ 的距离之比等于 2,求此动点轨迹.

解:设动点坐标为 (x,y,z),则

$$\sqrt{(x-2)^2+y^2+(z+1)^2}=2\sqrt{(x-3)^2+(y+5)^2+(z-1)^2}.$$

所以动点轨迹为 $3x^2-20x+3y^2+40y+3z^2-10z+140=0$,进一步化简整理得

$$\left(x-\frac{10}{3}\right)^2+\left(y+\frac{20}{3}\right)^2+\left(z-\frac{5}{3}\right)^2=\frac{35}{3}.$$

案例 7.2[向量的模和方向余弦]设已知两点 $A(3,-1,2)$ 和 $B(-1,2,-2)$,计算向量 $\overrightarrow{AB}$ 的模、方向余弦.

解:因为 $\overrightarrow{AB}=(-1-3,2-(-1),-2-2)=(-4,3,-4)$,

所以 $|\overrightarrow{AB}|=\sqrt{(-4)^2+3^2+(-4)^2}=\sqrt{41}$,

$$\cos\alpha=-\frac{4}{\sqrt{41}},\cos\beta=\frac{3}{\sqrt{41}},\cos\gamma=-\frac{4}{\sqrt{41}}.$$

案例 7.3[做功问题]一物体受力 $\boldsymbol{F}=3\boldsymbol{i}-\boldsymbol{j}+2\boldsymbol{k}$ 作用,从点 $M_1(3,4,1)$ 沿直线移动到点 $M_2(1,2,6)$,求力 $\boldsymbol{F}$ 所做的功.

解:$W=\boldsymbol{F}\cdot\overrightarrow{M_1M_2}=(3,-1,2)\cdot(-2,-2,5)=6.$

案例 7.4[垂直渡河问题]有一条船要垂直地渡过以两条平行线为河岸的河流,已知船在静水中航速为 U km/h,而水的流速为 V km/h,试问船头应始终保持什么方向? 其渡河的实际速率 W 是多大? 又问这种渡河方法在什么条件下才是可能的?

解:建立坐标系并设定方位如图 7.1 所示,设船头方向为北偏西 α,则

$$U_{船对水}=U(-\sin\alpha,\cos\alpha),U_{水对岸}=V(1,0).$$

按要求,应该有

$$U_{船对岸}=U_{船对水}+U_{水对岸}=(0,W),$$

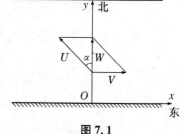

图 7.1

即 $\qquad\qquad -U\sin\alpha+V=0.$

所以船头方向为北偏西 $\alpha\arcsin\dfrac{V}{U}$，同时渡河的实际速率为

$$W=U\cos\alpha=\sqrt{U^2-V^2}.$$

显然,这种渡河方法只能在 $U>V$ 时才是可能的. 当 $U\leqslant V$ 时,在 $\left[0,\dfrac{\pi}{2}\right)$ 内任何一个 α 的值,船只能在下游 $\left(\dfrac{hV}{U}\sec\alpha-h\tan\alpha,h\right)$ 处登陆,其中 h 为河面宽.

案例7.5[风向问题] 有人以速度 U 向正东方向前进,感到风从正北方吹来;以速度 $2U$ 向正东方前进时,又感到风从东北方吹来,求风向和风速.

解: 设 $v_{风对地}=(a,b)$,根据 $v_{风对地}=v_{风对人}+v_{人对地}$,可以得到(其示意图分别如图 7.2 和图 7.3 所示)

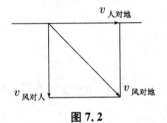

图 7.2

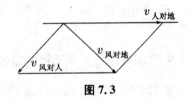

图 7.3

① $(a,b)=(0,-Q)+(U,0)$;

② $(a,b)=(-Q,-Q)+(2U,0)$.

由①,②可知

$$a=U,a=2U-Q,b=-Q.$$

由上式即可解得 $(a,b)=(U,-U)$.

所以风向为西北,风速为 $\sqrt{2}U$.

案例7.6[内积的最值问题] $\triangle ABC$ 三边长分别为 $AB=3$, $BC=5$,$AC=4$,PQ 是以 A 为中心、$R=2$ 为半径的球面上的直径(如图 7.4),求 $\overrightarrow{BP}\cdot\overrightarrow{CQ}$ 的最大值与最小值.

解: 根据所给三角形三条边长的特点,可知 $AB\perp AC$,即

$$\overrightarrow{BA}\cdot\overrightarrow{CA}=0.$$

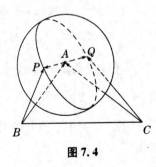

图 7.4

另一方面,由于 PQ 是球面的直径,所以 $\overrightarrow{AQ}=-\overrightarrow{AP}$,所以

$$\overrightarrow{BP}=\overrightarrow{BA}+\overrightarrow{AP},\overrightarrow{CQ}=\overrightarrow{CA}+\overrightarrow{AQ}=\overrightarrow{CA}-\overrightarrow{AP}.$$

从而有

$$\begin{aligned}
\overrightarrow{BP}\cdot\overrightarrow{CQ}&=(\overrightarrow{BA}+\overrightarrow{AP})\cdot(\overrightarrow{CA}-\overrightarrow{AP})\\
&=\overrightarrow{BA}\cdot\overrightarrow{CA}+\overrightarrow{AP}\cdot(\overrightarrow{CA}-\overrightarrow{BA})-|\overrightarrow{AP}|^2\\
&=0+\overrightarrow{AP}\cdot\overrightarrow{CB}-4=|\overrightarrow{AP}||\overrightarrow{CB}|\cos\theta-4\\
&=10\cos\theta-4,
\end{aligned}$$

其中 θ 为向量 $\overrightarrow{AP}$ 与 $\overrightarrow{CB}$ 的夹角,也就是 $\overrightarrow{PQ}$ 与 $\overrightarrow{BC}$ 的夹角.

可见当向量 $\overrightarrow{PQ}$ 与 $\overrightarrow{BC}$ 同向即 $\theta=0$ 时,$\overrightarrow{BP}\cdot\overrightarrow{CQ}$ 有最大值 6;当向量 $\overrightarrow{PQ}$ 与 $\overrightarrow{BC}$ 反向即 $\theta=\pi$

时，$\overrightarrow{BP} \cdot \overrightarrow{CQ}$有最小值$-14$.

案例 7.7[三角形面积]设$\triangle ABC$的三个顶点坐标为$A(1,0,1)$、$B(2,1,1)$及$C(1,1,2)$，求$\triangle ABC$的面积S.

解：如图 7.5，作向量$\overrightarrow{AB}$及$\overrightarrow{AC}$，则

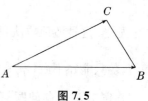

$$\overrightarrow{AB}=(1,1,0), \overrightarrow{AC}=(0,1,1), |\overrightarrow{AB}|=|\overrightarrow{AC}|=\sqrt{2},$$

$$\overrightarrow{AB}\times\overrightarrow{AC}=\begin{vmatrix} \boldsymbol{i} & \boldsymbol{j} & \boldsymbol{k} \\ 1 & 1 & 0 \\ 0 & 1 & 1 \end{vmatrix}=(1,-1,1), |\overrightarrow{AB}\times\overrightarrow{AC}|=\sqrt{3}.$$

图 7.5

所以$\triangle ABC$的面积为$S=\dfrac{1}{2}|\overrightarrow{AB}\times\overrightarrow{AC}|=\dfrac{\sqrt{3}}{2}$.

案例 7.8[力矩问题]力$\boldsymbol{F}=2\boldsymbol{i}-\boldsymbol{j}+3\boldsymbol{k}$作用在杠杆上点$A(2,1,-1)$处，求此力关于杠杆上另一点$B(2,1,3)$的力矩.

解：$\overrightarrow{M}=\boldsymbol{F}\times\overrightarrow{BA}=\begin{vmatrix} \boldsymbol{i} & \boldsymbol{j} & \boldsymbol{k} \\ 2 & -1 & 3 \\ 0 & 0 & -4 \end{vmatrix}=4\boldsymbol{i}+8\boldsymbol{j}.$

案例 7.9[空间直线关于平面镜的镜像]求光线$L_0:\dfrac{x+1}{2}=\dfrac{y-2}{1}=\dfrac{z+1}{2}$照在镜面$\mathrm{II}:x+y=4$上所产生的反射光线$L$的直线方程.

分析：在求反射光线也就是镜像直线方程时，必须用到反射角等于入射角的光学原理. 在数学上，也就是对称性原理.

解：显然$P=(-1,2,-1)$是直线L_0上的一点. 再将直线L_0的参数方程

$$x=-1+2t, y=2+t, z=-1+2t$$

代入平面II的方程，可得$(2t-1)+(t+2)=4$，解得$t=1$，也就得到了直线L_0与平面II交点Q（如图 7.6）的坐标为$(1,3,1)$.

过点$P=(-1,2,-1)$作与平面II垂直的直线

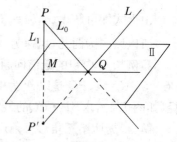

$$L_1:\dfrac{x+1}{1}=\dfrac{y-2}{1}=\dfrac{z+1}{0}.$$

类似地可求出直线L_1与平面II交点M的坐标为$\left(\dfrac{1}{2},\dfrac{7}{2},-1\right)$.

图 7.6

设点P关于平面II的对称点为P'，则点M必为线段PP'的中点，根据中点坐标公式可求出

$$P'=(2,5,-1).$$

过点$Q=(1,3,1)$和$P'=(2,5,-1)$的直线

$$\dfrac{x-1}{1}=\dfrac{y-3}{2}=\dfrac{z-1}{-2}$$

就是所求的反射光线的直线方程.

案例 7.10[平面方程]一平面通过两点$M_1(1,1,1)$和$M_2(0,1,-1)$且垂直于平面$x+y+z=0$，求它的方程.

解法一:设所求平面的法向量为 $\boldsymbol{n}=(A,B,C)$,因为 $\overrightarrow{M_1M_2}=(-1,0,-2)$ 在所求平面上,它必与 $\boldsymbol{n}$ 垂直,所以有

$$-A-2C=0. \tag{1}$$

又因为所求的平面垂直于已知平面 $x+y+z=0$,所以有

$$A+B+C=0. \tag{2}$$

由(1)、(2)得到

$$A=-2C,B=C.$$

由平面的点法式方程可知,所求平面方程可设为

$$A(x-1)+B(y-1)+C(z-1)=0.$$

将 $A=-2C,B=C$ 代入上式并约去 $C(C\neq0)$ 便得

$$-2(x-1)+(y-1)+(z-1)=0,$$

即 $2x-y-z=0$.

解法二:先求平面的法向量 $\boldsymbol{n}=\boldsymbol{n}_1\times\overrightarrow{M_1M_2}=\begin{vmatrix} \boldsymbol{i} & \boldsymbol{j} & \boldsymbol{k} \\ -1 & 0 & -2 \\ 1 & 1 & 1 \end{vmatrix}=(2,-1,-1).$

由平面的点法式方程可知,所求平面方程为

$$2(x-1)-(y-1)-(z-1)=0,$$

即 $2x-y-z=0$.

案例 7.11[曲面方程]求直线 $\begin{cases} x+2y=4, \\ z=0 \end{cases}$ 绕 x 轴旋转所得曲面的方程.

解:在方程 $x+2y=4$ 中,保持 x 不变,把 y 换成 $\pm\sqrt{y^2+z^2}$,即得

$$x\pm2\sqrt{y^2+z^2}=4.$$

化简得 $4y^2+4z^2-(x-4)^2=0$.

这是一个圆锥面方程.

案例 7.12[高射炮的火力范围]一门高射炮炮口可在水平面 $360°$ 范围内任意转动,并可在铅直平面内以 $0°$ 和 $90°$ 之间任一仰角发射.如果空气阻力可以忽略不计,炮弹离开炮口时初速度为 v_0,求该高射炮的火力范围.

分析:本题所求之火力范围应该是一个旋转体,若把它看作是一个点集,则这个点集由炮弹运动的所有不同轨迹曲线所构成.

解:在忽略了炮身大小而把其看作一个几何点时,取炮口为坐标原点 O,铅直向上为 z 轴,任意一个方位的铅直平面为 yOz 坐标面、再取相应的 x 轴,得到坐标系如图 7.7 所示.

所求火力范围显然是一个在 xOy 平面上方、某个旋转曲面下方的旋转体,为求出此旋转体,可在 yOz 坐标面的第一象限内来进行考察.

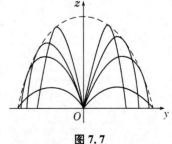

图 7.7

设炮口的仰角为 $\alpha\left(0\leqslant\alpha\leqslant\dfrac{\pi}{2}\right)$,在忽略了空气阻力的情况下,可求得炮弹在空中飞行轨迹的参数方程为

$$y = v_0 t \cos \alpha, z = v_0 t \sin \alpha - \frac{1}{2} g t^2.$$

在这两个方程中消去参数 t，可得

$$z = y \tan \alpha - \frac{g}{2 v_0^2} y^2 \sec^2 \alpha,$$

上式可以改写为

$$z = \frac{v_0^2}{2g} - \frac{g y^2}{2 v_0^2} - \frac{g y^2}{2 v_0^2} \left(\tan \alpha - \frac{v_0^2}{g y} \right)^2.$$

由此可知，能够选取适当的 α，使 yOz 坐标面的第一象限内点 (y,z) 总能被击中的充要条件是

$$0 \leqslant z \leqslant \frac{v_0^2}{2g} - \frac{g y^2}{2 v_0^2}.$$

将此区域绕 z 轴旋转一周，即可得所求的火力范围为

$$0 \leqslant z \leqslant \frac{v_0^2}{2g} - \frac{g}{2 v_0^2} (x^2 + y^2).$$

姓名＿＿＿＿＿＿　　班级学号＿＿＿＿＿＿

向量代数与空间解析几何（练习一）

一、填空题（每小题 4 分,共 20 分）

1. 空间点 $(1,-5,-3)$ 在第 ＿＿＿＿＿ 卦限,关于 zOx 平面的对称点坐标为 ＿＿＿＿＿,关于 y 轴的对称点坐标为＿＿＿＿＿.

2. 两向量 a,b 相互垂直的充分必要条件是＿＿＿＿＿.

3. 两向量 a,b 相互平行的充分必要条件是＿＿＿＿＿.

4. 向量 $a=(1,-2,3)$ 的单位向量是 $a^0=$ ＿＿＿＿＿.

5. 设向量 $a=(2,-1,4)$ 与 $b=(1,k,2)$ 平行,则 $k=$ ＿＿＿＿＿.

二、单选题（每小题 4 分,共 20 分）

1. 已知点 $A(2,-1,1)$,则点 A 与 z 轴的距离是(　　).

　A. $\sqrt{5}$　　　　　B. 1　　　　　C. $\sqrt{6}$　　　　　D. 2

2. 设 α,β,γ 是向量 a 的三个方向角,则 $\sin^2\alpha+\sin^2\beta+\sin^2\gamma=$(　　).

　A. 1　　　　　　B. 3　　　　　　C. 0　　　　　　D. 2

3. 与向量 $a=(1,0,-1)$ 垂直的单位向量是(　　).

　A. $(-1,0,1)$　　　B. $(1,0,1)$　　　C. $\left(\dfrac{1}{\sqrt{2}},0,\dfrac{1}{\sqrt{2}}\right)$　　　D. $\left(\dfrac{1}{2},0,\dfrac{1}{2}\right)$

4. 设一向量与各坐标轴间的夹角为 α,β,γ,若已知 $\alpha=\dfrac{\pi}{3},\beta=\dfrac{2\pi}{3}$,那么 $\gamma=$(　　).

　A. $\dfrac{\pi}{3}$　　　　　B. $\dfrac{\pi}{4}$　　　　　C. $\dfrac{\pi}{2}$　　　　　D. $\dfrac{2\pi}{3}$

5. 设向量 $a=-j+3k,b=\dfrac{1}{2}j-\dfrac{3}{2}k$,那么(　　).

　A. $a\perp b$　　　　　　　　　　　B. a,b 既不平行,也不垂直

　C. $a/\!/b$,且 a 与 b 同向　　　　　D. $b/\!/a$,且 a 与 b 反向

三、计算题（每小题 10 分,共 60 分）

1. 求点 $(2,-3,-1)$ 关于对称点的坐标:(1) 各坐标面;(2) 各坐标轴;(3) 坐标原点.

2. 已知点 $M_1(-2,0,5)$ 和 $M_2(2,0,2)$，求向量 $\overrightarrow{M_1M_2}$ 的模和方向余弦.

3. 已知向量 $\overrightarrow{AB}=(4,-4,7)$，它的终点坐标 $B(2,-1,7)$，求它的起点 A.

4. 已知 $\boldsymbol{a}=(2,3,1)$，$\boldsymbol{b}=(1,2,-1)$，求 $\boldsymbol{a}\cdot\boldsymbol{b}$，$\boldsymbol{b}\times\boldsymbol{a}$.

5. 设向量 $\boldsymbol{a}=2i+j$，$\boldsymbol{b}=-i+2k$，求以 $\boldsymbol{a}$，$\boldsymbol{b}$ 为邻边的平行四边形的面积.

6. 求以点 $A(1,2,3)$，$B(0,0,1)$，$C(3,1,0)$ 为顶点的三角形的面积.

姓名＿＿＿＿＿＿＿　班级学号＿＿＿＿＿＿＿

向量代数与空间解析几何（练习二）

一、填空题（每小题 4 分，共 20 分）

1. 过原点，且与直线 $\dfrac{x-1}{3}=\dfrac{y}{1}=\dfrac{z}{-1}$ 垂直的平面方程为＿＿＿＿＿＿＿＿.

2. 假设两平面 $3x-y-1=0$ 与 $2x+ay-z-2=0$ 垂直，则 $a=$＿＿＿＿＿＿＿.

3. 点 $(-1,-2,-1)$ 到平面 $x+2y+2z-5=0$ 的距离 $d=$＿＿＿＿＿＿.

4. 直线 $\begin{cases} x=3 \\ y=5+t \\ z=1 \end{cases}$ 平行于＿＿＿＿＿＿＿＿坐标轴.

5. 球面 $2x^2+2y^2+2z^2-z=0$ 的球心为＿＿＿＿＿＿＿，半径为＿＿＿＿＿＿.

二、单选题（每小题 4 分，共 20 分）

1. 平面 $x+y+kz+1=0$ 与直线 $\dfrac{x}{2}=\dfrac{y}{-1}=\dfrac{z}{1}$ 平行，则 $k=$（　　）.

   A. -1　　　　　　B. 1　　　　　　C. 2　　　　　　D. -2

2. 直线 $\begin{cases} x+2y=1 \\ 2y+z=1 \end{cases}$ 与直线 $\dfrac{x}{1}=\dfrac{y-1}{0}=\dfrac{z-1}{-1}$ 的关系是（　　）.

   A. 垂直　　　　　　　　　　　B. 既不平行也不垂直
   C. 平行　　　　　　　　　　　D. 重合

3. 平面 $2x-y=1$ 的位置是（　　）.
   A. 与 z 轴平行　　　　　　　B. 与 xOy 面垂直
   C. 与 x 轴平行　　　　　　　D. 与 xOy 面平行

4. 直线 $\begin{cases} 2x+z-1=0 \\ x-y-z=0 \end{cases}$ 的方向向量是（　　）.

   A. $\begin{vmatrix} i & j & k \\ 1 & -1 & -1 \\ 2 & 0 & 1 \end{vmatrix}$　　　　B. $\begin{vmatrix} i & j & k \\ 2 & 1 & 0 \\ 1 & -1 & -1 \end{vmatrix}$

   C. $\begin{vmatrix} i & j & k \\ 2 & 1 & -1 \\ 1 & -1 & -1 \end{vmatrix}$　　　　D. $\begin{vmatrix} i & j & k \\ 1 & -1 & -1 \\ 2 & 1 & 0 \end{vmatrix}$

5. 直线 $\dfrac{x+1}{2}=\dfrac{y-2}{-1}=\dfrac{z}{3}$ 与平面 $x-y-z-5=0$ 的关系是（　　）.

   A. 垂直　　　　　　B. 相交　　　　　　C. 平行　　　　　　D. 重合

三、计算题（每小题 10 分，共 60 分）

1. 化直线一般方程 $\begin{cases} x-y+3z-4=0 \\ 2x-y+z-2=0 \end{cases}$ 为标准方程和参数方程.

2. 求通过点 $M(-1,3,-2)$ 且垂直于平面 $3x-2y+5z=5$ 的直线方程.

3. 一平面过点 $M(1,1,0)$ 且与平面 $x-y-z+2=0$ 和 $2x-y+z+5=0$ 都垂直,求其方程.

4. 求平行于 x 轴且经过两点 $A(4,0,-2)$ 和 $B(5,1,7)$ 的平面方程.

5. 求过点 $(2,-1,0)$ 且与两条直线 $\dfrac{x-1}{3}=\dfrac{y}{-4}=\dfrac{z+5}{1}$ 及 $\dfrac{x}{-1}=\dfrac{y-2}{2}=\dfrac{z-2}{3}$ 平行的平面方程.

6. 把 zOx 面上的抛物线 $z=x^2+1$ 绕 z 轴旋转一周,求所形成的旋转曲面方程.

向量代数与空间解析几何测试题

一、填空题(每小题 4 分,共 20 分)

1. 空间点 $M(4,-4,2)$ 所在的卦限为_____,关于 xOy 平面的对称点坐标为_____,关于 z 轴的对称点坐标为_____.

2. 设 $\boldsymbol{a}=(2,3,5)$, $\boldsymbol{b}=(2,-4,c)$, $\boldsymbol{a}\perp\boldsymbol{b}$,则常数 $c=$_____.

3. 直线 $\begin{cases} 3x-1=0 \\ 2y+z=0 \end{cases}$ 的方向向量为_____.

4. 曲线 $\begin{cases} \dfrac{z^2}{4}+\dfrac{y^2}{9}=1 \\ x=0 \end{cases}$ 绕 y 轴旋转所得曲面方程为_____.

5. 当 $A=$_____, $B=$_____时,平面 $Ax+By+6z-7=0$ 与直线 $\dfrac{x-2}{2}=\dfrac{y+5}{-4}=\dfrac{z+1}{3}$ 垂直.

二、单选题(每小题 4 分,共 20 分)

1. 同时垂直于向量 $\boldsymbol{a}=(2,1,4)$ 和 z 轴的向量的单位向量是(　　).

　　A. $\left(-\dfrac{2\sqrt{5}}{5},\dfrac{\sqrt{5}}{5},0\right)$　　　　　　　B. $\left(\dfrac{\sqrt{5}}{5},\dfrac{-2\sqrt{5}}{5},0\right)$

　　C. $\left(\dfrac{2\sqrt{5}}{5},-\dfrac{\sqrt{5}}{5},0\right)$　　　　　　　D. $\left(\dfrac{\sqrt{5}}{5},\dfrac{2\sqrt{5}}{5},0\right)$

2. 向量 $\boldsymbol{a}$ 的模为 4,方向角 α、β 的余弦分别为 $\dfrac{1}{2}$, $\dfrac{1}{2}$,则 $\boldsymbol{a}$ 的坐标为(　　)(γ 为锐角).

　　A. $(4,2\sqrt{2},4)$　　　　B. $(1,1,2\sqrt{2})$　　　C. $(2,2,2\sqrt{2})$　　　D. $(2\sqrt{2},2,\sqrt{2})$

3. 直线 $\dfrac{x}{3}=\dfrac{y}{-2}=\dfrac{z}{-7}$ 与平面 $6x-4y-14z=8$ 之间关系为(　　).

　　A. 垂直　　　　　　　　　　　　B. 平行

　　C. 斜交　　　　　　　　　　　　D. 包含于平面中

4. 平行四边形两邻边为 $\boldsymbol{a}=\boldsymbol{i}-3\boldsymbol{j}+2\boldsymbol{k}$, $\boldsymbol{b}=2\boldsymbol{i}-\boldsymbol{j}+3\boldsymbol{k}$,则此平行四边形的面积为(　　).

　　A. 8　　　　　　　　B. $3\sqrt{10}$　　　　　　C. $8\sqrt{10}$　　　　　D. $5\sqrt{3}$

5. 下列曲面方程为抛物柱面方程的是(　　).

　　A. $x^2+y^2=z^2$　　　　　　　　B. $x^2+y^2+z^2=a^2$

　　C. $x^2-y^2=z^2$　　　　　　　　D. $y^2=4x+2$

三、计算题(每小题 10 分,共 60 分)

1. 设平面通过点$(2,1,-1)$且在 y 轴、z 轴的截距分别为 2 和 1,求此平面方程.

2. 一平面经过原点和另一点$(6,3,2)$且与平面 $5x+4y-3z=8$ 垂直,求此平面方程.

3. 求通过点$(2,3,-8)$且垂直于平面 $x-y+2z+11=0$ 的直线方程.

4. 与 z 轴垂直的直线 l 在平面 $x+y=1$ 上且过点$(2,-1,4)$,求其方程.

*5. 三单位向量 a,b,c 满足 $a+b+c=0$,求 $a \cdot b+b \cdot c+c \cdot a$.

*6. 在 xOy 平面上,由直线 $y=x,y=0,x=1$ 所围图形绕 y 轴旋转而成的立体,写出该立体的边界曲面所在的曲面方程.

第八章　多元函数微分学及应用案例与练习

> 本章的内容主要是多元函数、偏导数与全微分、偏导数的应用.
>
> 多元函数部分的基本内容:多元函数的定义,二元函数的几何表示,二元函数的极限与连续介绍,有界闭区域上连续函数的性质的叙述.
>
> 偏导数与全微分部分的基本内容:偏导数定义,高阶偏导数,混合偏导数与求导次序无关的条件,全微分及全微分存在定理的叙述,复合函数求偏导数(一阶),隐函数求偏导数(一阶).
>
> 偏导数应用部分的基本内容:多元函数极值与求法,条件极值与拉格朗日乘数法.
>
> 为了帮助大家更好地理解、掌握和应用这些内容,我们编写了下面的案例与练习.

案例 8.1[多元函数的偏导数与连续的关系]设函数

$$f(x,y)=\begin{cases} \dfrac{xy^2}{x^2+y^4}, & (x,y)\neq(0,0), \\ 0, & (x,y)=(0,0). \end{cases}$$

(1) 求 $\left.\dfrac{\partial f}{\partial x}\right|_{(0,0)}$ 和 $\left.\dfrac{\partial f}{\partial y}\right|_{(0,0)}$;(2) 问函数 $z=f(x,y)$ 在 $(0,0)$ 处是否连续?

分析:(1) 点 $(0,0)$ 是该函数的分界点,故求该点处的偏导数时,应该根据偏导数的定义来求;(2) 讨论函数 $z=f(x,y)$ 在 $(0,0)$ 处是否连续可以首先选取不同的路径考查不连续.

解:(1) $\left.\dfrac{\partial f}{\partial x}\right|_{(0,0)}=\lim\limits_{\Delta x\to 0}\dfrac{f(0+\Delta x,0)-f(0,0)}{\Delta x}=\lim\limits_{\Delta x\to 0}\dfrac{\frac{(\Delta x)\cdot 0^2}{(\Delta x)^2+0^4}-0}{\Delta x}=\lim\limits_{\Delta x\to 0}0=0,$

$\left.\dfrac{\partial f}{\partial y}\right|_{(0,0)}=\lim\limits_{\Delta y\to 0}\dfrac{f(0,0+\Delta y)-f(0,0)}{\Delta y}=\lim\limits_{\Delta y\to 0}\dfrac{\frac{0\cdot(\Delta y)^2}{0^2+(\Delta y)^4}-0}{\Delta y}=\lim\limits_{\Delta y\to 0}0=0.$

(2) 当点 (x,y) 沿 $x=ky^2$ 趋于点 $(0,0)$ 时,函数 $f(x,y)=\dfrac{ky^2\cdot y^2}{(ky^2)^2+y^4}=\dfrac{k}{1+k^2}$,这时极限值随 k 的不同而改变. 可见,$f(x,y)$ 在 $(0,0)$ 点的极限不存在,所以 $f(x,y)$ 在 $(0,0)$ 点不连续.

注意:二元函数 $f(x,y)$ 在点 $P_0(x_0,y_0)$ 处虽然偏导数存在,但是在 $P_0(x_0,y_0)$ 处并不一定连续,这与一元函数"可导必连续"的结论不同.

案例 8.2[人体表面积问题]已知人体的表面积 $S(\text{m}^2)$ 和他的身高 $H(\text{cm})$ 与体重 $W(\text{kg})$ 的经验公式为

$$S=0.007\,184W^{0.425}H^{0.725}.$$

当 $H=180\text{ cm},W=70\text{ kg}$ 时,求 $\dfrac{\partial S}{\partial W}$ 和 $\dfrac{\partial S}{\partial H}$,并解释你的结论.

解:因为 $\dfrac{\partial S}{\partial W}=0.007\,184\times 0.425W^{-0.575}H^{0.725}=0.003\,053\,2W^{-0.575}H^{0.725},$

$$\frac{\partial S}{\partial H} = 0.007\,184 \times 0.725 W^{0.425} H^{-0.275} = 0.005\,208\,4 W^{0.425} H^{-0.275},$$

所以 $\dfrac{\partial S}{\partial W}\Big|_{\substack{H=180 \\ W=70}} = 0.011\,5, \dfrac{\partial S}{\partial H}\Big|_{\substack{H=180 \\ W=70}} = 0.007\,6.$

这说明当 $H=180$ cm, $W=70$ kg 时, 影响人体表面积的变化, 体重要比身高大一些.

案例 8.3[并联电阻的变化率问题] 阻值为 R_1, R_2 和 R_3 的电阻并联后的总阻值为 R, 求当 $R_1=20\ \Omega, R_2=40\ \Omega, R_3=80\ \Omega$ 时, $\dfrac{\partial R}{\partial R_3}$ 的值.

解:由题意得 $R = \dfrac{1}{R_1^{-1}+R_2^{-1}+R_3^{-1}}$, 即 $\dfrac{1}{R} = \dfrac{1}{R_1}+\dfrac{1}{R_2}+\dfrac{1}{R_3}$.

$\dfrac{\partial}{\partial R_3}\left(\dfrac{1}{R}\right) = \dfrac{\partial}{\partial R_3}\left(\dfrac{1}{R_1}+\dfrac{1}{R_2}+\dfrac{1}{R_3}\right)$, 即 $-\dfrac{1}{R^2}\dfrac{\partial R}{\partial R_3} = 0+0-\dfrac{1}{R_3^2}$, 所以 $\dfrac{\partial R}{\partial R_3} = \left(\dfrac{R}{R_3}\right)^2$.

当 $R_1=20\ \Omega, R_2=40\ \Omega, R_3=80\ \Omega$ 时, $\dfrac{1}{R} = \dfrac{1}{20}+\dfrac{1}{40}+\dfrac{1}{80} = \dfrac{4+2+1}{80} = \dfrac{7}{80}, R = \dfrac{80}{7}\ \Omega$, 即

$$\frac{\partial R}{\partial R_3} = \left[\frac{\frac{80}{7}}{80}\right]^2 = \left(\frac{1}{7}\right)^2 = \frac{1}{49}.$$

案例 8.4[并联可变电阻总电阻的调节问题] 有 n 个可变电阻并联成为一个总的可变电阻器, 其中各个可变电阻的电阻值之间的大小关系为

$$R_1 < R_2 < \cdots < R_n.$$

现在用通过对各个电阻进行逐个调节的方法来达到对总电阻的调节, 试问应通过怎样的调节次序从初调到微调, 以达到较精确的调节目标?

解:$R = \dfrac{1}{R_1^{-1}+R_2^{-1}+\cdots R_n^{-1}}$, 它关于各个自变量的变化率(偏导数)为

$$\frac{\partial R}{\partial R_k} = -\frac{1}{(R_1^{-1}+R_2^{-1}+\cdots R_n^{-1})^2} \cdot \left(-\frac{1}{R_k^2}\right) = \left(\frac{R}{R_k}\right)^2, k=1,2,\cdots,n.$$

由于 $R_1 < R_2 < \cdots < R_n$, 故得到 $\dfrac{\partial R}{\partial R_1} > \dfrac{\partial R}{\partial R_2} > \cdots > \dfrac{\partial R}{\partial R_n} > 0.$

易知, 调节 R_1 可望对总电阻 R 值产生的影响最大, 然后依次调节 $R_2, R_3, \cdots, R_n$ 会对总电阻值的影响越来越小.

所以应该通过先调节 R_1, 再调节 $R_2, \cdots$, 最后调节 R_n 的次序, 来对各个电阻进行逐个调节, 可以从初调到微调达到将总电阻调节到较精确的目标.

案例 8.5[全微分与高阶偏导数问题] 设 $z = (x^2+y^2)\mathrm{e}^{-\arctan\frac{y}{x}}$, 求(1) $\mathrm{d}z$;(2) $\dfrac{\partial^2 z}{\partial x \partial y}$.

分析:(1) 先求偏导数, 再代入全微分公式 $\mathrm{d}z = \dfrac{\partial z}{\partial x}\mathrm{d}x + \dfrac{\partial z}{\partial y}\mathrm{d}y$;(2) 求二元函数的这个混合偏导数 $\dfrac{\partial^2 z}{\partial x \partial y}$, 应先求出关于 x 的一阶偏导数 $\dfrac{\partial z}{\partial x}$, 再对 $\dfrac{\partial z}{\partial x}$ 求关于 y 的偏导数即可.

解:因为 $\dfrac{\partial z}{\partial x} = 2x\mathrm{e}^{-\arctan\frac{y}{x}} - (x^2+y^2)\mathrm{e}^{-\arctan\frac{y}{x}} \cdot \dfrac{x^2}{x^2+y^2}\left(-\dfrac{y}{x^2}\right) = (2x+y)\mathrm{e}^{-\arctan\frac{y}{x}},$

$\dfrac{\partial z}{\partial y} = 2y\mathrm{e}^{-\arctan\frac{y}{x}} - (x^2+y^2)\mathrm{e}^{-\arctan\frac{y}{x}} \cdot \dfrac{x^2}{x^2+y^2} \cdot \dfrac{1}{x} = (2y-x)\mathrm{e}^{-\arctan\frac{y}{x}},$

所以 $\mathrm{d}z=\dfrac{\partial z}{\partial x}\mathrm{d}x+\dfrac{\partial z}{\partial y}\mathrm{d}y=\mathrm{e}^{-\arctan\frac{y}{x}}\left[(2x+y)\mathrm{d}x+(2y-x)\mathrm{d}y\right].$

(2) $\dfrac{\partial^2 z}{\partial x\partial y}=\dfrac{\partial}{\partial y}\left(\dfrac{\partial z}{\partial x}\right)=\dfrac{\partial}{\partial y}\left[(2x+y)\mathrm{e}^{-\arctan\frac{y}{x}}\right]$

$\qquad =\mathrm{e}^{-\arctan\frac{y}{x}}-(2x+y)\mathrm{e}^{-\arctan\frac{y}{x}}\cdot\dfrac{x^2}{x^2+y^2}\cdot\dfrac{1}{x}$

$\qquad =\dfrac{y^2-xy-x^2}{x^2+y^2}\mathrm{e}^{-\arctan\frac{y}{x}}.$

案例 8.6[铁罐制作材料问题]一个圆柱形的铁罐,内半径为 $5\,\mathrm{cm}$,内高为 $12\,\mathrm{cm}$,壁厚均为 $0.2\,\mathrm{cm}$,估计制作这个铁罐所需材料的体积大约是多少(包括上、下底)?

解: $V=\pi r^2 h$,它所需材料的体积为

$$\Delta V=\pi\,(r+\Delta r)^2(h+\Delta h)-\pi r^2 h.$$

因为 $\Delta r=0.2\,\mathrm{cm}$, $\Delta h=0.4\,\mathrm{cm}$ 都比较小,所以可用全微分近似代替全增量,即

$$\Delta V\approx\mathrm{d}V=\dfrac{\partial V}{\partial r}\mathrm{d}r+\dfrac{\partial V}{\partial h}\mathrm{d}h=2\pi rh\mathrm{d}r+\pi r^2\mathrm{d}h=\pi r(2h\mathrm{d}r+r\mathrm{d}h).$$

所以 $\Delta V\big|_{r=5,h=12\ \Delta r=0.2,\Delta h=0.4}\approx 5\pi(24\times0.2+5\times0.4)=34\pi\approx106.8(\mathrm{cm}^3).$

故所需材料的体积大约为 $106.8\,\mathrm{cm}^3.$

案例 8.7[最值问题]求 $f(x,y)=x^2-y^2+2$ 在椭圆域 $D=\{(x,y)\,|\,x^2+\dfrac{y^2}{4}\leqslant1\}$ 上的最大值和最小值.

分析: 先求开区域内的极值,再求区域边界上的极值,从中选取最值.

解: 令 $\begin{cases}f'_x(x,y)=2x=0,\\ f'_y(x,y)=-2y=0,\end{cases}$ 求得 $f(x,y)=x^2-y^2+2$ 在开区域 $x^2+\dfrac{y^2}{4}<1$ 内的唯一驻点为 $(0,0).$

而在椭圆 $x^2+\dfrac{y^2}{4}=1$ 上, $f(x,y)=x^2-(4-4x^2)+2=5x^2-2$, $-1\leqslant x\leqslant1.$

求得在椭圆域 D 上可能的最值 $f(\pm1,0)=3$, $f(0,\pm2)=-2$,又由于 $f(0,0)=2$,所以 $f(x,y)$ 在椭圆域 D 上的最大值为 3,最小值为 $-2.$

案例 8.8[工业用水问题]在化工厂的生产过程中,反应罐内液体化工原料排出后,在罐壁上留有 $a\,\mathrm{kg}$ 含有该化工原料浓度 c_0 的残液,现在用 $b\,\mathrm{kg}$ 清水去清洗,拟分三次进行.每次清洗后总还在罐壁上留有 $a\,\mathrm{kg}$ 含该化工原料的残液,但浓度由 c_0 变为 c_1,再变为 c_2,最后变为 c_3,试问应该如何分配三次的用水量,使最终浓度 c_3 为最小?

解: 设三次的用水量分别为 $x\,\mathrm{kg}$, $y\,\mathrm{kg}$, $z\,\mathrm{kg}$,则第一次清洗后残液浓度为 $c_1=\dfrac{ac_0}{a+x}$,第二次清洗后残液浓度为 $c_2=\dfrac{ac_1}{a+y}=\dfrac{a^2c_0}{(a+x)(a+y)}$,第三次清洗后残液浓度为 $c_3=\dfrac{ac_2}{a+z}$ $=\dfrac{a^3c_0}{(a+x)(a+y)(a+z)}.$

问题变成了求目标函数 $c_3=\dfrac{a^3c_0}{(a+x)(a+y)(a+z)}$ 在约束条件 $x+y+z=b$ 下的最小值.为了方便运算,可将它化为求目标函数 $u=(a+x)(a+y)(a+z)$ 在约束条件 $x+y+z=$

b 下的最大值问题.

设拉格朗日函数 $L=(a+x)(a+y)(a+z)+\lambda(x+y+z-b)$.

令 $\dfrac{\partial L}{\partial x}=0,\dfrac{\partial L}{\partial y}=0,\dfrac{\partial L}{\partial z}=0,\dfrac{\partial L}{\partial \lambda}=0$,得

$$\begin{cases} (a+y)(a+z)+\lambda=0, \\ (a+x)(a+z)+\lambda=0, \\ (a+x)(a+y)+\lambda=0, \\ x+y+z-b=0. \end{cases}$$

解得 $x=y=z=\dfrac{b}{3}$,即当三次用水量相等时,有最好的洗涤效果,此时

$$(c_3)_{\min}=\frac{c_0}{\left(1+\dfrac{b}{3a}\right)^3}.$$

注:此案例可用于生活用水问题,例如洗衣淘米问题.

案例 8.9[转运站问题]在 A 地有一种产品,希望通过公路段 AP、铁路段 PQ 及公路段 QB,以最短的时间运到 B 地. 已知:A 到铁路线的垂直距离为 $AA'=a$,B 到铁路线的垂直距离为 $BB'=b$,$A'B'=L\left(L>\dfrac{a+b}{\sqrt{3}}\right)$(图 8.1),铁路运输速度是公路运输速度的两倍,求转运站 P 及 Q 的最佳位置(使总的运输时间 T 取得最小值,暂不考虑转运时装卸所需要的时间).

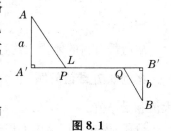

图 8.1

解:设公路运输和铁路运输的速度分别为 v 和 $2v$,以 $x=A'P,y=QB'$ 为自变量,建立目标函数

$$T(x,y)=\frac{1}{v}\left(\sqrt{x^2+a^2}+\sqrt{y^2+b^2}\right)+\frac{1}{2v}(L-x-y),$$

其定义域为 $D=\{(x,y)\,|\,x\geqslant 0,y\geqslant 0,x+y<L\}$. 函数 $T(x,y)$ 在 D 上可微,且有

$$\frac{\partial T}{\partial x}=\frac{1}{v}\left(\frac{x}{\sqrt{x^2+a^2}}-\frac{1}{2}\right),\frac{\partial T}{\partial y}=\frac{1}{v}\left(\frac{y}{\sqrt{y^2+b^2}}-\frac{1}{2}\right).$$

令 $\dfrac{\partial T}{\partial x}=0,\dfrac{\partial T}{\partial y}=0$,可得到目标函数在定义域上的唯一驻点 $(x,y)=\left(\dfrac{a}{\sqrt{3}},\dfrac{b}{\sqrt{3}}\right)$.

显然目标函数 $T(x,y)$ 在 D 上可微,且在定义域上有唯一驻点,根据实际意义可知最佳转运站的位置确实存在,所以与 $(x,y)=\left(\dfrac{a}{\sqrt{3}},\dfrac{b}{\sqrt{3}}\right)$ 相对应的点 P,Q 就是最佳转运站的位置,此时对应地有 $A'P=\dfrac{a}{\sqrt{3}},B'Q=\dfrac{b}{\sqrt{3}}$.

注:当然,这里还要满足 $T_{\min}=\dfrac{1}{\sqrt{3}v}(a+b)+\dfrac{1}{2v}\left(L-\dfrac{a+b}{\sqrt{3}}\right)<\dfrac{1}{v}\sqrt{L^2+(b-a)^2}$ 的条件,否则 AB 之间直接通过公路运输更省时省力.

案例 8.10[最大过水面积问题]将一宽为 L cm 的长方形铁皮的两边折起,做成一个断面为等腰梯形的水槽(图 8.2),求此水槽的最

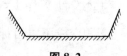

图 8.2

大过水面积(断面等腰梯形的面积).

解:设两边各折起 x cm,等腰梯形的腰与上底边的夹角为 θ,则该等腰梯形的上底、下底和高分别为 $L-2x,L-2x+2x\cos\theta,x\sin\theta$.

于是得到目标函数

$$S(x,\theta)=\frac{1}{2}\left[(L-2x)+(L-2x+2x\cos\theta)\right]x\sin\theta=(L-2x+x\cos\theta)x\sin\theta.$$

它在定义域为 $D=\{(x,\theta)\,|\,0<x<\dfrac{L}{2},0<\theta<\pi\}$ 内可微,且有

$$\frac{\partial S}{\partial x}=(L-4x+2x\cos\theta)\sin\theta,\frac{\partial S}{\partial\theta}=Lx\cos\theta+x^2(\cos^2\theta-\sin^2\theta-2\cos\theta).$$

令 $\dfrac{\partial S}{\partial x}=0,\dfrac{\partial S}{\partial\theta}=0$,可得

$$2x(2-\cos\theta)=L,x(1+2\cos\theta-2\cos^2\theta)=L\cos\theta.$$

解之得目标函数在定义域内的唯一驻点是 $(x,\theta)=\left(\dfrac{L}{3},\dfrac{\pi}{3}\right)$.

根据该问题的实际意义可知,最大过水面积一定存在,所以上述驻点就是所求的最大值点,此时 $S_{\max}=\dfrac{\sqrt{3}}{12}L^2$.

多元函数微分学及应用（练习一）

一、填空题(每小题 4 分,共 20 分)

1. 函数 $z=\ln x^2 y$ 的定义域为_____.

2. 若 $f(x,y)=\dfrac{x^2+y^2}{3xy}$,则 $f\left(1,\dfrac{y}{x}\right)=$_____.

3. 设 $z=x^y$,则 $\dfrac{\partial z}{\partial x}=$_____.

4. 设 $z=x\ln(x+y)$,则 $\dfrac{\partial^2 z}{\partial y^2}=$_____.

5. 设 $z=x\cos y$,则 $\mathrm{d}z=$_____.

二、单选题(每小题 4 分,共 20 分)

1. 函数 $z=\dfrac{\ln(x^2+y^2-1)}{\sqrt{9-x^2-y^2}}$ 的定义域为( ).

   A. $x^2+y^2>1$ B. $x^2+y^2<9$

   C. $1<x^2+y^2\leqslant 9$ D. $1<x^2+y^2<9$

2. 设 $f(x,y)=x^2-y$,则 $f(xy,x+y)=$( ).

   A. x^2-x-y B. $x^2 y^2-x-y$ C. $x+y-x^2 y^2$ D. $(x+y)^2-xy$

3. 设二元函数 $z=f(x,y)$ 的一阶、二阶偏导数存在,那么当( )时,$\dfrac{\partial^2 z}{\partial x\partial y}=\dfrac{\partial^2 z}{\partial y\partial x}$.

   A. $z=f(x,y)$ 连续   B. $z=f(x,y)$ 可微

   C. $\dfrac{\partial z}{\partial x}$ 和 $\dfrac{\partial z}{\partial y}$ 连续   D. $\dfrac{\partial^2 z}{\partial x\partial y}$ 和 $\dfrac{\partial^2 z}{\partial y\partial x}$ 连续

4. 若函数 $z=\dfrac{x^2}{y}$,则 $\dfrac{\partial^2 z}{\partial y\partial x}=$( ).

   A. $\dfrac{2x}{y}$ B. x^2 C. $2x$ D. $-\dfrac{2x}{y^2}$

5. 函数 $z=x^2 y^2$,当 $x=1,y=1,\Delta x=0.2,\Delta y=-0.1$ 时的全微分为 ( ).

   A. 0.20 B. -0.20 C. $-0.166\,4$ D. $0.166\,4$

三、计算题(每小题 10 分,共 50 分)

1. 求下列函数的定义域:

   (1) $z=\dfrac{1}{\sqrt{x-y}}+\dfrac{1}{x}$.   (2) $z=\dfrac{\arcsin x}{\sqrt{y}}$.

2. 求下列函数的偏导数：

(1) $z = \dfrac{x e^y}{y^2}$.　　　　　　　　(2) $u = xy^2 + yz^2 + zx^2$.

3. 设 $f(x,y) = e^{-\sin x}(x+2y)$，求 $f_x(0,1)$，$f_y(0,1)$.

4. 设 $z = x \ln(x+y)$，求 $\dfrac{\partial^2 z}{\partial x^2}\Big|_{\substack{x=1\\y=2}}$，$\dfrac{\partial^2 z}{\partial y^2}\Big|_{\substack{x=1\\y=2}}$，$\dfrac{\partial^2 z}{\partial x \partial y}\Big|_{\substack{x=1\\y=2}}$.

四、应用题(本题 10 分)

1. 设圆锥的高为 h，母线长为 l，试将圆锥的体积 V 表示为 h，l 的二元函数.

2. 已知长为 8 m，宽为 6 m 的矩形，当长增加 5 cm，宽减少 10 cm 时，问该矩形的对角线的近似变化怎样？

多元函数微分学及应用（练习二）

一、填空题（每小题 4 分，共 20 分）

1. 设函数 $z = e^{x+y^2}$，则 $\dfrac{\partial z}{\partial y}\Big|_{\substack{x=0 \\ y=1}}$ = ＿＿＿＿＿＿＿.

2. 设 $z = e^{x^2+y}$，则 $\dfrac{\partial^2 z}{\partial x^2}$ = ＿＿＿＿＿＿＿.

3. 设函数 $f(x,y) = 2x^2 + ax + xy^2 + 2y$ 在点 $(1,-1)$ 取得极值，则常数 a = ＿＿＿＿＿.

4. 函数 $f(x,y) = x^3 + y^3 + xy$ 在 ＿＿＿＿＿＿ 点取得极 ＿＿＿＿＿＿ 值为＿＿＿＿＿.

5. 用拉格朗日乘数法求在条件 $x+y+z=a$ 下函数 $f(x,y,z)=xyz$ 的极值时，所选用的拉格朗日函数 $F(x,y,z,\lambda)$ = ＿＿＿＿＿＿＿＿＿.

二、单选题（每小题 4 分，共 20 分）

1. 设 $z=uv, x=u+v, y=u-v$，若把 z 看作 x,y 的函数，则 $\dfrac{\partial z}{\partial x}$ =（　　）.

  A. $2x$ B. $\dfrac{1}{2}(x-y)$ C. $\dfrac{1}{2}x$ D. x

2. 以下结论正确的是（　　）.
  A. 函数 $f(x,y)$ 在 (x_0,y_0) 达到极值，则必有 $f'_x(x_0,y_0)=0, f'_y(x_0,y_0)=0$
  B. 可微函数 $f(x,y)$ 在 (x_0,y_0) 达到极值，则必有 $f'_x(x_0,y_0)=0, f'_y(x_0,y_0)=0$
  C. 若 $f'_x(x_0,y_0)=0, f'_y(x_0,y_0)=0$，则 $f(x,y)$ 在 (x_0,y_0) 达到极值
  D. 若 $f'_x(x_0,y_0)=0, f'_y(x_0,y_0)$ 不存在，则 $f(x,y)$ 在 (x_0,y_0) 达到极值

3. 函数 $f(x,y) = x^3 - y^3 + 3x^2 + 3y^2 - 9x$ 的极大值点是（　　）.
  A. $(1,0)$ B. $(1,2)$ C. $(-3,0)$ D. $(-3,2)$

4. 设函数 $z=xy$，则点 $(0,0)$（　　）.
  A. 不是驻点   B. 是驻点却非极值点
  C. 是极大值点   D. 是极小值点

5. 若 $f'_x(x_0,y_0)=0, f'_y(x_0,y_0)=0$，则函数 $f(x,y)$ 在 (x_0,y_0) 处（　　）.
  A. 连续   B. 必有极限   C. 可能有极限   D. 全微分 $dz=0$

三、计算题（每小题 10 分，共 40 分）

1. 设 $z = \dfrac{y}{x}$，且 $x=e^t, y=1-e^{2t}$，求 $\dfrac{dz}{dt}$.

2. 设 $z=u^2\ln v, u=\dfrac{x}{y}, v=2x-3y$, 求 $\dfrac{\partial z}{\partial x}, \dfrac{\partial z}{\partial y}$.

3. 设函数 $z=f(x,y)$ 由方程 $xyz^3-\cos(xyz)=1$ 确定, 求 $\dfrac{\partial z}{\partial x}, \dfrac{\partial z}{\partial y}$.

4. 求函数 $z=x^2-6x-y^3+12y-1$ 的极值.

四、应用题(每小题 10 分, 共 20 分)

1. 建造一个容积为 $18\ \mathrm{m^3}$ 的长方体无盖水池, 已知侧面单位造价为底面单位造价的 $\dfrac{3}{4}$, 问如何选择尺寸才能使造价最低?

2. 要制作一个容积 V 为的圆桶(无盖), 问如何取它的底半径和高, 才能使材料最省?

多元函数微分学及应用测试题

一、填空题（每小题 4 分,共 20 分）

1. 由方程 $x+2xyz+2z^2=1$ 确定的函数 $z=f(x,y)$,则 $\dfrac{\partial z}{\partial x}=$ _____.

2. $z=\ln(1+\sqrt{y-x^2})+\arcsin(x^2+y^2)$ 的定义域是 _____.

3. 设 $f(x,y)=x+y-\sqrt{x^2+y^2}$,则 $f_x(3,4)=$ _____.

4. 点 $(1,0)$ 是 $f(x,y)=x^2-2x+y^2+9$ 的极_____值点.

5. 设 $z=\mathrm{e}^{xy^2}$,则 $\mathrm{d}z\big|_{\substack{x=1\\y=2}}=$ _____.

二、单选题（每小题 4 分,共 20 分）

1. 设 $f(x,y)=x^2-y$,则 $f(xy,x+y)=$（　　）.
   A. x^2-x-y　　　B. x^2y^2-x-y　　C. $x+y-x^2y^2$　　D. $(x+y)^2-xy$

2. 设 $z=\ln(xy)$,则 $\mathrm{d}z=$（　　）.
   A. $\dfrac{1}{y}\mathrm{d}x+\dfrac{1}{x}\mathrm{d}y$　　B. $\dfrac{1}{xy}\mathrm{d}x+\dfrac{1}{xy}\mathrm{d}y$　　C. $\dfrac{1}{x}\mathrm{d}x+\dfrac{1}{y}\mathrm{d}y$　　D. $x\mathrm{d}x+y\mathrm{d}y$

3. 若 $z=f(x,y)$ 在 (x_0,y_0) 处存在偏导数.则下列说法正确的是（　　）.
   A. $z=f(x,y)$ 在 (x_0,y_0) 处连续
   B. $z=f(x,y)$ 在 (x_0,y_0) 处可微
   C. 若 (x_0,y_0) 是 $f(x,y)$ 的驻点,则一定是 $f(x,y)$ 的极值点
   D. 若 (x_0,y_0) 是 $z=f(x,y)$ 的极值点,则必有 $f'_x(x_0,y_0)=f'_y(x_0,y_0)=0$

4. 已知 $z=\ln u,u=\sqrt{x}+\sqrt{y}$,则 $x\dfrac{\partial z}{\partial x}+y\dfrac{\partial z}{\partial y}=$（　　）.
   A. $\dfrac{1}{2}$　　　　B. $\sqrt{x}+\sqrt{y}$　　　　C. 1　　　　D. $\dfrac{x+y}{\sqrt{x}+\sqrt{y}}$

5. 函数 $f(x,y)=(6x-x^2)(4y-y^2)$ 的极大值点是（　　）.
   A. $(0,0)$　　　　B. $(0,6)$　　　　C. $(3,4)$　　　　D. $(3,2)$

三、计算题（每小题 6 分,共 30 分）

1. 设 $z=\ln(x+\sqrt{x^2+xy})$,求 $\dfrac{\partial z}{\partial x}\big|_{\substack{x=1\\y=0}}$, $\dfrac{\partial z}{\partial y}\big|_{\substack{x=1\\y=0}}$.

2. 设 $z=(1-3y)^x$,求 dz.

3. 设 $z=f\left(x^2-y^2,\dfrac{y}{x}\right)$,其中 f 是可微函数,求 $\dfrac{\partial z}{\partial x},\dfrac{\partial z}{\partial y}$.

4. 设 $z=\mathrm{e}^{x^2-2y}$,$x=\sin 2t$,$y=t^3$,求 $\dfrac{\mathrm{d}z}{\mathrm{d}t}$.

5. 设 $z=f(x,y)$ 由方程 $\sin(x+2z)=xyz$ 确定,求 $\dfrac{\partial z}{\partial x},\dfrac{\partial z}{\partial y}$.

四、应用题(每小题 10 分,共 30 分)

1. 求内接于半径为 R 的球面,且具有最大体积的长方体.

2. 将一段长为 $2\,\mathrm{m}$ 的铁丝折成一个矩形,则矩形的长、宽分别为多少时,围成的矩形面积最大?

3. 在平面 $2x-y+z=2$ 上求一点,使该点到原点和 $(-1,0,2)$ 的距离平方和最小.

第九章 多元函数积分学及应用案例与练习

> 本章的内容主要是二重积分以及二重积分的应用.
>
> 二重积分部分的基本内容:二重积分的定义、几何意义、性质及计算(直角坐标下和极坐标下).
>
> 二重积分应用部分的基本内容:立体体积,曲面的面积,质量与质心.
>
> 为了帮助大家更好地理解、掌握和应用这些内容,我们编写了下面的案例与练习.

案例9.1[判断二重积分的符号]判断二重积分 $\iint\limits_{D}\ln(x^2+y^2)\mathrm{d}\sigma$ 的正负号,其中 D 是由 x 轴与直线 $x=\frac{1}{2}$,$x+y=1$ 所围成的区域.

解:画出积分区域 D 的图形,如图 9.1 所示.

因为 D 上除了点 $(1,0)$ 以外均有 $x^2+y^2<1$,所以被积函数 $f(x,y)=\ln(x^2+y^2)<0$.

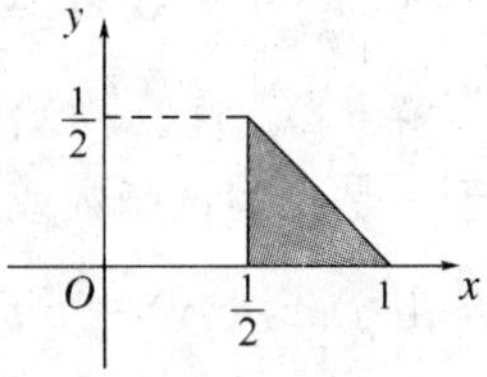

由二重积分的几何意义可知 $\iint\limits_{D}\ln(x^2+y^2)\mathrm{d}\sigma<0$.

图 9.1

案例9.2[比较二重积分大小]比较下列二重积分的大小,其中 D 是由直线 $x=0,y=0$,$x+y=\frac{1}{2}$ 和 $x+y=1$ 所围成的区域.

$$I_1=\iint\limits_{D}\ln(x+y)\mathrm{d}\sigma,\ I_2=\iint\limits_{D}(x+y)^2\mathrm{d}\sigma,\ I_3=\iint\limits_{D}(x+y)\mathrm{d}\sigma$$

解:因为 D 在直线 $x+y=1$ 的下方,直线 $x+y=\frac{1}{2}$ 的上方,所以 $\forall(x,y)\in D$,均有 $\frac{1}{2}\leqslant x+y\leqslant1$,从而有 $x+y\geqslant(x+y)^2>0$,且 $\ln(x+y)\leqslant0$,故由二重积分的性质得到 $I_1\leqslant I_2\leqslant I_3$.

案例9.3[估计二重积分的值]估计二重积分 $I=\iint\limits_{D}(x^2+y^2+1)\mathrm{d}\sigma$ 的值,其中

$$D=\{(x,y)\mid 1\leqslant x^2+y^2\leqslant2\}.$$

解:因为 $f(x,y)=x^2+y^2+1$ 在 D 上最大值为 3,最小值为 2,且圆环 D 的面积为 $\sigma=(2^2-1^2)\pi=3\pi$,所以 $6\pi=2\sigma\leqslant I\leqslant3\sigma=9\pi$.

案例9.4[交换二重积分的次序](1) 通过交换积分次序计算二重积分 $\int_1^3\mathrm{d}x\int_{x-1}^2\sin y^2\mathrm{d}y$;

(2) 交换二重积分 $\int_0^1\mathrm{d}x\int_1^{x+1}f(x,y)\mathrm{d}y+\int_1^2\mathrm{d}x\int_x^2f(x,y)\mathrm{d}y$ 的积分次序.

解:(1) 因为 $\sin y^2$ 对 y 积分原函数不是初等函数,所以应交换积分次序,化成先对 x 积分,后对 y 积分,此时 D 为 Y 型区域,$D=\{(x,y)\mid1\leqslant x\leqslant1+y,0\leqslant y\leqslant2\}$,如图 9.2 所示,所以

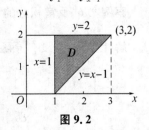

图 9.2

123

$$\int_1^3 \mathrm{d}x \int_{x-1}^2 \sin y^2 \mathrm{d}y = \int_0^2 \mathrm{d}y \int_1^{y+1} \sin y^2 \mathrm{d}y = \int_0^2 y \sin y^2 \mathrm{d}y = -\frac{1}{2}\cos y^2 \mid_0^2 = \frac{1}{2}(1-\cos 4).$$

（2）根据题意知，这个积分可以看作区域 $D = D_1 \bigcup D_2$，其中

$D_1 = \{(x,y) \mid 1 \leqslant y \leqslant x+1, 0 \leqslant x \leqslant 1\}$，$D_2 = \{(x,y) \mid x \leqslant y \leqslant 2, 1 \leqslant x \leqslant 2\}$，

$D = D_1 \bigcup D_2 = \{(x,y) \mid y-1 \leqslant x \leqslant y, 1 \leqslant y \leqslant 2\}$。

画出区域 D，如图 9.3 所示，化为先对 x，后对 y 的二次积分，即

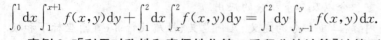

$$\int_0^1 \mathrm{d}x \int_1^{x+1} f(x,y)\mathrm{d}y + \int_1^2 \mathrm{d}x \int_x^2 f(x,y)\mathrm{d}y = \int_1^2 \mathrm{d}y \int_{y-1}^y f(x,y)\mathrm{d}x.$$

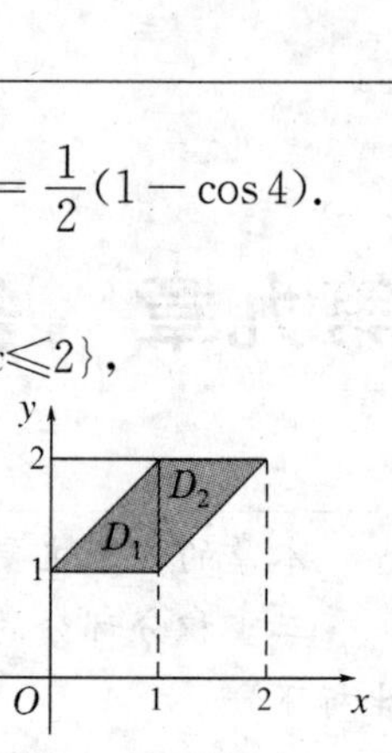

图 9.3

案例 9.5［利用对称性和奇偶性化简二重积分的计算］计算下列二重积分：

（1）$\iint\limits_D y \mathrm{d}x \mathrm{d}y$，其中 D 是由圆 $\left(x-\frac{1}{2}\right)^2 + y^2 = \frac{1}{4}$ 和圆 $x^2 + y^2 = 2x$ 所围成的区域；

（2）$\iint\limits_D (x + |y|)\mathrm{d}x \mathrm{d}y$，其中 D 是由 $|x| + |y| \leqslant 1$ 所围成的区域。

解：（1）对区域 D 作图，如图 9.4 所示，显然，积分区域关于 x 轴对称，只需看被积函数关于 y 是否为奇函数或偶函数。

由 $f(x,-y) = -f(x,y)$ 知被积函数关于 y 为奇函数，所以 $\iint\limits_D y \mathrm{d}x \mathrm{d}y = 0$。

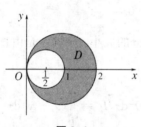

图 9.4

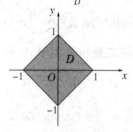

图 9.5

（2）对区域 D 作图，如图 9.5 所示，利用对称性计算 $\iint\limits_D x \mathrm{d}x \mathrm{d}y + \iint\limits_D |y| \mathrm{d}x \mathrm{d}y$。

因为区域 D 关于 y 轴对称且被积函数关于 x 为奇函数，所以 $\iint\limits_D x \mathrm{d}x \mathrm{d}y = 0$。而

$\iint\limits_D |y| \mathrm{d}x \mathrm{d}y = 4\iint\limits_{D_1} y \mathrm{d}x \mathrm{d}y = 4\int_0^1 y \mathrm{d}y \int_0^{1-y} \mathrm{d}x = 4\int_0^1 y(1-y)\mathrm{d}y = \frac{2}{3}$，所以

$$\iint\limits_D (x + |y|)\mathrm{d}x \mathrm{d}y = 0 + \frac{2}{3} = \frac{2}{3}.$$

案例 9.6［反常积分的计算］计算反常积分 $\int_{-\infty}^{+\infty} \mathrm{e}^{-x^2} \mathrm{d}x$。

解：因为 e^{-x^2} 没有原函数的简单表达式，所以反常积分 $\int_{-\infty}^{+\infty} \mathrm{e}^{-x^2} \mathrm{d}x$ 不能直接算出。

由于 $\int_{-\infty}^{+\infty} \mathrm{e}^{-x^2} \mathrm{d}x = \int_{-\infty}^{+\infty} \mathrm{e}^{-y^2} \mathrm{d}y$，故

$$\left(\int_{-\infty}^{+\infty} \mathrm{e}^{-x^2} \mathrm{d}x\right)^2 = \int_{-\infty}^{+\infty} \mathrm{e}^{-x^2} \mathrm{d}x \cdot \int_{-\infty}^{+\infty} \mathrm{e}^{-y^2} \mathrm{d}y = \int_{-\infty}^{+\infty}\int_{-\infty}^{+\infty} \mathrm{e}^{-x^2-y^2} \mathrm{d}x \mathrm{d}y.$$

因为在 xOy 平面上用极坐标表示积分区域为 $R^2=\{(\rho,\theta)\,|\,0\leqslant\rho<+\infty,0\leqslant\theta\leqslant2\pi\}$,

所以 $\left(\displaystyle\int_{-\infty}^{+\infty}\mathrm{e}^{-x^2}\mathrm{d}x\right)^2=\displaystyle\int_{-\infty}^{+\infty}\int_{-\infty}^{+\infty}\mathrm{e}^{-x^2-y^2}\mathrm{d}x\mathrm{d}y=\int_0^{2\pi}\mathrm{d}\theta\int_0^{+\infty}\rho\mathrm{e}^{-\rho^2}\mathrm{d}\rho=\frac{1}{2}2\pi\mathrm{e}^{-\rho^2}\mid_0^{+\infty}=\pi$,

即 $\displaystyle\int_{-\infty}^{+\infty}\mathrm{e}^{-x^2}\mathrm{d}x=\sqrt{\pi}$.

案例 9.7[人口分布密度的统计模型]某城市人口分布密度 P 随着与市中心距离 r 的增加而逐步减少,根据统计规律可建立如下模型

$$P(r)=\frac{32}{r^2+16}(万人/平方千米),$$

求在离市区 $4\,\mathrm{km}$ 范围内人口的平均密度.

解: $\overline{P}=\dfrac{1}{16\pi}\displaystyle\iint_D\frac{32}{r^2+16}\mathrm{d}\sigma=\frac{1}{16\pi}\int_0^{2\pi}\mathrm{d}\theta\int_0^4\frac{32r}{r^2+16}\mathrm{d}r=2\ln2(万人/平方千米).$

案例 9.8[三个正交圆柱面所界立体的体积]三个半径为 R 的圆柱面,分别以三条坐标轴为中心轴,求此三个正交圆柱面所围成的立体的体积.

解: 由对称性可知,三个正交圆柱面所围成的立体可分为 16 个区域,如图 9.6 所示.

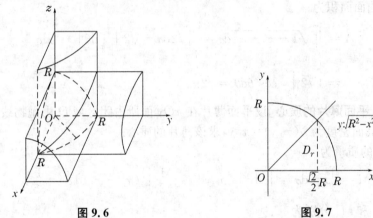

图 9.6　　　　　　　　　图 9.7

再利用对称性可知,只要求出对应于 D_1(如图 9.7 所示)一块区域上的体积也就可以了.由于这是一个曲顶柱体,其顶面方程为 $z=\sqrt{R^2-x^2}$,所以

$$V_1=\iint_{D_1}\sqrt{R^2-x^2}\mathrm{d}\sigma=\int_0^{\frac{\sqrt2}{2}R}\mathrm{d}x\int_0^x\sqrt{R^2-x^2}\mathrm{d}y+\int_{\frac{\sqrt2}{2}R}^R\mathrm{d}x\int_0^{\sqrt{R^2-x^2}}\sqrt{R^2-x^2}\mathrm{d}y$$

$$=\int_0^{\frac{\sqrt2}{2}R}x\sqrt{R^2-x^2}\mathrm{d}x+\int_{\frac{\sqrt2}{2}R}^R\left(\sqrt{R^2-x^2}\right)^2\mathrm{d}x=\left(1-\frac{\sqrt2}{2}\right)R^3.$$

故 $V=16V_1=(16-8\sqrt2)R^3.$

注: 本题中的二重积分,也可以重新确定积分次序,先对 x 积分而后对 y 积分,或化为极坐标系下的二次积分来计算,但都将会比较麻烦.

案例 9.9[立体体积]计算由锥面 $z=\sqrt{x^2+y^2}$ 与旋转抛物面 $z=6-x^2-y^2$ 所围成的立体体积.

解: 因为 $\begin{cases}z=\sqrt{x^2+y^2},\\z=6-x^2-y^2\end{cases}$ 在 xOy 面上的投影区域为

$$D=\{(x,y)\,|\,x^2+y^2\leqslant4\}=\{(\rho,\theta)\,|\,0\leqslant\rho\leqslant2,0\leqslant\theta\leqslant2\pi\},$$

于是所求立体体积为

$$V = \iint\limits_{D}(6-x^2-y^2)\mathrm{d}\sigma - \iint\limits_{D}\sqrt{x^2+y^2}\mathrm{d}\sigma = \iint\limits_{D}(6-x^2-y^2-\sqrt{x^2+y^2})\mathrm{d}\sigma$$

$$= \iint\limits_{D}(6-\rho^2-\rho)\rho\mathrm{d}\rho\mathrm{d}\theta = \int_0^{2\pi}\mathrm{d}\theta\int_0^2(6-\rho^2-\rho)\rho\mathrm{d}\rho$$

$$= 2\pi\left(3\rho^2-\frac{1}{4}\rho^4-\frac{1}{3}\rho^3\right)\Big|_0^2 = \frac{32}{3}\pi.$$

案例 9.10[曲面面积]求锥面 $z=\sqrt{x^2+y^2}$ 被柱面 $z^2=2x$ 所割下部分的曲面面积.

解:因为 $\begin{cases}z=\sqrt{x^2+y^2},\\z^2=2x\end{cases}$ 在 xOy 面上的投影区域为

$$D_{xy} = \{(x,y)\,|\,x^2+y^2\leqslant 2x\} = \left\{(\rho,\theta)\,|\,0\leqslant\rho\leqslant 2\cos\theta, -\frac{\pi}{2}\leqslant\theta\leqslant\frac{\pi}{2}\right\},$$

因为 $z_x=\dfrac{x}{\sqrt{x^2+y^2}}, z_y=\dfrac{y}{\sqrt{x^2+y^2}}$,所以 $\sqrt{1+z_x^2+z_y^2}=\sqrt{2}.$

于是所求曲面面积为

$$A = \iint\limits_{D_{xy}}\sqrt{1+z_x^2+z_y^2}\mathrm{d}\sigma = \iint\limits_{D_{xy}}\sqrt{2}\mathrm{d}\sigma = \sqrt{2}\int_{-\frac{\pi}{2}}^{\frac{\pi}{2}}\mathrm{d}\theta\int_0^{2\cos\theta}\rho\mathrm{d}\rho$$

$$= 4\sqrt{2}\int_0^{\frac{\pi}{2}}\cos^2\theta\mathrm{d}\theta = \sqrt{2}\pi.$$

案例 9.11[平面薄片的质心]设平面薄片在 xOy 面所占闭区域 D 由抛物线 $y=x^2$ 和直线 $y=x$ 围成,其面密度为 $\mu(x,y)=x^2y$,求该薄片的质心.

解:该薄片的质量为

$$M = \iint\limits_{D}x^2y\mathrm{d}\sigma = \int_0^1\mathrm{d}x\int_{x^2}^x x^2y\mathrm{d}y = \frac{1}{2}\int_0^1(x^4-x^6)\mathrm{d}x = \frac{1}{35}.$$

静力矩 M_y 和 M_x 分别为

$$M_y = \iint\limits_{D}x^3y\mathrm{d}\sigma = \int_0^1\mathrm{d}x\int_{x^2}^x x^3y\mathrm{d}y = \frac{1}{2}\int_0^1(x^5-x^7)\mathrm{d}x = \frac{1}{48},$$

$$M_x = \iint\limits_{D}y\cdot x^2y\mathrm{d}\sigma = \int_0^1\mathrm{d}x\int_{x^2}^x x^2y^2\mathrm{d}y = \frac{1}{3}\int_0^1(x^5-x^8)\mathrm{d}x = \frac{1}{54}.$$

所以

$$\bar{x}=\frac{M_y}{M}=\frac{35}{48}, \bar{y}=\frac{M_x}{M}=\frac{35}{54},$$

即所求质心坐标为 $\left(\dfrac{35}{48},\dfrac{35}{58}\right)$.

案例 9.12[转动惯量]设平面薄片在 xOy 面所占闭区域 D 由抛物线 $y=\sqrt{x}$ 和直线 $x=9,y=0$ 围成,其面密度为 $\mu(x,y)=x+y$,求转动惯量 I_x,I_y,I_O.

解: $I_x = \iint\limits_{D}y^2\mu(x,y)\mathrm{d}\sigma = \int_0^9\mathrm{d}x\int_0^{\sqrt{x}}y^2(x+y)\mathrm{d}y = \int_0^9\left(\frac{1}{3}x^{\frac{5}{2}}+\frac{1}{4}x^2\right)\mathrm{d}x = 3^5\times\frac{31}{28},$

$$I_y = \iint\limits_{D}x^2\mu(x,y)\mathrm{d}\sigma = \int_0^9\mathrm{d}x\int_0^{\sqrt{x}}x^2(x+y)\mathrm{d}y = \int_0^9\left(x^{\frac{7}{2}}+\frac{1}{2}x^3\right)\mathrm{d}x = 3^7\times\frac{19}{8},$$

$$I_O = \iint\limits_{D}(x^2+y^2)\mu(x,y)\mathrm{d}\sigma = I_x+I_y = 3^5\times\frac{1\,259}{56}.$$

姓名＿＿＿＿＿　班级学号＿＿＿＿＿

多元函数积分学及应用(练习一)

一、填空题(每小题 4 分,共 20 分)

1. 设有一平面薄片 D 放置在 xOy 平面上,其上任意一点 (x,y) 处的面密度为 $\rho(x,y)$ ($\rho(x,y)$ 为定义在 D 上的非负连续函数),则该平面薄片的质量 M 用二重积分可以表示为＿＿＿＿＿.

2. 当函数 $f(x,y)$ 在有界闭区域 D 上＿＿＿＿＿时,$f(x,y)$ 在 D 上的二重积分必存在.

3. $x^2+y^2\leqslant R^2$ 围成的闭区域记为 D,设 $I=\iint\limits_{D}\sqrt{R^2-x^2-y^2}\mathrm{d}\sigma$,则根据二重积分的几何意义可知 $I=$＿＿＿＿＿.

4. 根据二重积分的几何意义可知 $\iint\limits_{D}(1-x-y)\mathrm{d}\sigma=$＿＿＿＿＿,积分区域 D 为 $x+y=1$ 及 $x=0$,$y=0$ 围成的区域.

5. D 为圆形闭区域 $x^2+y^2\leqslant 4$,则 $\iint\limits_{D}\mathrm{d}\sigma=$＿＿＿＿＿.

二、单选题(每小题 4 分,共 20 分)

1. 设区域 D 是矩形闭区域:$|x|\leqslant 2$,$|y|\leqslant 1$,则 $\iint\limits_{D}\mathrm{d}x\mathrm{d}y=($　　).

   A. 8 　　　　B. 4 　　　　C. 2 　　　　D. -4

2. 设二重积分的积分区域 D:$1\leqslant x^2+y^2\leqslant 16$,则 $\iint\limits_{D}\mathrm{d}x\mathrm{d}y=($　　).

   A. π 　　　　B. 4π 　　　　C. 3π 　　　　D. 15π

3. 设 D 是由直线 $y=x$,$y=\dfrac{1}{2}x$,$y=2$ 所围成的闭区域,则 $\iint\limits_{D}\mathrm{d}x\mathrm{d}y=($　　).

   A. $\dfrac{1}{4}$ 　　　　B. 1 　　　　C. $\dfrac{1}{2}$ 　　　　D. 2

4. 设二重积分的积分区域 D:$x^2+y^2\leqslant 2$,则 $\iint\limits_{D}\mathrm{d}x\mathrm{d}y=($　　).

   A. 2π 　　　　B. $4\pi^2$ 　　　　C. 4π 　　　　D. 16π

5. 设 $I=\iint\limits_{D}\sqrt[3]{(x^2+y^2-1)}\mathrm{d}x\mathrm{d}y$,其中 D 是圆环 $1\leqslant x^2+y^2\leqslant 2$ 所确定的闭区域,则必有(　　).

   A. $I>0$ 　　　　　　　　　　B. $I<0$

   C. $I=0$ 　　　　　　　　　　D. $I\neq 0$,但符号不确定

三、计算题(每小题 12 分,共 60 分)

1. 试用二重积分表示半球 $x^2+y^2+z^2\leqslant a^2$,$z\geqslant 0$ 的体积.

2. 根据二重积分的性质，比较下列积分的大小：$I_1 = \iint\limits_{D}(x+y)^2 \mathrm{d}\sigma$ 与 $I_2 = \iint\limits_{D}(x+y)^3 \mathrm{d}\sigma$，其中积分区域 D 是由 x 轴、y 轴与直线 $x+y=1$ 所围成.

3. 利用二重积分的性质估计积分 $I = \iint\limits_{D}(x+y+1)\mathrm{d}x\mathrm{d}y$ 的值，其中 D 是矩形闭区域 $0 \leqslant x \leqslant 1, 0 \leqslant y \leqslant 2$.

4. 利用二重积分的性质估计积分 $I = \iint\limits_{D}\mathrm{e}^{-x^2-y^2}\mathrm{d}\sigma$ 的值，其中 D 是圆域 $x^2+y^2 \leqslant 1$.

5. 利用二重积分定义证明：$I = \iint\limits_{D}\mathrm{d}\sigma = \sigma(\sigma$ 为区域 D 的面积).

姓名＿＿＿＿＿＿＿　班级学号＿＿＿＿＿＿＿

多元函数积分学及应用(练习二)

一、填空题(每小题 4 分,共 20 分)

1. 在直角坐标系下将二重积分化为累次积分,则 $\iint\limits_{D} f(x,y)\mathrm{d}x\mathrm{d}y =$ ＿＿＿＿＿＿＿,
其中 D 为 $|x+1|\leqslant 1,|y|\leqslant 1$ 围成的区域.

2. 圆域 $x^2+y^2\leqslant 2$ 上的二重积分 $\iint\limits_{D} f(x,y)\mathrm{d}x\mathrm{d}y$ 化为极坐标形式为＿＿＿＿＿＿＿.

3. 若改变累次积分的次序,则 $\int_0^1 \mathrm{d}x \int_x^1 f(x,y)\mathrm{d}y =$ ＿＿＿＿＿＿＿.

4. 若改变累次积分的次序,则 $\int_0^1 \mathrm{d}y \int_{y^2}^y f(x,y)\mathrm{d}x =$ ＿＿＿＿＿＿＿.

5. 设 $D:0\leqslant x\leqslant 1,0\leqslant y\leqslant 1$,则 $\iint\limits_{D} \mathrm{e}^{x+y}\mathrm{d}x\mathrm{d}y =$ ＿＿＿＿＿＿＿.

二、单选题(每小题 4 分,共 20 分)

1. 二重积分 $\int_0^2 \mathrm{d}x \int_{\frac{x^2}{4}}^1 f(x,y)\mathrm{d}y$ 交换积分次序后为(　　).

   A. $\int_0^2 \mathrm{d}y \int_{\sqrt{4y}}^1 f(x,y)\mathrm{d}x$ 　　　　　　B. $\int_0^2 \mathrm{d}y \int_0^{\sqrt{4y}} f(x,y)\mathrm{d}x$

   C. $\int_0^1 \mathrm{d}y \int_0^{\sqrt{4y}} f(x,y)\mathrm{d}x$ 　　　　　　D. $\int_0^1 \mathrm{d}y \int_{\sqrt{4y}}^2 f(x,y)\mathrm{d}x$

2. 二重积分 $\iint\limits_{D} y^2 \mathrm{d}x\mathrm{d}y$ 可表达为累次积分(　　),其中 D 为 $1\leqslant x^2+y^2\leqslant 4$ 围成的区域.

   A. $\int_0^{2\pi} \mathrm{d}\theta \int_1^2 r^3 \sin^2\theta \mathrm{d}r$ 　　　　　B. $\int_0^{2\pi} \mathrm{d}\theta \int_1^2 r^2 \sin^2\theta \mathrm{d}r$

   C. $\int_0^{2\pi} \mathrm{d}\theta \int_1^2 r^3 \cos^2\theta \mathrm{d}r$ 　　　　　D. $\int_0^{2\pi} r^2 \mathrm{d}r \int_1^2 \cos^2\theta \mathrm{d}\theta$

3. 二重积分 $\iint\limits_{D} f(x,y)\mathrm{d}x\mathrm{d}y$($D$ 为圆 $x^2+y^2=2y$ 围成的区域)化成极坐标系下的累次积分是(　　).

   A. $\int_0^{2\pi} \mathrm{d}\theta \int_0^1 f(r\cos\theta,r\sin\theta)r\mathrm{d}r$ 　　　B. $\int_0^{\pi} \mathrm{d}\theta \int_0^{2\sin\theta} f(r\cos\theta,r\sin\theta)r\mathrm{d}r$

   C. $\int_{-\frac{\pi}{2}}^{\frac{\pi}{2}} \mathrm{d}\theta \int_0^{2\sin\theta} f(r\cos\theta,r\sin\theta)r\mathrm{d}r$ 　　D. $\int_0^{\pi} \mathrm{d}\theta \int_0^{2\cos\theta} f(r\cos\theta,r\sin\theta)r\mathrm{d}r$

4. 设曲面 $z=f_1(x,y)$ 和 $z=f_2(x,y)$ 围成的空间立体 V,V 在 Oxy 平面上的投影区域为 D,则 V 的体积为(　　).

   A. $\iint\limits_{D} (f_2-f_1)\mathrm{d}x\mathrm{d}y$ 　　　　　　B. $\iint\limits_{D} (f_1-f_2)\mathrm{d}x\mathrm{d}y$

C. $\sqrt{\iint\limits_{D}(f_1-f_2)^2\mathrm{d}x\mathrm{d}y}$ D. $\iint\limits_{D}|f_1-f_2|\mathrm{d}x\mathrm{d}y$

5. 有曲面 $z=\sqrt{4-x^2-y^2}$ 和 $z=0$ 及柱面 $x^2+y^2=1$ 所围的体积是（　　）.

A. $\int_0^{2\pi}\mathrm{d}\theta\int_0^2\sqrt{4-r^2}r\mathrm{d}r$ B. $4\int_{-\frac{\pi}{2}}^{\frac{\pi}{2}}\mathrm{d}\theta\int_0^2\sqrt{4-r^2}r\mathrm{d}r$

C. $\int_{-\frac{\pi}{2}}^{\frac{\pi}{2}}\mathrm{d}\theta\int_0^1\sqrt{4-r^2}r\mathrm{d}r$ D. $4\int_0^{\frac{\pi}{2}}\mathrm{d}\theta\int_0^1\sqrt{4-r^2}r\mathrm{d}r$

三、计算题（每小题 12 分，共 36 分）

1. 计算 $\iint\limits_{D}\dfrac{y^2}{x^2}\mathrm{d}x\mathrm{d}y$，其中 D 是由曲线 $y=\dfrac{1}{x}$ 和直线 $y=x$，$y=2$ 所围区域.

2. 计算 $\iint\limits_{D}x\mathrm{e}^{xy}\mathrm{d}x\mathrm{d}y$，其中 D 是由曲线 $y=\dfrac{1}{x}$ 和直线 $x=1$，$x=2$，$y=2$ 所围区域.

3. 计算 $\iint\limits_{D}(2x+y-1)\mathrm{d}x\mathrm{d}y$，其中 D 是由直线 $x=0$，$y=0$ 及 $2x+y=1$ 围成的区域.

四、应用题(每小题 12 分,共 24 分)

1. 求由抛物面 $z=1-x^2-y^2$ 与 xOy 面所围成的立体的体积.

2. 求曲面 $4z=x^2+y^2$ 与 $z=\sqrt{5-x^2-y^2}$ 所围成的立体的体积.

多元函数积分学及应用测试题

一、填空题(每小题 4 分,共 20 分)

1. 设区域 $D = \{(x,y) \mid |x| + |y| \leqslant 1\}$,估计二重积分 $I = \iint\limits_{D} \dfrac{1}{1 + \cos^2 x + \cos^2 y} \mathrm{d}\sigma$ 的值为_____.

2. 设区域 $D = \{(x,y) \mid a \leqslant x \leqslant b, 0 \leqslant y \leqslant 1\}$,又已知 $\iint\limits_{D} y f(x) \mathrm{d}x \mathrm{d}y = 1$,则 $\int_a^b f(x) \mathrm{d}x$ = _____.

3. 二次积分 $\int_0^2 \mathrm{d}x \int_0^{\sqrt{2x-x^2}} f(x,y) \mathrm{d}y$ 在极坐标系下表示为_____.

4. 二次积分 $\int_0^2 \mathrm{d}y \int_y^{4-y} f(x,y) \mathrm{d}x$ 改变成先 y 后 x 的积分是_____.

5. 二重积分 $\int_0^1 \mathrm{d}x \int_x^1 \mathrm{e}^{-y^2} \mathrm{d}y = $ _____.

二、单选题(每小题 4 分,共 20 分)

1. 设区域 $D = \{(x,y) \mid (x-2)^2 + (y-1)^2 \leqslant 2\}$,则二重积分 $I_1 = \iint\limits_{D} (x+y)^3 \mathrm{d}\sigma$ 与 $I_2 = \iint\limits_{D} (x+y)^2 \mathrm{d}\sigma$ 的大小关系为(   ).

    A. $I_1 = I_2$ B. $I_1 > I_2$ C. $I_1 < I_2$ D. 无法判断

2. 由二重积分的几何意义,积分 $\iint\limits_{x^2+y^2 \leqslant 1} 2\sqrt{1-x^2-y^2} \, \mathrm{d}\sigma = ($).

    A. π B. $\dfrac{4\pi}{3}$ C. $\dfrac{2\pi}{3}$ D. $\dfrac{\pi}{3}$

3. 二次积分 $\int_1^2 \mathrm{d}x \int_{\frac{1}{x}}^x f(x,y) \mathrm{d}y$ 改变积分次序后为(   ).

    A. $\int_{\frac{1}{x}}^x \mathrm{d}y \int_1^2 f(x,y) \mathrm{d}x$

    B. $\int_{\frac{1}{2}}^1 \mathrm{d}y \int_y^2 f(x,y) \mathrm{d}x + \int_1^2 \mathrm{d}y \int_{\frac{1}{y}}^2 f(x,y) \mathrm{d}x$

    C. $\int_x^{\frac{1}{x}} \mathrm{d}y \int_1^2 f(x,y) \mathrm{d}x$

    D. $\int_{\frac{1}{2}}^1 \mathrm{d}y \int_{\frac{1}{y}}^2 f(x,y) \mathrm{d}x + \int_1^2 \mathrm{d}y \int_y^2 f(x,y) \mathrm{d}x$

4. 设函数 $f(x,y)$ 在区域 $D: x^2 + y^2 \leqslant a^2$ 上连续,则 $\iint\limits_{D} f(x,y) \mathrm{d}\sigma = ($).

    A. $\int_0^{2\pi} \mathrm{d}\theta \int_0^a f(r\cos\theta, r\sin\theta) \mathrm{d}r$ B. $4\int_0^{\frac{\pi}{2}} \mathrm{d}\theta \int_0^a f(r\cos\theta, r\sin\theta) r \mathrm{d}r$

    C. $2\int_0^a \mathrm{d}x \int_{-\sqrt{a^2-x^2}}^{\sqrt{a^2-x^2}} f(x,y) \mathrm{d}y$ D. $\int_{-a}^a \mathrm{d}x \int_{-\sqrt{a^2-x^2}}^{\sqrt{a^2-x^2}} f(x,y) \mathrm{d}y$

5. 由圆柱面 $x^2+y^2=2x$,抛物面 $z=x^2+y^2$ 及平面 $z=0$ 所围空间区域的体积为（   ）.

    A. π B. $\dfrac{3\pi}{2}$ C. 2π D. $\dfrac{5\pi}{2}$

三、计算题(每小题 8 分,共 40 分)

1. 求 $\iint\limits_{D} xy\,\mathrm{d}\sigma$,其中 D 由 $y=x^2$ 和 $y=x+2$ 所围成.

2. 求 $\iint\limits_{D} \dfrac{x^2}{y^2}\,\mathrm{d}x\mathrm{d}y$,其中 D 为 $xy=1$,$y=x$,$x=2$ 所围成的区域.

3. 求 $\displaystyle\int_0^2 \mathrm{d}x \int_0^{\sqrt{2x-x^2}} (x^2+y^2)\,\mathrm{d}y$.

4. 求 $\iint\limits_{D} (xy+1)\,\mathrm{d}\sigma$,其中 D 是由曲线 $x=\sqrt{2y-y^2}$ 与 $y=x$ 围成的弓形区域.

5. 求 $\displaystyle\iint\limits_{D} \sqrt{x^2+y^2}\,\mathrm{d}x\mathrm{d}y$,其中 D 为 $x^2+y^2=a^2$,$x^2+y^2=ax$,$x=0$ 所围成的第一象限的区域.

四、应用题(每小题 10 分,共 20 分)

1. 求圆柱面 $x^2+y^2=2y$ 与锥面 $z^2=x^2+y^2$ 所围部分的立体体积.

2. 求柱面 $x^2+y^2=R^2$ 与二平面 $x-2y+z=4,2x+3y-z=8$ 所围空间区域的体积.

第十章　线性代数初步案例与练习

> 本章的内容主要是行列式,矩阵和线性方程组.
>
> 行列式部分的基本内容:行列式的概念,行列式的性质与计算,克拉默法则.
>
> 矩阵部分的基本内容:矩阵的概念和矩阵的计算,矩阵的初等变换与逆矩阵,以及矩阵秩的概念与求法.
>
> 线性方程组部分的基本内容:线性方程组的求解,线性方程组解的判定定理.
>
> 为了帮助大家更好地理解、掌握和应用这些内容,我们编写了下面的案例与练习.

案例 10.1[物资调运方案]在物资调运中,某物资有两个产地上海、南京,三个销售地广州、深圳、厦门,调运方案见表 10.1.

表 10.1　物资调运方案

数　量　　销售地 产地	广州	深圳	厦门
上海	17	25	20
南京	26	32	23

这个调运方案可以简写成一个 2 行 3 列的数表:

$$\begin{pmatrix} 17 & 25 & 20 \\ 26 & 32 & 23 \end{pmatrix}.$$

案例 10.2[对策论中局中人的得益矩阵]两儿童 A,B 玩游戏,每人只能在{石头,剪刀,布}中选择一种,当 A,B 各选择一种策略时,就确定一个"局势",也就定出了各自的输赢. 规定胜者得 1 分,负者失 1 分,平手各得零分,则 A 的得益矩阵可用如下的矩阵表述:

B 策略

石头　剪刀　布

$$A\text{ 策略}\quad\begin{matrix}\text{石头}\\\text{剪刀}\\\text{布}\end{matrix}\begin{bmatrix} 0 & 1 & -1 \\ -1 & 0 & 1 \\ 1 & -1 & 0 \end{bmatrix}$$

案例 10.3[受力分析]作用在一静止物体上的力如图 10.1 所示,我们将物体所受的力沿水平方向和铅直方向进行分解,可以得到如下关系:

水平方向:$0.98F_1 - 0.88F_2 = 8.0$,

铅直方向:$0.22F_1 + 0.47F_2 = 3.5$.

可以用矩阵相等表示为

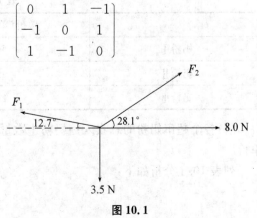

图 10.1

135

$$\begin{pmatrix} 0.98F_1 - 0.88F_2 \\ 0.22F_1 + 0.47F_2 \end{pmatrix} = \begin{pmatrix} 8.0 \\ 3.5 \end{pmatrix}$$

案例 10.4[库存量]若甲仓库的三类商品 4 种型号的库存件数用矩阵 A 表示为：

$$A = \begin{pmatrix} 1 & 2 & 1 & 5 \\ 3 & 4 & 8 & 7 \\ 2 & 5 & 2 & 3 \end{pmatrix},$$

乙仓库的三类商品 4 种型号的库存件数用矩阵 B 表示为

$$B = \begin{pmatrix} 3 & 5 & 2 & 1 \\ 2 & 1 & 3 & 3 \\ 4 & 3 & 5 & 4 \end{pmatrix},$$

已知甲仓库每件商品的保管费为 3 元，乙仓库每件商品的保管费为 2 元，求甲、乙两仓库同类且同一种型号商品的保管费之和.

解：甲、乙两仓库同类且同一种型号商品的保管费之和可由矩阵 F 表示为

$$F = 3A + 2B = 3\begin{pmatrix} 1 & 2 & 1 & 5 \\ 3 & 4 & 8 & 7 \\ 2 & 5 & 2 & 3 \end{pmatrix} + 2\begin{pmatrix} 3 & 5 & 2 & 1 \\ 2 & 1 & 3 & 3 \\ 4 & 3 & 5 & 4 \end{pmatrix}.$$

$$= \begin{pmatrix} 3 & 6 & 3 & 15 \\ 9 & 12 & 24 & 21 \\ 6 & 15 & 6 & 9 \end{pmatrix} + \begin{pmatrix} 6 & 10 & 4 & 2 \\ 4 & 2 & 6 & 6 \\ 8 & 6 & 10 & 8 \end{pmatrix} = \begin{pmatrix} 9 & 16 & 7 & 17 \\ 13 & 14 & 30 & 27 \\ 14 & 21 & 16 & 17 \end{pmatrix}.$$

案例 10.5[奶粉销售问题]设有两家连锁超市出售三种奶粉，某日销售量（单位：包）见表 10.2，每种奶粉的单价和利润见表 10.3. 求各超市出售奶粉的总收入和总利润.

表 10.2

货类\超市	奶粉Ⅰ	奶粉Ⅱ	奶粉Ⅲ
甲	5	8	10
乙	7	5	6

表 10.3

	单价（单位：元）	利润（单位：元）
奶粉Ⅰ	15	3
奶粉Ⅱ	12	2
奶粉Ⅲ	20	4

解：各个超市奶粉的总收入=奶粉Ⅰ数量×单价+奶粉Ⅱ数量×单价+奶粉Ⅲ数量×单价.

列表 10.4 分析如下：

表 10.4

	总收入(单位:元)	总利润(单位:元)
超市甲	5×15+8×12+10×20	5×3+8×2+10×4
超市乙	7×15+5×12+6×20	7×3+5×2+6×4

设 $A=\begin{pmatrix}5&8&10\\7&5&6\end{pmatrix}$，$B=\begin{pmatrix}15&3\\12&2\\20&4\end{pmatrix}$，$C$ 为各超市出售奶粉的总收入和总利润,则

$$C=\begin{pmatrix}5×15+8×12+10×20&5×3+8×2+10×4\\7×15+5×12+6×20&7×3+5×2+6×4\end{pmatrix}=\begin{pmatrix}371&71\\285&55\end{pmatrix}.$$

所以甲超市出售奶粉的总收入和总利润分别为 371 元和 71 元,乙超市出售奶粉的总收入和总利润分别为 285 元和 55 元.

案例 10.6［**电路分析**］已知网络双端口参数矩阵 A,B 满足 $\begin{cases}2A+2B=C,\\2A-2B=D,\end{cases}$ 其中 $C=\begin{pmatrix}7&10&-2\\1&-5&-10\end{pmatrix}$，$D=\begin{pmatrix}5&-2&-6\\-5&-15&-14\end{pmatrix}$. 求参数矩阵 A,B.

解:由 $\begin{cases}2A+2B=C,\\2A-2B=D\end{cases}$ 可得 $A=\dfrac{1}{4}(C+D)$，$B=\dfrac{1}{4}(C-D)$,代入数据可得

$$A=\frac{1}{4}(C+D)=\frac{1}{4}\left[\begin{pmatrix}7&10&-2\\1&-5&-10\end{pmatrix}+\begin{pmatrix}5&-2&-6\\-5&-15&-14\end{pmatrix}\right]=\begin{pmatrix}3&2&-2\\-1&-5&-6\end{pmatrix},$$

$$B=\frac{1}{4}(C-D)=\frac{1}{4}\left[\begin{pmatrix}7&10&-2\\1&-5&-10\end{pmatrix}-\begin{pmatrix}5&-2&-6\\-5&-15&-14\end{pmatrix}\right]=\begin{pmatrix}\frac{1}{2}&3&1\\\frac{3}{2}&\frac{5}{2}&1\end{pmatrix}.$$

案例 10.7［**产品销量问题**］某商场电子柜台 2010 年 5 月的部分产品销量见表 10.5,求销售这几种产品的总收益.

表 10.5

产品＼价量	单价/元	销量/个
快译典	1 200	80
U 盘	360	100
MP5	800	200

如果用矩阵 $P=\begin{pmatrix}1\,200\\360\\800\end{pmatrix}$ 表示产品的单价,用矩阵 $Q=\begin{pmatrix}80\\100\\200\end{pmatrix}$ 表示销量,那么无论是 PQ 还是 QP 都是没有意义的. 如果我们将矩阵 P 的行列互换后再与矩阵 Q 相乘,其做法既符合矩阵的乘法定义,也与实际情况相符. 即这几种产品的销售收益为

$$R = 1\ 200 \times 80 + 360 \times 100 + 800 \times 200 = (1\ 200 \quad 360 \quad 800) \begin{pmatrix} 80 \\ 100 \\ 200 \end{pmatrix}.$$

案例 10.8[电子运动]在研究电子的运动时,常用到矩阵 $S_y = \begin{pmatrix} 0 & -i \\ i & 0 \end{pmatrix}$,这里 $i = \sqrt{-1}$.

试验证:$S_y^2 = I$.

解:$S_y^2 = \begin{pmatrix} 0 & -i \\ i & 0 \end{pmatrix} \begin{pmatrix} 0 & -i \\ i & 0 \end{pmatrix} = \begin{pmatrix} 0 \times 0 + (-i) \times i & 0 \times (-i) + (i) \times 0 \\ i \times 0 + 0 \times i & i \times (-i) + 0 \times 0 \end{pmatrix} = \begin{pmatrix} 1 & 0 \\ 0 & 1 \end{pmatrix} = I$.

案例 10.9[人员轮训问题]某公司为促进技术进步,对职工分批进行脱产轮训.若现有不脱产职工 8 000 人,脱产参加轮训的有 2 000 人,计划每年从现有不脱产的那些人员中抽调 30% 的人参加轮训,而在轮训队伍中让 60% 的人结业回到工作岗位上去.若职工总人数不变,问 1 年后不脱产职工及脱产职工各有多少? 2 年后又怎样?

解:由题意设比例矩阵为

$$A = \begin{pmatrix} a_{11} & a_{12} \\ a_{21} & a_{22} \end{pmatrix} = \begin{pmatrix} 0.7 & 0.6 \\ 0.3 & 0.4 \end{pmatrix},$$

其中 a_{11} 为未训职工保留的百分比,a_{21} 为每年新参加培训的工人占未培训工人的百分比,a_{12} 为在训人员中回到生产岗位的百分比,a_{22} 为在训人员中留下继续培训的百分比.即第 1 列表示原生产人员结构,第 2 列表示原轮训人员结构,第 1 行表示现生产人员结构,第 2 行表示现轮训人员结构.

记 $x = \begin{pmatrix} 8\ 000 \\ 2\ 000 \end{pmatrix}$,表示目前的人员结构,则一年后的人员结构为

$$Ax = \begin{pmatrix} 0.7 & 0.2 \\ 0.3 & 0.8 \end{pmatrix} \begin{pmatrix} 8\ 000 \\ 2\ 000 \end{pmatrix} = \begin{pmatrix} 6\ 800 \\ 3\ 200 \end{pmatrix},$$

2 年后的人员结构为

$$A(Ax) = A^2 x = \begin{pmatrix} 6\ 680 \\ 3\ 320 \end{pmatrix}.$$

可以看出,2 年后脱产轮训的人数大约为生产人员的一半.

案例 10.10[用电度数]我国某地方为避开高峰期用电,实行分时段计费,鼓励夜间用电.某地白天(AM8:00—PM11:00)与夜间(PM11:00—AM8:00)的电费标准为 P,若某宿舍两户人某月的用电情况如下:

	白天	夜间
一	120	150
二	132	174

所交电费 $F = (90.29 \quad 101.41)$,问如何用矩阵的运算表示当地的电费?

解:令 $A = \begin{pmatrix} 120 & 150 \\ 132 & 174 \end{pmatrix}$,则 $AP = F^T$.

等式两边同时左乘矩阵 A^{-1},可以得到当地的电费标准为 $P = A^{-1} F^T$.

用初等变换求 A^{-1} 如下:

$$\begin{pmatrix} 120 & 150 & \vdots & 1 & 0 \\ 132 & 174 & \vdots & 0 & 1 \end{pmatrix} \xrightarrow{\frac{1}{30}r_1} \begin{pmatrix} 4 & 5 & \vdots & \frac{1}{30} & 0 \\ 132 & 174 & \vdots & 0 & 1 \end{pmatrix} \xrightarrow{r_2-33r_1}$$

$$\begin{pmatrix} 4 & 5 & \vdots & \frac{1}{30} & 0 \\ 0 & 9 & \vdots & -\frac{11}{10} & 1 \end{pmatrix} \xrightarrow{\frac{1}{9}r_2} \begin{pmatrix} 4 & 5 & \vdots & \frac{1}{30} & 0 \\ 0 & 1 & \vdots & -\frac{11}{90} & \frac{1}{9} \end{pmatrix} \xrightarrow{r_1-5r_2}$$

$$\begin{pmatrix} 4 & 0 & \vdots & \frac{58}{90} & -\frac{5}{9} \\ 0 & 1 & \vdots & -\frac{11}{90} & \frac{1}{9} \end{pmatrix} \xrightarrow{\frac{1}{4}r_1} \begin{pmatrix} 1 & 0 & \vdots & \frac{58}{360} & -\frac{5}{36} \\ 0 & 1 & \vdots & -\frac{11}{90} & \frac{1}{9} \end{pmatrix}$$

即
$$\boldsymbol{A}^{-1} = \begin{pmatrix} \frac{29}{180} & -\frac{5}{36} \\ -\frac{11}{90} & \frac{1}{9} \end{pmatrix}.$$

所以 $\boldsymbol{P} = \boldsymbol{A}^{-1}\boldsymbol{F}^{\mathrm{T}} = \begin{pmatrix} \frac{29}{180} & -\frac{5}{36} \\ -\frac{11}{90} & \frac{1}{9} \end{pmatrix} \begin{pmatrix} 90.29 \\ 101.41 \end{pmatrix} = \begin{pmatrix} 0.462 & 0 \\ 0.232 & 3 \end{pmatrix}.$

即白天的电费标准为 0.462 元/度,夜间电费标准为 0.232 3 元/度.

案例 10.11[**密码学**]密码法是信息编码与解码的技巧,其中的一种基于利用可逆矩阵的方法,先在 26 个英文字母与数字之间建立一一对应关系,例如可以是 $A \leftrightarrow 1, B \leftrightarrow 2, \cdots,$ $Z \leftrightarrow 26$. 若要发出信息"action",使用上述代码,则此信息的编码是 1,3,20,9,15,14,可写成两个列矩阵 $(1,3,20)^{\mathrm{T}}, (9,15,14)^{\mathrm{T}}$. 现任选一可逆阵 $\boldsymbol{A}$,将传出的信息通过 $\boldsymbol{A}$ 编成"密码"后发出,如 $\boldsymbol{A} = \begin{pmatrix} 1 & 2 & 3 \\ 1 & 1 & 2 \\ 0 & 1 & 2 \end{pmatrix}$,则 编成 $\boldsymbol{A}\begin{pmatrix} 1 \\ 3 \\ 20 \end{pmatrix} = \begin{pmatrix} 67 \\ 44 \\ 43 \end{pmatrix}$,而 编成 $\boldsymbol{A}\begin{pmatrix} 9 \\ 15 \\ 14 \end{pmatrix} = \begin{pmatrix} 81 \\ 52 \\ 43 \end{pmatrix}.$

在收到信息:67,44,43,81,52,43 后,用 $A^{-1} = \begin{pmatrix} 0 & 1 & -1 \\ 2 & -2 & -1 \\ -1 & 1 & 1 \end{pmatrix}$ 恢复明码,有

$$A^{-1}\begin{pmatrix} 67 \\ 44 \\ 43 \end{pmatrix} = \begin{pmatrix} 1 \\ 3 \\ 20 \end{pmatrix}, A^{-1}\begin{pmatrix} 81 \\ 52 \\ 43 \end{pmatrix} = \begin{pmatrix} 9 \\ 15 \\ 14 \end{pmatrix}.$$

即得到信息:action.

案例 10.12[**缉毒船的速度**]一艘载有毒品的船以 63 km/h 的速度离开港口,由于得到举报,24 min 后一缉毒船以 75 km/h 的速度从港口出发追赶毒品走私船,问当缉毒船追上载有毒品的船时,它们各行驶了多长时间?

解:设当缉毒船追上载有毒品的船时,载有毒品的船和缉毒船各行驶了 x_1, x_2 小时,则

$$\begin{cases} 63x_1 = 75x_2, \\ x_1 - \dfrac{24}{60} = x_2, \end{cases} \text{即} \begin{cases} 63x_1 - 75x_2 = 0, \\ x_1 - x_2 = 0.4. \end{cases}$$

139

记 $\boldsymbol{A}=\begin{pmatrix} 63 & -75 \\ 1 & -1 \end{pmatrix}$，$\boldsymbol{X}=\begin{pmatrix} x_1 \\ x_2 \end{pmatrix}$，$\boldsymbol{B}=\begin{pmatrix} 0 \\ 0.4 \end{pmatrix}$，则 $\boldsymbol{AX}=\boldsymbol{B}$.

方程两边同时左乘 $\boldsymbol{A}^{-1}$，得 $\boldsymbol{X}=\boldsymbol{A}^{-1}\boldsymbol{B}$.

由初等行变换，可以得到 A 的逆矩阵为

$$\boldsymbol{A}^{-1}=\frac{1}{12}\begin{pmatrix} -1 & 75 \\ -1 & 63 \end{pmatrix}.$$

则 $\boldsymbol{X}=\boldsymbol{A}^{-1}\boldsymbol{B}=\dfrac{1}{12}\begin{pmatrix} -1 & 75 \\ -1 & 63 \end{pmatrix}\begin{pmatrix} 0 \\ 0.4 \end{pmatrix}=\dfrac{1}{12}\begin{pmatrix} 30 \\ 25.2 \end{pmatrix}=\begin{pmatrix} 2.5 \\ 2.1 \end{pmatrix}.$

所以载有毒品的船行驶了 2.5 小时，缉毒船行驶了 2.1 小时.

案例 10.13[配料问题] 有甲、乙、丙三种化肥，甲种化肥每千克含氮 70 克，磷 8 克，钾 2 克；乙种化肥每千克含氮 64 克，磷 10 克，钾 0.6 克；丙种化肥每千克含氮 70 克，磷 5 克，钾 1.4 克. 若把此三种化肥混合，要求总重量 23 千克且含磷 149 克，钾 30 克，问三种化肥各需多少千克？

解： 设甲、乙、丙三种化肥各需 x_1 千克，x_2 千克，x_3 千克，根据题意得方程组：

$$\begin{cases} x_1 + x_2 + x_3 = 23, \\ 8x_1 + 10x_2 + 5x_3 = 149, \\ 2x_1 + 0.6x_2 + 1.4x_3 = 30. \end{cases}$$

此方程组的系数行列式为 $D=\begin{vmatrix} 1 & 1 & 1 \\ 8 & 10 & 5 \\ 2 & 0.6 & 1.4 \end{vmatrix}=-\dfrac{27}{5}\neq 0$，另计算

$$D_1=\begin{vmatrix} 23 & 1 & 1 \\ 149 & 10 & 5 \\ 30 & 0.6 & 1.4 \end{vmatrix}=-\frac{81}{5},\quad D_2=\begin{vmatrix} 1 & 23 & 1 \\ 8 & 149 & 5 \\ 2 & 30 & 1.4 \end{vmatrix}=-27,\quad D_3=\begin{vmatrix} 1 & 1 & 23 \\ 8 & 10 & 149 \\ 2 & 0.6 & 30 \end{vmatrix}=-81.$$

由克拉默法则知，此方程组有唯一解：

$$x_1=\frac{D_1}{D}=3,\ x_2=\frac{D_2}{D}=5,\ x_3=\frac{D_3}{D}=15.$$

即甲、乙、丙三种化肥各需 3 千克，5 千克，15 千克.

案例 10.14[费用分摊问题] 设一个公司有 3 个生产部门 P_1, P_2, P_3 和 4 个管理部门 M_1, M_2, M_3, M_4. 公司规定，每个管理部门的费用由生产部门及其他管理部门分摊，分摊比例由服务量确定，现已知分摊费用比例如表 10.6 所示.

表 10.6

分摊比例 部门 管理部门	M_1	M_2	M_3	M_4	P_1	P_2	P_3	自身费用（万元）
M_1	0	0.04	0.10	0.10	0.27	0.26	0.23	4
M_2	0.08	0	0.15	0.04	0.21	0.30	0.22	3.5
M_3	0			0.10	0.30	0.30	0.30	15
M_4	0.10	0.08	0.08	0	0.24	0.25	0.25	2.5

设各个管理部门 M_1, M_2, M_3, M_4 的自身费用（如人员工资、办公费用等）依次为 4 万

元、3.5 万元、15 万元、2.5 万元. 试确定每个管理部门的总费用(自身费用加上承担其他部门的费用).

解:设管理部门 M_1,M_2,M_3,M_4 发生的总费用分别为 x_1 万元,x_2 万元,x_3 万元和 x_4 万元,由表 10.6 可知,对管理部门 M_1,应有如下等式:

$$x_1 = 4 + 0.08x_2 + 0.1x_4.$$

同理,对 M_2,M_3,M_4,有如下的 3 个等式:

$$x_2 = 3.5 + 0.04x_1 + 0.08x_4,$$
$$x_3 = 15 + 0.1x_1 + 0.15x_2 + 0.08x_4,$$
$$x_4 = 2.5 + 0.1x_1 + 0.04x_2 + 0.1x_3.$$

因此,费用分摊问题可归结为如下的四元一次线性方程组的求解:

$$\begin{cases} x_1 - 0.08x_2 \quad\quad\quad - 0.1x_4 = 4, \\ -0.04x_1 + \quad x_2 \quad\quad\quad - 0.08x_4 = 3.5, \\ -0.1x_1 - 0.15x_2 + \quad x_3 - 0.08x_4 = 15, \\ -0.1x_1 - 0.04x_2 - 0.1x_3 + \quad x_4 = 2.5. \end{cases}$$

解得 $x_1 = 4.805\,1$ 万元,$x_2 = 4.075\,5$ 万元,$x_3 = 16.475\,1$ 万元,$x_4 = 4.791\,0$ 万元.

案例 10.15[产品数量]一工厂有 1 000 h 用于生产、维修和检验. 各工序的工作时间分别为 x_1,x_2,x_3,且满足:$x_1 + x_2 + x_3 = 1\,000$,$x_1 = x_3 - 100$,$x_1 + x_3 = x_2 + 100$,求各工序所用时间.

解:由题意得

$$\begin{cases} x_1 + x_2 + x_3 = 1\,000, \\ x_1 - x_3 = -100, \\ x_1 - x_2 + x_3 = 100. \end{cases}$$

该方程组的增广矩阵为

$$\boldsymbol{B} = \begin{pmatrix} 1 & 1 & 1 & 1\,000 \\ 1 & 0 & -1 & -100 \\ 1 & -1 & 1 & 100 \end{pmatrix}.$$

对增广矩阵化简如下:

$$\boldsymbol{B} = \begin{pmatrix} 1 & 1 & 1 & 1\,000 \\ 1 & 0 & -1 & -100 \\ 1 & -1 & 1 & 100 \end{pmatrix} \xrightarrow{r_1 \leftrightarrow r_2} \begin{pmatrix} 1 & 0 & -1 & -100 \\ 1 & 1 & 1 & 1000 \\ 1 & -1 & 1 & 100 \end{pmatrix}$$

$$\xrightarrow[r_3 - r_1]{r_2 - r_1} \begin{pmatrix} 1 & 0 & -1 & -100 \\ 0 & 1 & 2 & 1\,100 \\ 0 & -1 & 2 & 200 \end{pmatrix} \xrightarrow{r_3 + r_2} \begin{pmatrix} 1 & 0 & -1 & -100 \\ 0 & 1 & 2 & 1\,100 \\ 0 & 0 & 4 & 1300 \end{pmatrix}$$

$$\xrightarrow{\frac{1}{4} \times r_3} \begin{pmatrix} 1 & 0 & -1 & -100 \\ 0 & 1 & 2 & 1\,100 \\ 0 & 0 & 1 & 325 \end{pmatrix} \xrightarrow[r_2 - 2 \times r_3]{r_1 + r_3} \begin{pmatrix} 1 & 0 & 0 & 225 \\ 0 & 1 & 0 & 450 \\ 0 & 0 & 1 & 325 \end{pmatrix}.$$

它所对应的方程组的解为 $x_1 = 225$,$x_2 = 450$,$x_3 = 325$.

即用于生产、维修和检验的时间分别为 225 小时,450 小时,325 小时.

姓名_____ 班级学号_____

线性代数初步（练习一）

一、填空题（每小题 4 分，共 20 分）

1. 用行列式的计算方法计算二元一次方程组 $\begin{cases} 2x_1+3x_2=22, \\ -x_1+2x_2=10, \end{cases}$ $x_1=$ _____，

$x_2=$ _____.

2. 分解行列式 $\begin{vmatrix} a+x & b+y \\ c+z & d+w \end{vmatrix}=$ _____.

3. 若把行列式的某一行的倍数加到另一行对应的元素上去，则行列式的值_____.

4. 若行列式 $\begin{vmatrix} 1 & 1 & 1 \\ k & 2 & 1 \\ 0 & 0 & 2 \end{vmatrix}=0$，则 $k=$ _____.

5. 设 $\begin{vmatrix} 2 & -1 & 3 \\ 3 & 0 & 4 \\ -5 & -1 & 9 \end{vmatrix}$ 中第一行元素的代数余子式分别为 A_{11},A_{12},A_{13}，则 $-5 \cdot A_{11}+$

$(-1) \cdot A_{12}+9 \cdot A_{13}=$ _____.

二、单选题（每小题 4 分，共 20 分）

1. 行列式 $\begin{vmatrix} \lambda-1 & 2 \\ 2 & \lambda-1 \end{vmatrix} \neq 0$ 的充要条件是（　　）.

　　A. $\lambda \neq 3$ 　　　　　　　　　　B. $\lambda \neq -1$

　　C. $\lambda \neq 3$ 或 $\lambda \neq -1$ 　　　　D. $\lambda \neq 3$ 且 $\lambda \neq -1$

2. 设行列式 $\begin{vmatrix} a_1 & b_1 & c_1 \\ a_3 & 4b_3 & c_3 \\ a_2 & b_2 & c_2 \end{vmatrix}=1$，则行列式 $\begin{vmatrix} 2a_1 & 4b_1 & 2c_1 \\ a_2 & 2b_2 & c_2 \\ a_3 & 8b_3 & c_3 \end{vmatrix}=$（　　）.

　　A. 2 　　　　　　B. -2 　　　　　　C. 4 　　　　　　D. -4

3. 若 $\begin{vmatrix} 0 & 0 & 0 & 1 \\ 0 & 0 & a & 0 \\ 0 & 2 & 0 & 0 \\ 1 & 0 & 0 & a \end{vmatrix}=1$，则 $a=$（　　）.

　　A. $\dfrac{1}{2}$ 　　　　　　B. 7 　　　　　　C. $-\dfrac{1}{2}$ 　　　　　　D. 1

4. 行列式 $\begin{vmatrix} 103 & 100 & 204 \\ 199 & 200 & 395 \\ 301 & 300 & 600 \end{vmatrix}=$（　　）.

　　A. 1 000 　　　　　B. -1 000 　　　　　C. 2 000 　　　　　D. -2 000

5. 设 $D\neq0$ 是任意一个 n 阶行列式,用 a_{ij} 表示 D 的第 i 行、第 j 列交叉位置的元素,A_{ij} 表示元素 a_{ij} 的代数余子式,则下列式子中( )一定不正确.

    A. $a_{i1}A_{i1}+a_{i2}A_{i2}+\cdots+a_{in}A_{in}=0$ B. $a_{i1}A_{i1}+a_{i2}A_{i2}+\cdots+a_{in}A_{in}=D$

    C. $a_{1j}A_{1j}+a_{2j}A_{2j}+\cdots+a_{nj}A_{nj}=D$ D. $a_{11}A_{21}+a_{12}A_{22}+\cdots+a_{1n}A_{2n}=0$

三、计算题(每小题 12 分,共 60 分)

1. 解行列式方程 $\begin{vmatrix} x & 1 & 1 \\ 1 & x & -1 \\ 4 & 5 & x-3 \end{vmatrix}=0$.

2. 计算行列式 $\begin{vmatrix} x & 1 & 1 & 1 \\ 1 & x & 1 & 1 \\ 1 & 1 & x & 1 \\ 1 & 1 & 1 & x \end{vmatrix}$ 的值.

3. 设行列式 $D=\begin{vmatrix} 1 & 1 & 1 & 0 \\ 4 & 3 & -5 & 1 \\ -2 & 5 & 2 & 1 \\ 3 & -2 & 1 & 1 \end{vmatrix}$,$A_{i2}$ 为元素 a_{i2} 的代数余子式($i=1,2,3,4$),试

求:(1) 行列式 D;(2) $A_{12}+A_{22}+A_{32}+A_{42}$.

143

4. 用克莱姆法则解非齐次线性方程组 $\begin{cases} x+2y+2z=3, \\ -x-4y+z=7, \\ 3x+7y+4z=3. \end{cases}$

5. 设齐次线性方程组 $\begin{cases} 2x+ky+3z=0, \\ kx-y-4z=0, \\ 4x+y-z=0 \end{cases}$ 有非零解,则 k 应取何值?

线性代数初步（练习二）

一、填空题（每小题 4 分，共 20 分）

1. 设 A 为 $m \times n$ 矩阵，则 $AE = A$ 中的 E 是_____阶单位矩阵.

2. 已知 $A = \begin{pmatrix} 1 & 2 & 3 \\ 4 & 9 & 6 \end{pmatrix}$，$B = \begin{pmatrix} 2 & 5 & 1 \\ 3 & 8 & 2 \end{pmatrix}$，则 $A + 2B =$_____.

3. 设 A 是 3×4 矩阵，B 是 5×2 矩阵，且乘积 ACB 有意义，则矩阵 C^{T} 的阶数为_____.

4. 已知 $A = \begin{pmatrix} 1 & 1 \\ -1 & -1 \end{pmatrix}$，$B = \begin{pmatrix} 2 & -2 \\ -2 & 2 \end{pmatrix}$，则 $AB =$_____，$BA =$_____.

5. 设 $A = \begin{bmatrix} 2 & 0 & 0 \\ 3 & 1 & 0 \\ 5 & 3 & 2 \end{bmatrix}$，则 $|2A| =$_____.

二、单选题（每小题 4 分，共 20 分）

1. 设 A, B 都为 5 阶矩阵，$|A| = |B| = 2$，则 $|-2AB^{\mathrm{T}}| = ($ $)$.

   A. -2^5 B. 2^5 C. -2^7 D. 2^7

2. 设矩阵 $A_{3 \times 2}, B_{2 \times 3}, C_{3 \times 3}$，则运算（   ）可以进行.

   A. AC B. ABC C. CB D. $AB - BC$

3. 设矩阵 $A = \begin{bmatrix} a_1 & b_1 & c_1 \\ a_2 & b_2 & c_2 \\ a_3 & b_3 & c_3 \end{bmatrix}$，则与 $|A|$ 中 c_2 的代数余子式相等的是（   ）.

   A. $\begin{vmatrix} a_1 & b_1 \\ a_3 & b_3 \end{vmatrix}$ B. $\begin{vmatrix} a_3 & b_3 \\ a_1 & b_1 \end{vmatrix}$

   C. $\begin{vmatrix} b_3 & a_3 \\ b_1 & a_1 \end{vmatrix}$ D. $\begin{vmatrix} b_3 & b_1 \\ a_3 & a_1 \end{vmatrix}$

4. 设 A, B 均为 n 阶矩阵，则下列命题正确的是（   ）.

   A. $|kA| = k|A|$ B. $(A - B)^2 = A^2 - 2AB + B^2$

   C. $|-kA| = (-k)^n |A|$ D. 若 $AB = O$，则 $A = O$ 或 $B = O$

5. 乘积矩阵 $C = \begin{pmatrix} 1 & -1 \\ 2 & 4 \end{pmatrix} \begin{pmatrix} -1 & 0 & 3 \\ 5 & 2 & 1 \end{pmatrix}$ 中元素 $c_{23} = ($ $)$.

   A. 1   B. 7   C. 10   D. 8

三、计算题（每小题 12 分，共 48 分）

1. 设 $A = \begin{pmatrix} 1 & 2 \\ -3 & 5 \end{pmatrix}$，$B = \begin{pmatrix} -1 & 1 \\ 4 & 3 \end{pmatrix}$，$C = \begin{pmatrix} 5 & 4 \\ 3 & -1 \end{pmatrix}$，求：(1) $A + B$；(2) $A + C$；(3) $2A +$

$3C$；(4) $A+5B$；(5) AB；(6) $(AB)^{\mathrm{T}}C$.

2. 已知矩阵 $A=\begin{pmatrix} 1 & -3 & 2 \\ -3 & 1 & 1 \\ 2 & 1 & 1 \end{pmatrix}$，$X=\begin{pmatrix} 1 \\ 2 \\ 3 \end{pmatrix}$，求 $X^{\mathrm{T}}AX$.

3. 设矩阵 $A=\begin{pmatrix} 1 & 0 & 2 \\ 1 & -2 & 0 \end{pmatrix}$，$B=\begin{pmatrix} 2 & 1 & 2 \\ 0 & 1 & 0 \\ 0 & 0 & 2 \end{pmatrix}$，$C=\begin{pmatrix} -6 & 1 \\ 2 & 2 \\ -4 & 2 \end{pmatrix}$，计算 $BA^{\mathrm{T}}+(C^{\mathrm{T}}B)^{\mathrm{T}}$.

4. 已知 $A=\begin{pmatrix} 1 & 1 \\ 2 & 2 \end{pmatrix}$，求 A^{n}.

四、证明题（本题 12 分）

试证：对任意方阵，都有 $A+A^{\mathrm{T}}$ 是对称矩阵.

姓名_____ 班级学号_____

线性代数初步（练习三）

一、填空题（每小题 4 分，共 20 分）

1. 若 n 阶矩阵 $\boldsymbol{A}, \boldsymbol{B}, \boldsymbol{C}$ 满足 $\boldsymbol{AB}=\boldsymbol{C}$，且 $|\boldsymbol{B}| \neq 0$ 则 $\boldsymbol{A}=$_____．

2. 当 $a \neq$_____时，矩阵 $\boldsymbol{A}=\begin{pmatrix} 1 & 3 \\ -1 & a \end{pmatrix}$ 可逆，则 $\boldsymbol{A}^{-1}=$_____．

3. 设三阶矩阵 $\boldsymbol{A}$，且 $|\boldsymbol{A}|=\dfrac{1}{2}$，则 $|\boldsymbol{A}^{-1}|=$_____．

4. 设三阶矩阵 $\boldsymbol{A}$，若元素 a_{ij} 的代数余子式 $A_{ij}=a_{ij}(i, j=1,2,3)$，则 $\boldsymbol{A}$ 的伴随矩阵

$\boldsymbol{A}^* =$_____．

5. 矩阵 $\begin{bmatrix} 1 & 1 & 1 \\ -1 & -1 & 2 \\ 2 & 2 & 5 \end{bmatrix}$ 的秩为_____．

二、单选题（每小题 4 分，共 20 分）

1. 设 $\boldsymbol{A}, \boldsymbol{B}$ 都是 n 阶可逆矩阵（$n>1$），则下列式子成立的是（　　）．
   A. $|\boldsymbol{AB}|=|\boldsymbol{A}||\boldsymbol{B}|$ 　　　　　　　B. $(\boldsymbol{A}+\boldsymbol{B})^{-1}=\boldsymbol{A}^{-1}+\boldsymbol{B}^{-1}$
   C. $\boldsymbol{AB}=\boldsymbol{BA}$ 　　　　　　　　　　D. $|\boldsymbol{A}+\boldsymbol{B}|^{-1}=|\boldsymbol{A}|^{-1}+|\boldsymbol{B}|^{-1}$

2. 设 $\boldsymbol{A}$ 为 n 阶可逆矩阵，则下式（　　）是正确的．
   A. $[(\boldsymbol{A}^{\mathrm{T}})^{-1}]^{\mathrm{T}}=[(\boldsymbol{A}^{-1})^{\mathrm{T}}]^{-1}$ 　　　B. $(2\boldsymbol{A})^{\mathrm{T}}=2\boldsymbol{A}^{\mathrm{T}}$
   C. $(2\boldsymbol{A})^{-1}=2\boldsymbol{A}^{-1}$ 　　　　　　　D. $(\boldsymbol{A}^{\mathrm{T}})^{-1}=\boldsymbol{A}^{-1}$

3. 设矩阵 $\boldsymbol{A}$ 为 3 阶方阵，$|\boldsymbol{A}|=a \neq 0$，则 $|\boldsymbol{A}^*|=$（　　）．
   A. a 　　　　　　B. a^2 　　　　　　C. a^3 　　　　　　D. a^4

4. 设 $\boldsymbol{A}=\begin{bmatrix} 1 & 2 & 3 \\ 0 & -4 & 5 \\ 0 & 0 & 1 \end{bmatrix}$，$\boldsymbol{B}=\begin{bmatrix} 1 & 0 & -1 \\ 2 & -1 & -2 \\ 2 & 4 & 1 \end{bmatrix}$，则 $|\boldsymbol{AB}|=$（　　）．
   A. 8 　　　　　　B. -10 　　　　　C. 12 　　　　　　D. -14

5. 设 $\boldsymbol{A}, \boldsymbol{B}$ 为 n 阶对称矩阵且 $\boldsymbol{B}$ 可逆，则下列矩阵中为对称矩阵的是（　　）．
   A. $\boldsymbol{AB}^{-1}-\boldsymbol{B}^{-1}\boldsymbol{A}$ 　　　　　　　B. $\boldsymbol{AB}^{-1}+\boldsymbol{B}^{-1}\boldsymbol{A}$
   C. $\boldsymbol{B}^{-1}\boldsymbol{AB}$ 　　　　　　　　　　D. $(\boldsymbol{AB})^2$

三、计算题(每小题 12 分,共 48 分)

1. 设矩阵 $\boldsymbol{B} = \begin{pmatrix} 0 & -3 & 2 \\ -3 & -1 & 1 \\ 1 & 1 & -2 \end{pmatrix}$. (1) 计算 $|\boldsymbol{B}+\boldsymbol{E}|$;(2) 写出矩阵 $\boldsymbol{B}+\boldsymbol{E}$ 的伴随矩阵;

(3) 求 $(\boldsymbol{B}+\boldsymbol{E})^{-1}$.

2. 设 $\boldsymbol{A}^{-1} = \begin{pmatrix} 1 & 3 & -2 \\ -\dfrac{3}{2} & -3 & \dfrac{5}{2} \\ 1 & 1 & -1 \end{pmatrix}$,求 $\boldsymbol{A}^{\mathrm{T}}$,$(\boldsymbol{A}^{*})^{-1}$.

3. 已知矩阵 $\boldsymbol{A} = \begin{pmatrix} 1 & -1 & 0 \\ 0 & 1 & -1 \\ -1 & 0 & 1 \end{pmatrix}$,且矩阵 $\boldsymbol{A}$ 与 $\boldsymbol{B}$ 满足:$\boldsymbol{AB} = \boldsymbol{A}+2\boldsymbol{B}$,求矩阵 $\boldsymbol{B}$.

4. 求矩阵 $A = \begin{pmatrix} 1 & 0 & 1 & 1 & 0 & 1 & 1 \\ 1 & 1 & 0 & 1 & 1 & 0 & 0 \\ 1 & 0 & 1 & 2 & 1 & 0 & 1 \\ 2 & 1 & 1 & 3 & 2 & 0 & 1 \end{pmatrix}$ 的秩.

四、证明题(本题 12 分)

设 A 是 n 阶矩阵,且满足 $A^2 - 2A - 4E = 0$,证明:$A + E$ 为可逆矩阵,并求出 $(A + E)^{-1}$.

姓名＿＿＿＿＿＿＿ 班级学号＿＿＿＿＿＿＿

线性代数初步（练习四）

一、填空题（每小题 4 分，共 20 分）

1. 设 $Ax=0$ 是含有 n 个未知量 m 个方程的线性方程组，且 $n>m$，则 $Ax=0$ 有＿＿＿＿＿＿解.

2. 若线性方程组 $A_{m\times n}X=B$ 有解且有唯一解，则 $r(A)$＿＿＿＿＿ n.

3. 已知方程组 $\begin{cases} 3x_1+x_2-x_3=0, \\ 3x_1+2x_2+3x_3=0, \\ x_2+\lambda x_3=0 \end{cases}$ 有非零解，则 $\lambda=$＿＿＿＿＿＿＿.

4. 设方程 $\begin{bmatrix} a & 1 & 1 \\ 1 & a & 1 \\ 1 & 1 & a \end{bmatrix}\begin{bmatrix} x_1 \\ x_2 \\ x_3 \end{bmatrix}=\begin{bmatrix} 1 \\ 1 \\ -2 \end{bmatrix}$ 有无穷多个解，则 $a=$＿＿＿＿＿＿＿.

5. 设 A,B 为三阶矩阵，其中 $A=\begin{bmatrix} 1 & 1 & 2 \\ -1 & 2 & 1 \\ 0 & 1 & 1 \end{bmatrix}$，$B=\begin{bmatrix} 4 & -1 & 3 \\ 2 & k & 0 \\ 2 & -1 & 1 \end{bmatrix}$，且已知存在三阶方阵 X，使得 $AX=B$，则 $k=$＿＿＿＿＿＿＿.

二、单选题（每小题 4 分，共 20 分）

1. 线性方程组 $\begin{cases} x_1+x_2=1, \\ x_2+x_3=0 \end{cases}$ 解的情况是（　　）.

    A. 有无穷多解　　　　　　　　B. 只有零解

    C. 有唯一非零解　　　　　　　D. 无解

2. 线性方程组 $AX=B$ 有解，则有（　　）.

    A. $r(A)=r(A\vdots B)$　　　　　　　B. $r(A)>r(A\vdots B)$

    C. $r(A)=r(A\vdots B)-1$　　　　　D. $r(A)<r(A\vdots B)$

3. 设 $AX=B$ 是含有 n 个未知量，$m(m\neq n)$ 个方程的非齐次线性方程组，且 $AX=B$ 有解，那么当（　　）时，$AX=B$ 只有唯一解.

    A. $r(A)<m$　　　B. $r(A)=m$　　　C. $r(A)<n$　　　D. $r(A)=n$

4. 若 X_0 是线性方程组 $AX=0$ 的解，X_1 是线性方程组 $AX=B$ 的解，则有（　　）.

    A. X_1-X_0 是 $AX=0$ 的解　　　　B. X_1+X_0 是 $AX=0$ 的解

    C. X_1+X_0 是 $AX=B$ 的解　　　　D. X_0-X_1 是 $AX=0$ 的解

5. 线性方程组 $\begin{cases} x_1+2x_2+3x_3=2, \\ x_1-x_3=6, \\ -3x_2+3x_3=4 \end{cases}$ （　　）.

    A. 有无穷多解　　B. 有唯一解　　　C. 无解　　　　D. 只有零解

三、计算题（每小题 15 分，共 45 分）

1. 设齐次线性方程组 $AX=0$ 的系数矩阵 $A \xrightarrow{\text{初等行变换}} \begin{bmatrix} 1 & 0 & 5 & 8 \\ 0 & 1 & -2 & 5 \\ 0 & 0 & 0 & 0 \end{bmatrix}$，求 $AX=0$ 的通解.

2. 求齐次线性方程组 $\begin{cases} 2x_1+3x_2-x_3-7x_4=0, \\ 3x_1+x_2+2x_3-7x_4=0, \\ 4x_1+x_2-3x_3+6x_4=0, \\ x_1-2x_2+5x_3-5x_4=0 \end{cases}$ 的通解.

3. 设线性方程组 $\begin{cases} x_1+2x_2+3x_3=1, \\ x_1+3x_2+6x_3=2 \\ 2x_1+3x_2+ax_3=b, \end{cases}$，讨论当 a,b 为何值时，方程组无解，有唯一解，有无穷多解并求一般解.

四、证明题（本题 15 分）

设 A 是 n 阶方阵（$n \geqslant 2$），证明：(1) 当 $r(A)=n$ 时，$r(A^*)=n$；(2) 当 $r(A)<n-1$ 时，$r(A^*)=0$.

线性代数初步测试题

一、填空题(每小题 4 分,共 20 分)

1. 设 $|A|$ 为 n 阶行列式,记 $|A|$ 的余子式与代数余子式分别为 M_{ij},A_{ij},则 M_{ij} 与 A_{ij} 满足关系式_____.

2. 当 $k=$_____时,等式 $\begin{vmatrix} 1 & 0 & k \\ 2 & -1 & 0 \\ 0 & 1 & 1 \end{vmatrix} \begin{vmatrix} 1 \\ 0 \\ -1 \end{vmatrix} = \begin{vmatrix} k \\ 2 \\ -1 \end{vmatrix}$ 成立.

3. A 是 3 阶方阵,$|A|=\dfrac{1}{2}$,则 $|(3A)^{-1}-2A^*|=$_____.

4. 矩阵 $A=\begin{bmatrix} 1 & 2 & -1 & 1 \\ 2 & 0 & t & 0 \\ 0 & -4 & 5 & -2 \end{bmatrix}$ 的秩 $R(A)=2$,则 $t=$_____.

5. 设 n 元 n 个方程的线性方程组 $AX=B$,如果 $r(A)=n$,则其相应齐次方程 $AX=0$ 只有_____解.

二、单选题(每小题 4 分,共 20 分)

1. 设 a,b 是方程 $x^2+x-6=0$ 的两个根,则 $D=\begin{vmatrix} a & b & 1 \\ b & a & 1 \\ a+1 & 0 & b \end{vmatrix}=($).

    A. 2   B. 1   C. -1 D. 0

2. 已知四阶行列式 D,其第三列元素分别为 1、3、-2、2,它们对应的余子式分别是 3、-2、1、1,则行列式 $D=($).

    A. -5 B. 5   C. -3 D. 3

3. 设矩阵 A 是 1×4 矩阵,B 是 1×3 矩阵,要使 $A^{\mathrm{T}}B+C$ 有意义,则 C 是(   )矩阵.
    A. 4×3 B. 3×4 C. 1×3 D. 4×1

4. 若线性方程组 $AX=0$ 只有零解,则线性方程组 $AX=B$($B\neq0$)(   ).
    A. 有唯一解   B. 有无穷多解   C. 可能无解   D. 无解

5. 设 A 是 n 阶方阵,若 n 元线性方程组 $AX=0$ 有非零解,则下列(   )不成立.
    A. $r(A)<n$ B. $r(A)=n$ C. $|A|=0$ D. A 不可逆

三、计算题(每小题 8 分,共 48 分)

1. 解关于 λ 的方程 $\begin{vmatrix} \lambda-3 & 4 & -4 \\ -1 & \lambda+1 & 8 \\ 0 & 0 & \lambda+2 \end{vmatrix}=0$.

2. 已知行列式 $D = \begin{vmatrix} 1 & x & x & x \\ x & 1 & 0 & 0 \\ x & 0 & 1 & 0 \\ x & 0 & 0 & 1 \end{vmatrix} = -2$，求 x.

3. 设方程 $\boldsymbol{X}\begin{pmatrix} 2 & 1 \\ 0 & 1 \end{pmatrix} = \begin{pmatrix} 2 & -1 \\ -1 & 1 \end{pmatrix}$，求矩阵 $\boldsymbol{X}$.

4. 已知线性方程组 $\boldsymbol{AX} = \boldsymbol{B}$ 的增广矩阵经初等行变换化为

$$\overline{\boldsymbol{A}} = (\boldsymbol{A} \vdots \boldsymbol{B}) \rightarrow \begin{bmatrix} 1 & 0 & 3 & 0 \\ 0 & 1 & -3 & 1 \\ 0 & 0 & 0 & \lambda - 3 \end{bmatrix}$$

(1) λ 取何值时，方程组 $\boldsymbol{AX} = \boldsymbol{B}$ 有解？(2) 当方程组有解时，求方程组 $\boldsymbol{AX} = \boldsymbol{B}$ 的通解.

5. 解线性方程组 $\begin{cases} x_1 + x_2 + 2x_3 + 3x_4 = 1, \\ x_1 + 2x_2 + 3x_3 - x_4 = -4, \\ 2x_1 + 3x_2 - x_3 - x_4 = -6, \\ 3x_1 - x_2 - x_3 - 2x_4 = -4. \end{cases}$

6. 已知矩阵 $\boldsymbol{A} = \begin{pmatrix} 1 & 1 & 2 & a & 3 \\ 2 & 2 & 3 & 1 & 4 \\ 1 & 0 & 1 & 1 & 5 \\ 2 & 3 & 5 & 5 & 4 \end{pmatrix}$ 的秩是 3,求 a 的值.

四、综合题(本题 12 分)

设 x_1, x_2, x_3 是方程 $x^3 + px + q = 0$ 的三个根,求 $\begin{vmatrix} x_1 & x_2 & x_3 \\ x_3 & x_1 & x_2 \\ x_2 & x_3 & x_1 \end{vmatrix}$.

第十一章 概率论与数理统计初步案例与练习

本章的内容主要是样本及抽样分布、参数估计、假设检验、一元线性回归方程.

样本及抽样分布部分的基本内容:总体与样本,样本函数与统计量,样本矩.抽样分布(χ^2分布,t分布).

参数估计部分的基本内容:矩估计的数字特征法;估计量的评价标准(无偏性与有效性);参数的区间估计概念,置信区间与置信度;单正态总体μ与σ^2的区间估计.

假设检验部分的基本内容:假设检验问题的提出,假设检验的基本思想;两类错误;显著性水平;单正态总体均值的U检验法(已知方差)和t检验法(未知方差),方差的χ^2检验法.

一元线性回归方程部分的基本内容:相关关系的变量之间的分析及回归方程的求解.

为了帮助大家更好地理解、掌握和应用这些内容,我们编写了下面的案例与练习.

案例 11.1[**电脑配置问题**]对某小区进行调查,其结果统计表明有台式电脑的家庭占 80%,有笔记本电脑的家庭占 18%,没有电脑的家庭占 15%,随机到一家去,试求该家庭(1)没有笔记本电脑的概率;(2)有电脑的概率;(3)有台式电脑或无电脑的概率;(4)笔记本电脑和台式电脑都有的概率.

解:设事件 $A=\{$家庭有台式电脑$\}$,$B=\{$家庭有笔记本电脑$\}$,则由已知条件知道
$$P(A)=0.80, P(B)=0.18, P(\overline{A \cup B})=0.15.$$

(1) 没有笔记本电脑,这一事件是事件 B 的逆事件,则
$$P(\overline{B})=1-P(B)=1-0.18=0.82.$$

(2) 有电脑的概率,即要求的包含台式电脑与笔记本电脑,所以
$$P(A \cup B)=1-P(\overline{A \cup B})=1-0.15=0.85.$$

(3) 有台式电脑或无电脑这两个事件是互不相容的,因此根据概率加法定义公式知道
$$P(A \cup \overline{A \cup B})=P(A)+P(\overline{A \cup B})=0.8+0.15=0.95.$$

(4) 笔记本电脑和台式电脑都有,即求的是两事件的积事件,于是
$$P(AB)=P(A)+P(B)-P(A \cup B)=0.8+0.18-0.85=0.13.$$

案例 11.2[**产品生产问题**]某药厂针剂车间灌装一批注射液需要用 4 道工序,已知由于割锯(安瓿割口)时掉入玻璃屑而造成废品的概率为 0.5%;由于安瓿洗涤不洁而造成废品的概率为 0.2%;由于灌装药时污染而造成废品的概率为 0.1%;由于封口不严而造成废品的概率为 0.8%.试求产品合格的概率.

解:从实际意义来看,4 道工序造成废品的原因互不影响,因此,可以认为它们是相互独立的,产品合格要求四道工序全部合格,现设事件 $A=$产品合格,则由已知条件可求得
$$P(A)=(1-0.5\%)(1-0.2\%)(1-0.1\%)(1-0.8\%)=98.4\%.$$

案例 11.3[**高考分数线确定问题**]某高校高考采用标准化计分方法,并认为考生成绩近似服从正态分布 $N(500,100^2)$,如果该省的本科生录取率为 42.5%,问该省本科生录取分

数应该划定在多少分数线上?

解:设录取分数线应该划定在 C 分以上,则 $P(X > C) = 0.425$.

由正态分布转化成标准正态分布计算定理可得

$$P(X > C) = 1 - P(X \leqslant C) = 1 - \Phi\left(\frac{C - \mu}{\sigma}\right) = 0.425.$$

则 $\Phi\left(\frac{C - 500}{100}\right) = 0.575$,所以 $\frac{C - 500}{100} = 0.19$,解得 $C = 519$.

即该省的本科录取线应该在 519 分以上.

案例 11.4[试题选项问题]某选择题有 4 个选项,已知考生知道正确解法的概率为 $\frac{2}{3}$,此时该考生因粗心犯错的概率为 $\frac{1}{4}$;如果该考生不知道正确解法时只能随机乱猜.

(1) 求该考生答对选择题的概率 α;

(2) 已知该考生答对了,求该考生确实知道正确答案的概率 β.

解:事件设 $A = \{$知道正确解法$\}$,事件 $B = \{$答对选择题$\}$.

据题意:$P(A) = \frac{2}{3}$,$P(\overline{B}|A) = \frac{1}{4}$,$P(B|\overline{A}) = \frac{1}{4}$.

(1) $\alpha = P(B) = P[B(A + \overline{A})] = P(B|A)P(A) + P(B|\overline{A})P(\overline{A}) = \left(1 - \frac{1}{4}\right) \times \frac{2}{3} + \frac{1}{4} \times \left(1 - \frac{2}{3}\right) = \frac{7}{12}$.

(2) $\beta = P(A|B) = \dfrac{P(AB)}{P(B)} = \dfrac{P(B|A)P(A)}{P(B)} = \dfrac{\frac{3}{4} \times \frac{2}{3}}{\frac{7}{12}} = \dfrac{6}{7}$.

案例 11.5[顾客等待服务问题]设顾客在银行的窗口等待服务的时间(单位:分)服从 $\lambda = \frac{1}{5}$ 的指数分布,其密度函数为 $f(x) = \begin{cases} \frac{1}{5}e^{-\frac{x}{5}}, & x > 0, \\ 0, & \text{其他}, \end{cases}$ 某顾客在窗口等待服务,若超过 10 分钟,他就离开. (1) 设某顾客某天去银行,求他未等到服务就离开的概率;(2) 设顾客一个月要去银行五次,求他五次中至多有一次未等到服务就离开的概率.

解:(1) 设随机变量 X 表示某顾客在银行的窗口等待服务的时间,依题意 $X \sim E\left(\frac{1}{5}\right)$,且顾客等待时间超过 10 分钟就离开,因此,顾客等到服务就离开的概率为

$$P(X \geqslant 10) = \int_{10}^{+\infty} \frac{1}{5}e^{-\frac{1}{5}x}dx = e^{-2}.$$

(2) 设 Y 表示某顾客五次去银行为等到服务的次数,则 Y 服从 $n = 5$,$p = e^{-2}$ 的二项分布,所求概率为

$$\begin{aligned} P(Y \leqslant 1) &= P(Y = 1) + P(Y = 0) \\ &= C_5^1 (e^{-2})^1 (1 - e^{-2})^4 + C_5^0 (e^{-2})^0 (1 - e^{-2})^5 \\ &= (1 - e^{-2})^4 (1 + 4e^{-2}). \end{aligned}$$

案例 11.6[方程根的求解问题]设 K 在 $(0, 5)$ 上服从均匀分布,求方程 $4x^2 + 4Kx + K +$

$2=0$ 有实根的概率.

解：x 的二次方程 $4x^2+4Kx+K+2=0$ 有实根，即要求其判别式大于等于 0，则

$$\Delta=(4K)^2-4\times4(K+2)\geqslant0.$$

得到 $16(K+1)(K-2)\geqslant0$，即 $K\geqslant2$ 或 $K\leqslant-1$.

所以这一元二次方程有实根的概率为

$$P\{(X\geqslant2)\bigcup(X\leqslant-1)\}=P(X\geqslant2)+P(X\leqslant-1)$$

$$=\int_2^5\frac{1}{5}\mathrm{d}x+\int_{-\infty}^{-1}0\mathrm{d}x=\frac{3}{5}.$$

案例 11.7[电话呼叫次数问题] 一电话交换台每分钟收到的呼叫次数服从参数为 4 的泊松分布，求：(1) 每分钟恰有 8 次呼唤的概率；(2) 每分钟的呼唤次数大于 10 的概率.

解：用 X 表示电话交换台每分钟收到的呼唤次数，则 $X\sim P(4)$，即

$$P(X=k)=\frac{4^k\mathrm{e}^{-4}}{k!},k=0,1,2\cdots$$

(1) $P(X=8)=\dfrac{4^8\mathrm{e}^{-4}}{8!}=0.029\,771.$

(2) $P(X>10)=1-P(X\leqslant10)=1-\displaystyle\sum_{k=0}^{10}\frac{4^8\mathrm{e}^{-4}}{8!}=0.002\,84.$

案例 11.8[轮胎质量问题] 为了比较两家工厂生产的轮胎质量，某汽车运输公司做了这样的试验，让 14 辆车况相同的汽车分别装上这两家工厂生产的牌号为 A,B 的轮胎，并且统计了每辆车在轮胎损坏前所行驶的公里数，见表 11.1.

表 11.1

	A 牌轮胎			B 牌轮胎			
公里数	11 000	12 000	14 000	8 000	10 000	14 000	40 000
车辆数	1	2	4	3	2	1	1
频率	$\frac{1}{7}$	$\frac{2}{7}$	$\frac{4}{7}$	$\frac{3}{7}$	$\frac{2}{7}$	$\frac{1}{7}$	$\frac{1}{7}$

解：从每组轮胎所行驶的平均公里数来看：A 牌轮胎的平均公里数为

$$11\,000\times\frac{1}{7}+12\,000\times\frac{2}{7}+14\,000\times\frac{4}{7}=13\,000（公里），$$

B 牌轮胎的平均公里数为

$$8\,000\times\frac{3}{7}+10\,000\times\frac{2}{7}+14\,000\times\frac{1}{7}+40\,000\times\frac{1}{7}=14\,000（公里），$$

所以汽车运输公司认为 B 牌轮胎质量较好.

案例 11.9[商品收费问题] 一商店对某种家用电器的销售采用先使用后付款的方式，记使用寿命为 X（以年计），规定：$X\leqslant1$，一台付款 1 500 元；$1<X\leqslant2$，一台付款 2 000 元；$2<X\leqslant3$，一台付款 2 500 元；$X>3$，一台付款 3 000 元. 设使用寿命 X 服从指数分布，概率密度为

$$f(x)=\begin{cases}\dfrac{1}{10}\mathrm{e}^{-x/10}, & x>0,\\0, & x\leqslant0.\end{cases}$$

试求该商店一台家用电器收费为 Y 的数学期望.

解: $P\{X \leqslant 1\} = \int_0^1 \frac{1}{10}e^{-x/10}dx = 1 - e^{-0.1} = 0.0952,$

$P\{1 < X \leqslant 2\} = \int_1^2 \frac{1}{10}e^{-x/10}dx = e^{-0.1} - e^{-0.2} = 0.0861,$

$P\{2 < X \leqslant 3\} = \int_2^3 \frac{1}{10}e^{-x/10}dx = e^{-0.2} - e^{-0.3} = 0.0779,$

$P\{X > 3\} = \int_3^{+\infty} \frac{1}{10}e^{-x/10}dx = e^{-0.3} = 0.7408.$

因而一台收费 Y 的分布律为

r	1 500	2 000	2 500	3 000
P	0.095 2	0.086 1	0.077 9	0.074 08

得 $$E(Y) = 2\,732.15,$$

即该商店一台家用电器平均收费为 2 732.15 元.

案例 11. 10[资金投资问题] 某投资人欲用一笔资金对 A、B 两只股票进行投资,据已有资料分析,投资收益与整个股票市场的表现有关. 若把未来市场分为看涨、持平、看跌 3 种趋势,其发生的概率分别为 0.2,0.7,0.1,该投资者判断投资股票 A 的收益 X 万元与投资 B 股票的收益为 Y 万元的分布律分别如下表,则该投资人应买哪只股票比较好?

表 11. 2

X	11	3	-3
P	0.2	0.7	0.1

表 11. 3

Y	6	4	-1
P	0.2	0.7	0.1

解: 先考虑两只股票的平均收益为

$$E(X) = 11 \times 0.2 + 3 \times 0.7 + (-3) \times 0.1 = 4(万元),$$
$$E(Y) = 6 \times 0.2 + 4 \times 0.7 + (-1) \times 0.1 = 3.9(万元).$$

从平均收益来看,投资股票 A 比较好.

若我们再来考虑一下它们的方差,有

$$E(X^2) = 11^2 \times 0.2 + 3^2 \times 0.7 + (-3)^2 \times 0.1 = 31.4,$$
$$D(X) = E(X^2) - E^2(X) = 31.4 - 16 = 15.4;$$
$$E(Y^2) = 6^2 \times 0.2 + 4^2 \times 0.7 + (-1)^2 \times 0.1 = 18.5,$$
$$D(Y) = E(Y^2) - E^2(Y) = 18.5 - 15.21 = 3.29.$$

由于方差越大,收益的波动越大,从而风险越大,可见投资股票 A 的风险比投资股票 B 的风险大,因此,若对收益与风险综合权衡,一个稳健的投资人会更倾向于购买股票 B,虽然所获得的收益会略少于购买股票 A.

案例 11. 11[顾客等待时间问题] 按规定某车站每天 8:00~9:00,9:00~10:00 都恰有一辆客车到站,但到站的时刻是随机的,且两者到站的时间相互独立的,其规律如表 11.4.

表 11. 4

到站时刻	8:10 9:10	8:30 9:30	8:50 9:50
P	1/6	3/6	2/6

（1）一旅客 8：00 到车站，求他候车时间的数学期望；

（2）一旅客 8：20 到车站，求他候车时间的数学期望.

解: 设旅客的候车时间为 X（以分计）.

（1）X 的分布律为

到站时刻	10	30	50
P	1/6	3/6	2/6

则候车的数学期望为

$$E(X)=10\times\frac{1}{6}+30\times\frac{3}{6}+50\times\frac{2}{6}=33.33（分）.$$

（2）X 的分布律为

到站时刻	10	30	50	70	90
P	$\frac{3}{6}$	$\frac{2}{6}$	$\frac{1}{6}\times\frac{1}{6}$	$\frac{1}{6}\times\frac{3}{6}$	$\frac{1}{6}\times\frac{2}{6}$

则候车的数学期望为

$$E(X)=10\times\frac{3}{6}+30\times\frac{2}{6}+50\times\frac{1}{6}\times\frac{1}{6}+70\times\frac{1}{6}\times\frac{3}{6}+90\times\frac{1}{6}\times\frac{2}{6}=27.22（分）.$$

案例 11.12[车辆超载问题] 某一工厂生产的产品成箱包装，每箱的重量是随机的，假设每箱平均重 50 kg，标准差为 4 kg. 若用最大载重量 5 吨的汽车承运，试用中心极限定理说明每车最多可以装多少箱，才能保障不超载的概率大于 0.977 2？（$\Phi(2)=0.977\,2$）

解: 设 X_i 为每箱的重量，每车最多装几箱，则由题意知 $P\{\sum\limits_{i=1}^{n}X_i\leqslant 5\,000\}\geqslant0.977\,2$，即

$$P\left\{\frac{\sum\limits_{i=1}^{n}X_i-50n}{\sqrt{n\times4^2}}\leqslant\frac{5\,000-50n}{4\sqrt{n}}\right\}\geqslant0.977\,2,$$

所以

$$\frac{5\,000-50n}{4\sqrt{n}}\geqslant2，得 n\leqslant98.$$

案例 11.13[植物高度估计问题] 设某种植物高度 X 厘米服从正态分布 $N(\mu,16)$，随机选取 36 棵，其平均高度为 15 厘米，求 μ 的置信度为 95% 的置信区间.

解: 由题意知 $n=36，\overline{X}=15，\sigma=4$.

因为 $P\left\{\overline{X}-1.96\times\frac{\sigma}{\sqrt{n}}<\mu<\overline{X}+1.96\times\frac{\sigma}{\sqrt{n}}\right\}=0.95$，所以

$$\overline{X}-1.96\times\frac{\sigma}{\sqrt{n}}=15-\frac{1.96\times4}{\sqrt{36}}=13.693,$$

$$\overline{X}+1.96\times\frac{\sigma}{\sqrt{n}}=15+\frac{1.96\times4}{\sqrt{36}}=16.307.$$

所以 μ 的置信度为 95% 的置信区间为 $[13.693,16.307]$.

案例 11.14[科学家重大发现年龄问题] 一些著名科学家作出重大发现时的年龄如表

11.5.

表 11.5

哥白尼	40 岁	伽利略	34 岁	牛顿	23 岁	富兰克林	40 岁
拉瓦锡	31 岁	赖尔	33 岁	达尔文	49 岁	麦克斯韦	33 岁
居里	34 岁	普朗克	43 岁	爱因斯坦	26 岁	薛定谔	39 岁

设科学家作出重大发现时的年龄 $X \sim N(\mu, \sigma^2)$，求 μ 的置信水平为 95% 的置信区间.

解：由题意知样本容量 $n=12$，样本均值 $\bar{x}=35.417$，样本标准差 $S=7.2295$.

由 $1-\alpha=0.95$，知 $\alpha=0.05$，$1-\alpha/2=0.975$，则

$$t_{1-\alpha/2}(n-1)\frac{S}{\sqrt{n}}=t_{0.975}(11)\frac{S}{\sqrt{n}}=2.2010\times\frac{7.2295}{\sqrt{12}}=4.593,$$

$$\bar{X}-t_{1-\alpha/2}(n-1)\frac{S}{\sqrt{n}}=35.417-4.593=30.824,$$

$$\bar{X}+t_{1-\alpha/2}(n-1)\frac{S}{\sqrt{n}}=35.417+4.593=40.010.$$

所以 μ 的置信水平为 95% 的置信区间为 $[30.824, 40.010]$.

案例 11.15[某物料中二氧化硅的含量问题]测定某一种样本物料中二氧化硅的质量分部，得到下列数据：28.62%，28.59%，28.51%，28.48%，28.52%，28.63%，求平均值、样本方差和置信区间分别为 90% 和 95% 的平均值的置信区间.

解 $\bar{X}=\dfrac{28.62\%+28.59\%+28.51\%+28.48\%+28.52\%+28.63\%}{6}=28.56\%$，

$$s^2=\frac{(28.62\%-28.56\%)^2+(28.59\%-28.56\%)^2+\cdots+(28.63\%-28.56\%)^2}{5}=0.06\%.$$

(1) 由已知条件知当置信区间为 90% 时，$\alpha=0.10$，所以 $t_{\frac{\alpha}{2}}(n-1)=t_{0.05}(5)=2.015$，则

$$\bar{X}-t_{\frac{\alpha}{2}}(n-1)\frac{s}{\sqrt{n}}=28.56\%-2.015\times\frac{0.06\%}{\sqrt{6}}=28.51\%,$$

$$\bar{X}-t_{\frac{\alpha}{2}}(n-1)\frac{s}{\sqrt{n}}=28.56\%+2.015\times\frac{0.06\%}{\sqrt{6}}=28.61\%.$$

所以 $\mu\in[28.51\%, 28.61\%]$.

(2) 由已知条件知当置信区间为 95% 时，$\alpha=0.05$，所以 $t_{\frac{\alpha}{2}}(n-1)=t_{0.025}(5)=2.571$，则

$$\bar{X}-t_{\frac{\alpha}{2}}(n-1)\frac{s}{\sqrt{n}}=28.56\%-2.571\times\frac{0.06\%}{\sqrt{6}}=28.49\%,$$

$$\bar{X}-t_{\frac{\alpha}{2}}(n-1)\frac{s}{\sqrt{n}}=28.56\%+2.571\times\frac{0.06\%}{\sqrt{6}}=28.63\%.$$

所以 $\mu\in[28.49\%, 28.63\%]$.

案例 11.16[药品溶解问题]从同一批号的阿司匹林中随机抽取 10 片，测定其溶解 50% 所需时间结果如下：5.3，3.6，5.1，6.6，4.9，6.5，5.2，3.7，5.4，5.0，求总体方差的 90% 置信区间.

解：由样本值算得 $s^2=\dfrac{1}{10-1}\sum_{i=1}^{19}(x_i-\bar{X})^2=0.956$.

由 $1-\alpha=0.9$,自由度 $f=n-1=9$,查表得

$$\chi^2_{\frac{\alpha}{2}}(n-1)=\chi^2_{0.05}(9)=16.919,\ \chi^2_{1-\frac{\alpha}{2}}(n-1)=\chi^2_{0.95}(9)=3.325.$$

于是

$$\frac{(n-1)s^2}{\chi^2_{\frac{\alpha}{2}}(n-1)}=\frac{9\times0.956}{16.919}=0.509,$$

$$\frac{(n-1)s^2}{\chi^2_{1-\frac{\alpha}{2}}(n-1)}=\frac{9\times0.956}{3.325}=2.588.$$

所以总体方差的 90% 置信区间为 $(0.509,2.588)$ 分钟.

案例 11.17[产品承重问题] 某厂生产一种轴承,在正常情况下强度检验显示其承受的压强服从 $N(8\,000,400^2)$ 分布(单位为 kPa). 显然,压强过低,产品不合格,通不过检验;压强过高,成本又会增加. 因此,生产过程中管理人员就要经常进行抽样检验,以判断生产是否正常. 现抽取样品 100 件,测得这 100 件样品的均值为 7 900 kPa. 问在显著性水平 $\alpha=0.05$ 时,生产是否正常?

解: 这里所关心的是总体均值 μ 是否等于 8 000 kPa,因此为双侧检验问题. 根据题意可假设 $H_0:\mu=8\,000,H_1:\mu\neq8\,000$.

已知 $\overline{X}=7\,900,\mu_0=8\,000,\sigma=400,n=100$,计算统计量得

$$U=\frac{\overline{X}-\mu_0}{\sigma/\sqrt{n}}=\frac{7\,900-8\,000}{400/\sqrt{100}}=-2.5.$$

对于 $\alpha=0.05$,查表得 $u_{\frac{\alpha}{2}}=u_{0.025}=1.96$,比较 $|u|$ 与 $u_{\frac{\alpha}{2}}$ 的大小,则 $|u|=2.5>u_{\frac{\alpha}{2}}$. 故拒绝原假设,认为生产不正常.

案例 11.18[药品副作用问题] 某种内服药有使病人血压升高的副作用. 已知旧药使血压的升高幅度服从均值为 22 的正态分布. 现研制出一种新药,并测量了 10 名服用新药病人的血压,记录血压升高的幅度如下:18,24,23,15,18,15,17,21,16,15.

问这组数据能否支持"新药的副作用小"这一结论?($\alpha=0.05$)

解: 根据题意,我们希望新药的副作用会减小,因此可假设 $H_0:\mu=22,H_1:\mu<22$.

由已知 $n=10,\overline{X}=18.2,s=3.36$,计算统计量得

$$T=\frac{\overline{X}-\mu_0}{s/\sqrt{n}}=\frac{18.2-22}{3.36/\sqrt{10}}=-3.576.$$

对于 $\alpha=0.05$,查表得临界值 $-t_\alpha(n-1)=-t_{0.05}(9)=-1.833$,则 $|T|>t_\alpha(n-1)$. 故拒绝原假设 H_0,即可以认为新药的副作用小.

案例 11.19[产品生产过程问题] 某公司生产工业用轴承,规定其标准内径为 10 cm,标准差不超过 0.3 cm,为此管理人员需经常检查其生产过程是否正常,即产品质量是否符合要求. 今在生产过程中随机抽取了 20 件产品,测得其平均直径为 10.05 cm,标准差为 0.2 cm. 问在 0.05 显著性水平下,能否判断该生产过程是正常的?(轴承内径服从正态分布)

解: 根据题意,生产过程正常时,其标准差应不超过 0.3 cm,平均直径应与 10 cm 没有显著差异,因此该检验问题实际上既需要检验方差,又需要检验均值.

首先,检验总体方差. 由题意,可作假设 $H_0:\sigma=0.3,H_1:\sigma<0.3$.

已知 $n=20,s=0.2$,计算统计量得

$$\chi^2=\frac{(n-1)s^2}{\sigma_0^2}=\frac{19\times0.2^2}{0.3^2}=8.44.$$

对 $\alpha=0.05$，自由度 $f=n-1=19$，查表得 $\chi^2_{1-\alpha}=\chi^2_{0.95}=10.12$，则 $\chi^2<\chi^2_{1-\alpha}$.

故拒绝 H_0，即标准差不超过 0.3 cm.

其次，检验总体均数. 由于轴承内径既不能太大，又不能太小，所以可假设 $H_0:\mu=10$，$H_1:\mu\neq10$，

已知 $\overline{X}=10.05$，$\mu_0=10$，计算统计量得

$$t=\frac{\overline{X}-\mu_0}{s/\sqrt{n}}=\frac{10.05-10}{0.2/\sqrt{20}}=1.118.$$

对 $\alpha=0.05$，自由度 $f=19$，查表得 $t_{\frac{\alpha}{2}}=t_{0.025}=2.093$，则 $|t|<t_\alpha$.

故接受 H_0，即其平均内径与 10 cm 没有显著差异.

综合以上结果，可以得出结论：生产过程是正常的.

案例 11.20[含铁保证值问题] 已知某含铁标准物质的保证值为 1.06%，对其进行 10 次测定，平均值为 1.054%，标准偏差为 0.009%，检验测定结果与保证值之间有无显著性差异.（取 $\alpha=0.05$）

解：作假设 $H_0:\mu_0=1.06\%$，$H_1:\mu_0\neq1.06\%$.

由已知条件知 $\mu=1.06\%$，$\overline{X}=1.054\%$，$s=0.009\%$，$n=10$，计算统计量得

$$T=\left|\frac{\overline{X}-\mu}{\frac{s}{\sqrt{n}}}\right|=\left|\frac{1.054\%-1.06\%}{0.009\%}\right|\times\sqrt{10}=2.11.$$

查表得：$t_{\frac{\alpha}{2}}(n-1)=t_{0.025}(9)=2.262$，则 $t<t_{\frac{\alpha}{2}}$.

故接受 H_0，即测定结果与保证值无显著性差异.

案例 11.21[比色法测酚问题] 用比色法测酚得到下列数据（见表 11.6），试求对吸光度 A 和酚浓度的回归直线方程.

表 11.6

项目	1	2	3	4	5	6
酚浓度（mg/L）	0.005	0.010	0.020	0.030	0.040	0.050
吸光度 A	0.020	0.046	0.100	0.120	0.140	0.180

解：设酚的浓度为 x，吸光度为 y，则由已知条件知

$\overline{x}=0.0258$，$\overline{y}=0.101$，$\sum\limits_{i=1}^{6}x_i=0.155$，$\sum\limits_{i=1}^{6}y_i=0.606$，$\sum\limits_{i=1}^{6}x_iy_i=0.0208$，$\sum\limits_{i=1}^{6}x_i^2=0.00552$.

根据公式得到 $\hat{a}=\dfrac{n\sum x_iy_i-\sum x_i\sum y_i}{n\sum x_i^2-(\sum x_i)^2}=\dfrac{6\times0.0208-0.155\times0.606}{6\times0.00552-0.155^2}=3.4$，$b=0.101-3.4\times0.0258=0.013$.

则回归方程为

$$\hat{y}=3.4x+0.013.$$

姓名＿＿＿＿＿＿＿＿　班级学号＿＿＿＿＿＿＿＿

概率论与数理统计初步（练习一）

一、填空题（每小题 4 分,共 20 分）

1. 有甲、乙、丙 3 人,每个人都等可能地分配到 4 个房间中的任一间,则 3 个人在同一房间的概率是＿＿＿＿＿＿＿＿＿＿,3 个人分配在不同房间的概率是＿＿＿＿＿＿＿＿＿.

2. 甲、乙两射手独立地射击同一目标,命中率分别为 0.7 和 0.8,则至少一人击中目标的概率 $p=$ ＿＿＿＿＿＿＿＿.

3. 已知 $P(A)=0.3$, $P(B)=0.5$,则当事件 A, B 互不相容时,$P(A \cup B)=$ ＿＿＿＿＿＿＿＿＿,$P(A\overline{B})=$ ＿＿＿＿＿＿＿＿.

4. A, B 为两个事件,且 $B \subset A$,则 $P(A \cup B)=$ ＿＿＿＿＿＿＿＿.

5. 设 $P(A)=0.4$, $P(B)=0.3$, $P(A \cup B)=0.6$,则 $P(A\overline{B})=$ ＿＿＿＿＿＿＿＿.

二、单选题（每小题 4 分,共 20 分）

1. 盒中有 10 个球,其中红球 7 个,白球 3 个,现无放回地抽取,每次取一个,连续取两次,则两个都是红球的概率是（　　）.

　　A. $\dfrac{7}{10} \times \dfrac{7}{10}$ 　　　　　　　　　　B. $\dfrac{7}{10} \times \dfrac{6}{9}$

　　C. $\dfrac{7}{10} \times \dfrac{7}{9}$ 　　　　　　　　　　D. $\dfrac{7}{10} \times \dfrac{6}{10}$

2. 如果（　　）成立,则事件 A 与 B 是互为对立事件.

　　A. $AB=\varnothing$ 　　　　　　　　　　B. $AB=U$

　　C. $AB=\varnothing$ 且 $A \cup B=U$ 　　　　D. A 与 $\overline{B}$ 互为对立事件

3. 10 张奖券中含有 3 张中奖的奖券,每人购买 1 张,则前 3 个购买者中恰有 1 人中奖的概率为（　　）.

　　A. $C_{10}^3 \times 0.7^2 \times 0.3$ 　　　　　　B. 0.3

　　C. $0.7^2 \times 0.3$ 　　　　　　　　　　D. $3 \times 0.7^2 \times 0.3$

4. 设 $P(A)=0.8$, $P(B)=0.7$, $P(A/B)=0.8$,则下列结论正确的是（　　）.

　　A. 事件 A 与 B 相互独立

　　B. 事件 A 与 B 互斥

　　C. $B \supset A$

　　D. $P(B \cup A)=P(B)+P(A)P(B|A)=P(B)$

5. 若事件 A, B 互斥,则下列正确的是（　　）.

　　A. A 与 B 是对立事件 　　　　　　B. $P(AB)=P(A)P(B)$

　　C. $P(A \cup B)=P(A)+P(B)$ 　　　　D. $P(B|A)=P(B)$

三、计算题(每小题 10 分,共 60 分)

1. 设 A,B,C 为三个事件,试用 A,B,C 的运算分别表示下列事件:
(1) A,B,C 中至少有一个发生;   (2) A,B,C 中只有一个发生;

(3) A,B,C 中至多有一个发生;   (4) A,B,C 中至少有两个发生;

(5) A,B,C 中不多于两个发生;   (6) A,B,C 中只有 C 发生.

2. 袋中有 3 个红球,2 个白球,现从中随机抽取 2 个球,求下列事件的概率:(1) 2 球恰好同色;(2) 2 球中至少有 1 个红球.

3. 设 A,B 为两事件,已知 $P(A)=\dfrac{1}{2}$,$P(B)=\dfrac{1}{3}$,$P(B|A)=\dfrac{1}{2}$,求 $P(AB)$,$P(A\cup B)$,$P(A|B)$.

4. 某篮球运动员一次投篮投中篮筐的概率为 0.9,该运动员投篮 5 次,求至少 2 次投中篮筐的概率.

5. 有 20 套英语试题,其中 7 套在考试中已经用过,现从这 20 套试题中随机地连续取两次,每次取一套,共取两套试题.问:在第一次抽取的是不曾用过的试题情况下,第二次抽取的也是未曾用过的试题的概率是多少?

6. 某工厂生产某种产品,甲车间的产量占总产量的 60%,乙车间的产量占总产量的 40%,且甲车间的正品率为 90%,乙车间的正品率为 95%,求任取一件产品是正品的概率.

概率论与数理统计初步（练习二）

一、填空题（每小题 4 分，共 20 分）

1. 某随机变量的可能取值分别为 1、2、3、4，其概率密度函数是 $\frac{1}{2}$，$\frac{1}{4}$，$\frac{1}{8}$，k，则 k = _____.

2. 设随机变量 X 的密度函数为 $f(x) = \begin{cases} 3x^2, & 0 \leqslant x \leqslant 1, \\ 0, & \text{其他}, \end{cases}$ 则 $P\left(X < \frac{1}{2}\right)$ = _____.

3. 设随机变量 X 服从正态分布 $N(\mu, \sigma^2)$，令 $U =$ _____，可使 U 服从 $N(0,1)$ 的正态分布.

4. 设连续型随机变量 X 的分布函数为 $F(x) = \begin{cases} A + Be^{-\lambda x}, & x > 0 \\ 0, & x \leqslant 0 \end{cases}$ $(\lambda > 0)$，则 $A =$ _____，$B =$ _____.

5. 设连续型随机变量 X 的概率密度为 $f(x) = \begin{cases} x, & 0 \leqslant x < 1, \\ 2-x, & 1 \leqslant x < 2, \\ 0, & \text{其他}, \end{cases}$ 则 $P(X \leqslant 1.5)$ = _____.

二、单选题（每小题 4 分，共 20 分）

1. 设随机变量 X 的概率密度函数为 $f(x) = \begin{cases} \dfrac{C}{2}, & 1 \leqslant x \leqslant 3; \\ 0, & \text{其他}, \end{cases}$ 则 $C = ($).

   A. 1   B. 0   C. 2   D. $\dfrac{1}{2}$

2. 设离散型随机变量 X 的分布律为 $P(X=k) = b\lambda^k$，$(k=1,2\cdots)$，且 $b > 0$，则（ ）.

   A. $\lambda > 0$ 的任意实数   B. $\lambda = \dfrac{1}{b+1}$

   C. $\lambda = b + 1$ D. $\lambda = \dfrac{1}{b-1}$

3. 在下列函数中可以作为密度函数的是（ ）.

   A. $f(x) = \begin{cases} \sin x, & -\dfrac{\pi}{2} < x < \dfrac{3\pi}{2} \\ 0, & \text{其他} \end{cases}$ B. $f(x) = \begin{cases} \sin x, & 0 < x < \dfrac{\pi}{2} \\ 0, & \text{其他} \end{cases}$

   C. $f(x) = \begin{cases} \sin x, & 0 < x < \dfrac{3\pi}{2} \\ 0, & \text{其他} \end{cases}$ D. $f(x) = \begin{cases} \sin x, & 0 < x < \pi \\ 0, & \text{其他} \end{cases}$

4. 设连续型随机变量 X 的密度函数为 $f(x)$，分布函数为 $F(x)$，则对任意的区间

(a,b),则 $P(a<X<b)=($ $)$.

A. $F(a)-F(b)$ B. $\int_a^b F(x)\mathrm{d}x$ C. $f(a)-f(b)$ D. $\int_a^b f(x)\mathrm{d}x$

5. 设 $X\sim N(0,1)$,$\Phi(x)=\dfrac{1}{\sqrt{2\pi}}\int_{-\infty}^x \mathrm{e}^{-\frac{t^2}{2}}\mathrm{d}t(x\geqslant 0)$,则下列不成立的是(   ).

A. $\Phi(x)=1-\Phi(-x)$ B. $\Phi(0)=0.5$

C. $\Phi(x)=\Phi(-x)$ D. $P(|x|<a)=2\Phi(a)-1$

三、计算题(每小题 10 分,共 60 分)

1. 设随机变量 X 的概率分布为 $\begin{bmatrix} 0 & 1 & 2 & 3 & 4 & 5 & 6 \\ 0.1 & 0.15 & 0.2 & 0.3 & 0.12 & 0.1 & 0.03 \end{bmatrix}$,试求 $P(X\leqslant 4)$,$P(2\leqslant X\leqslant 5)$,$P(X\neq 3)$.

2. 设随机变量 X 具有概率密度 $f(x)=\begin{cases} 2x, & 0\leqslant x\leqslant 1, \\ 0, & \text{其他}, \end{cases}$ 试求 $P\left(X\leqslant \dfrac{1}{2}\right)$,$P\left(\dfrac{1}{4}<X<2\right)$.

3. 从数字 $1,2,3,4$ 中任取 2 个数,用随机变量 X 表示其中较大数,试求 X 的分布.

4. 设随机变量 $X \sim N(4, 2^2)$，试求：(1) $P(2 < X < 4)$；(2) $P(|X-4| \geqslant 4)$.
($\Phi(1) = 0.841\ 3$, $\Phi(2) = 0.977\ 2$)

5. 设随机变量的 X 的概率密度为 $f(x) = Ae^{-|x|}$，求：(1) 常数 A；(2) X 落在区间 $(0,1)$ 内的概率.

6. 经调查知某种植物高度 X 服从正态分布 $N(3, \sigma^2)$，其中 95% 的高度在 2.02 m 与 3.98 m 之间，求 σ^2（$\Phi(1.96) = 0.975$）.

概率论与数理统计初步（练习三）

一、填空题（每小题 4 分，共 20 分）

1. 设连续型随机变量 X 在区间 $[3,5]$ 上服从均匀分布，则 $D(X)=$ _____.

2. 设随机变量 X 的数学期望 $E(X)=4$，方差 $D(X)=20$，则 $E(X^2)=$ _____.

3. 设随机变量 X,Y 的数学期望分别为 $E(X)=3$，$E(Y)=5$，则 $E(2X+3Y)$ = _____.

4. 设连续型随机变量的密度函数为 $f(x)=\begin{cases} ax+b, & 0<x<1, \\ 0, & \text{其他,} \end{cases}$ 且 $E(X)=\dfrac{1}{3}$，则 $a=$ _____，$b=$ _____.

5. 设随机变量 X 的分布函数为 $F(x)=\begin{cases} 1-\dfrac{A}{x^2}, & x\geq 1, \\ 0, & x<1, \end{cases}$ 则 $E(X)=$ _____.

二、单选题（每小题 4 分，共 20 分）

1. 设 X 为随机变量，a 和 c 为常数，则 $D(aX-c)=$（　　）.

    A. $aD(X)-c$ B. $aD(X)+c$ C. $aD(X)$ D. $a^2D(X)$

2. 设 $X\sim B(n,p)$，且 $E(X)=3$，$D(X)=2.1$，则 $B(n,p)$ 中的参数 n,p 分别等于（　　）.

    A. $30,0.1$ B. $7,0.1$

    C. $10,0.3$ D. $10,0.7$

3. 设 X 为随机变量，$E(X)=\mu$，$D(X)=\sigma^2$，当（　　）时，有 $E(Y)=0$，$D(Y)=1$.

    A. $Y=\sigma X+\mu$ B. $Y=\sigma X-\mu$

    C. $Y=\dfrac{X-\mu}{\sigma}$ D. $Y=\dfrac{X-\mu}{\sigma^2}$

4. 设离散型随机变量 X 的可能取值为 $x_1=1$，$x_2=2$，$x_3=3$，且 $E(X)=2.3$，$E(X^2)=5.9$，则 x_1,x_2,x_3 所对应的概率为（　　）.

    A. $p_1=0.1,p_2=0.2,p_3=0.7$ B. $p_1=0.2,p_2=0.3,p_3=0.5$

    C. $p_1=0.3,p_2=0.5,p_3=0.2$ D. $p_1=0.2,p_2=0.5,p_3=0.3$

5. X_1,X_2,X_3 都服从 $[0,2]$ 上的均匀分布，则 $E(3X_1-X_2+2X_3)=$（　　）.

    A. 1   B. 3   C. 4   D. 2

三、计算题（每小题 10 分，共 50 分）

1. 设离散型随机变量的 X 分布列为

X	-1	0	2	3
P	0.125	0.25	0.375	0.25

求：(1) $E(X)$；(2) $E(X^2)$，$D(X)$；(3) $E(-2X+1)$.

2. 设随机变量 X 的密度函数为 $f(x) = \begin{cases} kx, & 0 < x < 2, \\ 0, & \text{其他,} \end{cases}$ 求：(1) k 值；(2) $E(X)$，$D(X)$.

3. 已知连续型随机变量 X 的分布函数为 $F(x) = \begin{cases} 0, & x < 0, \\ x^2, & 0 \leqslant x < 1, \\ 1, & x \geqslant 1, \end{cases}$ 求：(1) X 的密度函数；(2) $P(0.5 < X \leqslant 0.75)$；(3) $E(X)$.

4. 设 X 为离散型随机变量，且 $P(X=a) = \dfrac{3}{5}$，$P(X=b) = \dfrac{2}{5}$，$a < b$. 若 $E(X) = \dfrac{7}{5}$，$D(X) = \dfrac{6}{25}$，求 a, b.

5. 设 $X_1, X_2, \cdots, X_n$ 是独立同分布的随机变量,已知 $E(X_i)=\mu, D(X_i)=\sigma^2 (i=1, 2,\cdots,n)$,设 $\overline{X}=\dfrac{1}{n} \sum\limits_{i=1}^{n} X_i$,求 $E(\overline{X}), D(\overline{X})$.

四、应用题(本题 10 分)

某人有 10 万元现金,想投资于某项目,预估成功的机会为 30%,可得利润 8 万元,失败的机会为 70%,将损失 2 万元.若存入银行,同期间的利率为 5%,问是否作此项投资?

概率论与数理统计初步（练习四）

一、填空题（每小题 4 分，共 20 分）

1. 比较估计量好坏的两个重要标准是_____，_____．

2. 设总体的未知参数 θ 的无偏估计为 $\hat{\theta}$，则 $E(\hat{\theta})=$_____．

3. 若 $X_1, X_2, \cdots, X_n$ 是取自正态总体 $N(\mu, \sigma^2)$ 的一个样本，则 $\overline{X}=\dfrac{1}{n}\sum\limits_{i=1}^{n}X_i$ 服从_____．

4. 设 $\hat{\theta}_1, \hat{\theta}_2$ 都是某总体参数 θ 的无偏估计，且 $D(\hat{\theta}_1)=1, D(\hat{\theta}_2)=4$，在评价估计量的准则中，称 $\hat{\theta}_1$ 比 $\hat{\theta}_2$_____．

5. 已知一元线性回归直线方程 $\hat{y}=\hat{a}+4x$，且 $\overline{x}=3, \overline{y}=6$，则 $\hat{a}=$_____．

二、单选题（每小题 4 分，共 20 分）

1. 设 $X_1, X_2, \cdots, X_n$ 为来自总体 $N(\mu, \sigma^2)$ 的样本，μ 为已知，σ^2 未知，则下列能构成统计量的是（　　）．

 A. $\dfrac{1}{n}\sum\limits_{i=1}^{n}(X_i-\mu)^2$　　　　　　B. $\dfrac{1}{\sigma^2}\sum\limits_{i=1}^{n}(X_i-\overline{X})^2$

 C. $\dfrac{\overline{X}-\mu}{\sigma/\sqrt{n}}$　　　　　　　　　　D. $\dfrac{\overline{X}-\mu}{\sigma}$

2. 设 X 服从正态分布，$E(X)=-1, E(X^2)=4$，取样本 $X_1, X_2, \cdots, X_n$，则均值 $\overline{X}\sim$（　　）．

 A. $N\left(-\dfrac{1}{n}, \dfrac{1}{n}\right)$　　　　　　B. $N\left(-1, \dfrac{3}{n}\right)$

 C. $N\left(-\dfrac{1}{n}, 4\right)$　　　　　　D. $N\left(-1, \dfrac{4}{4}\right)$

3. 设 X_1, X_2 为来自总体 X 的简单随机样本，则总体均值 μ 的一个无偏估计量是（　　）．

 A. $X_1+\dfrac{1}{2}X_2$　　B. X_1+2X_2　　C. $\dfrac{1}{3}X_1+\dfrac{2}{3}X_2$　　D. $\dfrac{1}{2}X_1+\dfrac{1}{3}X_2$

4. 对于给定的正态总体 $N(\mu, \sigma^2)$（σ^2 未知）的一个样本 $(X_1, X_2, \cdots, X_n)$，则期望 μ 的置信区间选用的统计量服从（　　）．

 A. t 分布　　　　B. χ^2 分布　　　　C. U 分布　　　　D. F 分布

5. 设 $X_1, X_2, \cdots, X_n$ 为来自总体 $N(\mu, \sigma^2)$ 的样本，σ^2 未知，$\overline{X}$ 与 S 分别为样本均值的标准差，则检验假设 $H_0: \mu=\mu_0$，应取统计量为（　　）．

 A. $\dfrac{(n-1)S^2}{\sigma^2}$　　B. $\dfrac{nS^2}{\sigma^2}$　　C. $\dfrac{\overline{X}-\mu_0}{S/\sqrt{n}}$　　D. $\dfrac{\overline{X}-\mu_0}{\sigma/\sqrt{n}}$

三、计算题(每小题 10 分,共 60 分)

1. 设从某总体抽出容量为 5 的样本:8,9,10,11,12,试计算该总体的样本均值 $\overline{X}$ 与样本方差 S^2.

2. 设总体 $X \sim N(52, 6.3^2)$,样本容量 $n = 36$,求样本均值落在 50.8 到 53.8 之间的概率.

3. 设总体 X 服从均匀分布 $f(x) = \begin{cases} \dfrac{1}{b}, & 0 < x < b, \\ 0, & \text{其他}, \end{cases}$ 若 1.3,0.6,1.7,2.2,0.3,1.1 是总体的 X 一组样本值,试估计这个总体的数学期望、方差以及参数 b.

4. 从某校初中学生中抽取 16 名进行一项心理测试,测试的平均成绩为 $\overline{X}=85$ 分,标准差 $S=4$,若测试成绩的总体 X 服从正态分布 $N(\mu,\sigma^2)$,试给出总体均值 μ 的置信水平为 0.95 的置信区间.($t_{0.025}(15)=2.1314$)

5. 某镇为调查每户职工的月收入情况,现抽查了 225 户职工的月收入,已知月均收入为 $\overline{x}=1500$ 元/户,标准差为 $\sigma=200$,若每户的月收入 X 服从正态分布,试求每户职工月均收入的 90% 的置信区间($\Phi(1.645)=0.95$).

6. 正常人的脉搏平均为 72 次/分. 医院量测了 9 例某种职业病人的脉搏,得样本均值 67.4 次/分,如果这种职业病人的脉搏服从正态分布 $N(\mu,25)$,问在显著性水平 $\alpha=0.05$ 下,这种职业病人的脉搏和正常人的脉搏有无差异?($U_{0.975}=1.96$)

概率论与数理统计初步测试题

一、填空题(每小题 4 分,共 20 分)

1. 若 A、B 是两个互不相容的事件,且 $P(A)=p$,$P(B)=q$,则 $P(B|A)=$
_____,若事件 A,B 相互独立,则 $P(B|A)=$_____.

2. 设 $P(A)=0.6$,$P(A\cup B)=0.84$,$P(B|A)=0.6$,则 $P(B)=$_____.

3. 设离散型随机变量 X 的分布列为

X	1	2	3
p	c	c	c

则 $c=$_____.

4. 设随机变量 $X\sim B(n,p)$,且 $E(X)=4.8$,$D(X)=0.96$,则参数 $n=$_____,$p=$_____.

5. 若 $X\sim U(0,1)$,则 $D(X)=$_____.

二、单选题(每小题 4 分,共 20 分)

1. 若事件 A,B 相互独立,且 $P(A)=0.4$,$P(B)=0.5$,则 $P(A\cup B)=$(　　).
A. 0.9　　　　　B. 0.2　　　　　C. 0　　　　　D. 0.7

2. 某随机试验每次试验的成功率为 $p(0<p<1)$,则在 3 次重复试验中至少失败 1 次的概率为(　　).
A. $(1-p)^3$　　　　　　　　　B. $1-p^3$
C. $3(1-p)$　　　　　　　　　D. $(1-p)^3+p(1-p)^2+p^2(1-p)$

3. 设 A,B 为两事件,且 $P(A)$,$P(B)$ 均大于 0,则下列公式错误的是(　　).
A. $P(A\cup B)=P(A)+P(B)-P(AB)$
B. $P(AB)=P(A)P(B)$
C. $P(A|B)=\dfrac{P(AB)}{P(B)}$
D. $P(\overline{A})=1-P(A)$

4. 设 $X\sim N(-3,2)$,则下列结果中服从 $N(0,1)$ 分布的是(　　).
A. $\dfrac{X+3}{2}$　　　　　　　B. $\dfrac{X+3}{\sqrt{2}}$
C. $\dfrac{X-3}{\sqrt{2}}$　　　　　　　D. $\dfrac{X-3}{2}$

5. 设 $X_1,X_2,\cdots,X_n$ 为来自总体 $N(\mu,\sigma^2)$ 的样本,μ 为未知参数,则下列能构成统计量的是(　　).
A. $\dfrac{1}{n}\sum_{i=1}^{n}X_i^2$　　　　　　　B. $\sum_{i=1}^{n}(X_i-\mu)^2$
C. $\overline{X}-\mu$　　　　　　　D. $\dfrac{1}{n}\sum_{i=1}^{n}(X_i-\mu)$

三、计算题(每小题 7 分,共 49 分)

1. 在 4 次独立试验中,事件 A 至少出现 1 次的概率是 0.590 4,问在 1 次试验中 A 出现失误概率是多少?

2. 设 $X \sim N(3,4)$,试求 (1) $P(X>3)$;(2) $P(|X|>2)$;(3) 若 $P(X>c)=P(X \leqslant c)$,则 c 为何值?

3. 设 X 的分布密度函数为 $f(x)=\begin{cases} Ax^2, 0 \leqslant x \leqslant 1, \\ 0, \quad 其他, \end{cases}$ 求:(1) A;(2) $E(X)$;(3) $D(X)$.

4. 设对总体 X 得到一个容量为 10 的样本值:

$$4.5, 2.0, 1.0, 1.5, 3.5, 4.5, 6.5, 5.0, 3.5, 4.0$$

试分别计算样本均值 $\bar{x}$ 和样本方差 s^2.

5. 某工厂生产某种型号的滚珠,其直径 $X \sim N(\mu, 0.04)$,今从产品中随机的抽取 9 只,测得直径(单位:mm)如下:

15.1, 15, 14.6, 14.7, 14.2, 15, 14.4, 14.7, 14.7

求滚珠的平均直径 μ 的 95% 的置信区间.

6. 设包装箱内装有同一种产品,箱重(单位:kg)服从正态分布 $N(\mu,30^2)$,从中随机抽取 9 箱,测得平均质量为 780 kg,能否据此认为这批包装箱的质量为 800 kg?($\alpha=0.05$, $u_{0.975}=1.96$)

7. 已知某厂生产的超高压导线的拉断力服从正态分布,其均值为 215 000 N,今有一批这种导线,从中取 5 根做实验,得其拉断力为 236 000 N,225 000 N,20 000 N,217 000 N,209 000 N,试问这批导线的拉断力是否小于正常值?($\alpha=0.05$)

四、应用题(本题 11 分)

一商店对某种家用电器的销售采用先使用后付款的方式,记使用寿命为 X(以年计),规定 $X\leqslant1$,一台付款 1 500 元;$1<X\leqslant2$,一台付款 2 000 元;$2<X\leqslant3$,一台付款 2 500 元;$X>3$,一台付款 3 000 元,设使用寿命 X 服从指数分布,概率密度为

$$f(x)=\begin{cases}\dfrac{1}{10}e^{-x/10}, & x>0,\\ 0, & x\leqslant0.\end{cases}$$

试求该商店一台家用电器收费为 Y 的数学期望.

第十二章　图论初步案例与练习

> 本章的内容主要是图的基本概念,路径、回路与连通性,图的矩阵表示.
>
> 图的基本概念部分的基本内容:图的概念,图的同构,补图与子图.
>
> 路径、回路与连通性部分的基本内容:路径与回路的概念,连通图,欧拉图,最短路径.
>
> 图的矩阵表示部分的基本内容:邻接矩阵,关联矩阵,可达性矩阵.
>
> 为了帮助大家更好地理解、掌握和应用这些内容,我们编写了下面的案例与练习.

案例 12.1[欧拉(Euler)回路问题]哥尼斯堡是东普鲁士的一座城市,第二次世界大战后划归苏联,也就是现在的加里宁格勒. Pregel 河流经此城市,河中有两个孤岛,两岸与两岛之间有七座桥相连,如图 12.1 所示. 当时那里的居民热衷于这样一个问题:从一个点出发,能否通过每座桥一次且仅一次,最后回到原来的出发点?

这个问题的提出虽是出自游戏,但它的思想却有着重大的意义. 由于 Euler 率先解决了这一问题,故称其为 Euler 回路问题. Euler 把图 12.1 抽象为图 12.2,用 A、B、C、D 四点分别表示两岸和两岛,两点间的连线表示沟通它们的桥梁,将问题转化为从 A、B、C、D 中任一点出发,通过每条边一次且仅一次,最后回到原出发点,问这样的路径是否存在? 于是问题变得简洁多了.

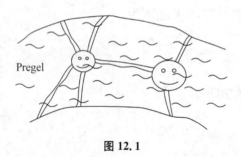

图 12.1

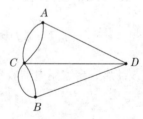

图 12.2

欧拉证明了这样的路径是不存在的,因为图 12.2 中的每一个点都只与奇数条线相关联,所以不可能不重复地一笔画出这个图. 我们也可以这样来分析,对于开始的点,有一"去"就必然有一"回",一去一回构成偶数条关联边. 对于中间的点,有一"来"就必然有一"去",一来一去也构成偶数条关联边. 所以实现这样的路径要求图 12.2 中的每一个点都有偶数条关联边. 显然,图 12.2 中的点不满足这样的要求,所以这样的路径不存在.

案例 12.2[雷姆塞(Ramsey)问题]雷姆塞问题是这样的:任意 6 个人在一起,如果不存在单方认识,那么 6 人中要不是有 3 人彼此相互认识,必有 3 人互不相识,即二者必居其一.

用图的办法很容易证明 Ramsey 问题. 设 v_1、v_2、v_3、v_4、v_5、v_6 分别代表这 6 个人,相互认识的两个人对应的顶点用实线相连,互不相识的两个人对应的顶点用虚线相连. 因为两个人要么相互认识,要么互不相识,所以任意一点与其他 5 个点都有一线相连,或是实线或是虚线,将问题转化为在由此所得的 6 点图中,至少存在一个由实线或虚线所构成的三角形.

任意取一个点 $v_t(t\in\{1,2,3,4,5,6\})$，它与其他 5 个点的 5 条连线中至少有 3 条同为实线或同为虚线．不妨假设有 3 条同为实线，且另一端点分别为 v_i、v_j 和 v_k．如图 12.3 所示，如果 v_i、v_j 和 v_k 这 3 个顶点形成的三角形是虚线三角形，那么问题得到证明；否则，由 v_i、v_j 和 v_k 形成的三角形就至少有一条实线边，不妨设为 v_iv_k，则 v_t、v_i 和 v_k 这 3 个顶点形成的三角形就一定是实线三角形，问题同样也得到证明．

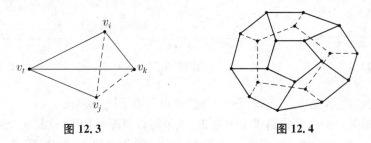

图 12.3 　　　　　　　　　　图 12.4

案例 12.3[哈密顿(Hamilton)回路问题]在图 12.4 中，20 个顶点分别表示世界的 20 个名城，两点之间的连线表示两城市间的航线．Hamilton 回路问题要求从某一城市出发，遍历各城市一次且仅一次，最后返回原来的出发地．因 Hamilton 提出了这一有趣的问题，故称为 Hamilton 回路问题．Hamilton 回路问题在运筹学中有着重要的意义，特别是 Hamilton 回路中总距离最短的问题，是著名的旅行商问题(货郎担问题)．

图 12.4 所示的图形是一个每个面都是五边形的十二面体．沿着十二面体的棱到达每一个顶点时，旅行者都面临着两条路线的选择：一是向左，记为 L；另一是向右，记为 R．L^2R 表示连续向左两步后再向右一步，其他依此类推．

$R^5=1$，即从某一点连续向右走五步，最终将回到原出发点；$R^2=LR^3L$，即从某一点连续向右走两步，与先向左走一步、再连续向右走三步、最后再向左走一步等价．由此可推导：

$$1=R^5=R^2R^3=(LR^3L)R^3=(LR^3)^2=(LR^2R)^2$$
$$=[L(LR^3L)R]^2=[L^2R^2RLR]^2=[L^2(LR^3L)RLR]^2$$
$$=[L^3R^3LRLR]^2=L^3R^3LRLRL^3R^3LRLR.$$

等式的左侧归 1，右侧有 20 项，则按右侧的规律走 20 步，可回到原来的出发点．特别是右侧的部分项没有归 1 的可能，故从任意一点出发沿右侧的规律将遍历各点一次返回原地．

案例 12.4[中国邮路问题]中国邮路问题是 Euler 回路问题的推广，它是由山东师范学院的管梅谷先生于 1962 年首先提出的，故习惯上称为中国邮路问题．问题的提出是这样的：一个邮递员从邮局出发，走遍他负责投递的每一条街道，然后再返回邮局，问应选择什么样的路线，才能使其所走的路线最短？

对于这样的问题，如果邮递员能走遍他负责投递的每一条街道，而每条街道又恰恰只走一次(Euler 回路)，这当然是他最短的投递路线．然而，问题并非总是如此简单(存在 Euler 回路)，通常邮递员不得不在某些路段上重复(不存在 Euler 回路)，此时应如何选择重复路段，才能使其所走的路线最短呢？我们很容易接受如下两个结论：

结论 1　若网络图上的所有点均为"偶点"，则邮递员可以走遍负责投递的所有街道，每条街道只走一次完成投递任务．

结论 2　最短的投递路线具有这样的性质：对任一条边来说，若需重复也只能重复一次;对图中任一回路来说,重复边的长度不超过回路总长的一半.

请看如图 12.5 所示的中国邮路问题,以探讨上述两结论的应用.

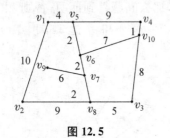
图 12.5

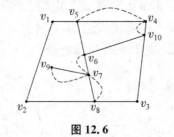
图 12.6

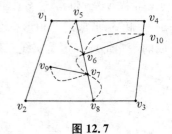
图 12.7

首先根据结论 1,先检查图 12.5 中有无"奇点",由于图中存在 v_5、v_6、v_7、v_8、v_9、v_{10} 六个奇点,所以邮递员必须在某些路段上重复走. 如果将奇点配对相连(这是完全可以做到的,因为奇点的个数一定为偶数个),则图中的所有点均可转化为偶点,如图 12.6 所示. 图中虚线为配对奇点间的连线,它实际上是邮递员重复走的路线. 利用结论 2,检查各个回路,可以发现只有在回路(v_4、v_5、v_6、v_{10}、v_4)中出现了重复路段的长大于回路全长的一半,因此,在此回路中应转向重复另一半,如图 12.7 所示. 所以邮递员沿此图的边(包括虚线)所走的一个 Euler 回路即为最短的投递路线,最短路程为 84 公里,其中重复走的路程为 19 公里.

案例 12.5 [最短路问题 1] 已知五口油井,相互间的距离如表 12.1 所示,问应如何铺设输油管线,才能使输油管长度最短(为了便于计量和检修,输油管只允许在井口处分支)?

表 12.1(单位:公里)

从\到	W_2	W_3	W_4	W_5
W_1	1.3	2.1	0.9	0.7
W_2		0.9	1.8	1.2
W_3			2.6	1.7
W_4				0.7

解:按"破圈法"或"避圈法"求图的最小部分树,均需先绘制出原图. 可以想象,当井的数量较多时,先绘制出原图再求解很不方便,因此选用 Kruskal 顺序生枝法来求解此例.

(1) 将各边按距离从小到大进行排序如下:

$$d_{15}=d_{45}=0.7 \quad d_{14}=d_{23}=0.9 \quad d_{25}=1.2 \quad d_{12}=1.3$$
$$d_{35}=1.7 \quad d_{24}=1.8 \quad d_{13}=2.1 \quad d_{34}=2.6$$

(2) 按顺序生枝如下:

第一个生出的树枝是 e_{15},第二个生出的树枝是 e_{45};因为 e_{14} 与 e_{15} 和 e_{45} 构成回路,故排除 e_{14}. 继续生出树枝 e_{23}、e_{25},至此代表油井的 5 个点已经连通(5 个点,4 条边),所以得到如图 12.8 所示的权为 3.5 的最小部分树. 该最小部分树就是长度最短的输油管铺设方案.

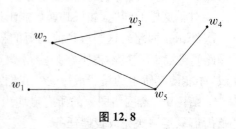
图 12.8

案例 12.6[最短路问题 2]图 12.9 中的 S、A、B、C、D、E、T 分别代表 7 个村镇,它们之间的连线代表各村镇间的道路情况,连线旁的数字(权)代表各村镇间的距离.现要求沿道路架设电线,使上述村镇全部通上电,应如何架设使总的线路长度最短.

解:因为要使上述村镇全部通上电,所以 S、A、B、C、D、E、T 各点之间必须连通,且图中不能存在回路,否则此路径一定不是最短线路,故最短的线路就是寻找一棵最小部分树.

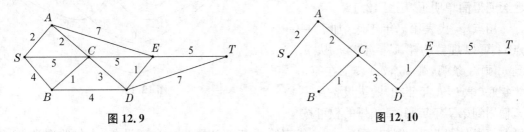

图 12.9　　　　　　　　　　　　　图 12.10

用"破圈法"求最小部分树时,从图 12.9 中任取一回路,如 $SACBS$,去掉最大权边 SB,得到一个部分图;继续在部分图任取一回路,如 $SACS$,去掉最大权边 SC,得到另一个部分图.依此类推,最终得如图 12.10 所示的最小部分树.

用"避圈法"时,从图 12.9 中任取一点,不妨假设为 S 点.令 $S \in V$,其余各点均属于 $\overline{V}$,沟通集合 V 和 $\overline{V}$ 的连线有三条 SA、SB 和 SC,其中最小边为 SA,将 SA 加粗,标志它是最小部分树内的边.再令 $(S,A) \in V$,其余各点均属于 $\overline{V}$,沟通集合 V 和 $\overline{V}$ 的连线有四条 AE、AC、SB 和 SC,重复上述步骤,直到所有点连通为止,即得如图 12.11 所示的最小部分树.

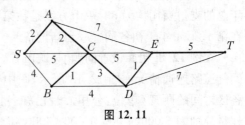

图 12.11

案例 12.7[设备更新问题]某企业生产需要使用一台设备,每年年初决策者都面临是继续使用旧设备,还是购置新设备的选择.若购置新设备,旧设备就完全报废(无残值),购置新设备需支付一定的购置费,但可使维修费有所下降.现在的问题是如何制定一个五年的设备更新计划,使五年支付的购置费和维修费的总和最少.已知该设备在各年初的价格预测值如表 12.2 所示,不同使用时间下的设备维修费用如表 12.3 所示.

表 12.2　　　　　　　　　　　　　　　　　　　　　　(单位:万元)

年　份	1	2	3	4	5
价　格	11	11	12	12	13

表 12.3　　　　　　　　　　　　　　　　　　　　　　(单位:万元)

使用年度	1	2	3	4	5
维修费用	5	6	8	11	18

解:若每年初都更新设备,则五年合计购置费用为 59 万元,维修费用为 25 万元(每年 5 万元),于是五年支付的总费用为 84 万元;若第一年初购置一台新设备,该设备一直使用到第五年底,则支付的购置费用为 11 万元,支付的维修费是 48 万元,于是总费用为 59 万元.以

上两个极端的情况已经显示出,不同的设备更新策略将对应不同的总费用支出.

如何制定最优设备更新策略呢?将此问题化为最短路线问题来求解,问题会变得简单明了,见图12.12.

用点 v_i 代表第 i 年年底(加设一点 v_0 可以理解为第 1 年年初).从 v_i 到 v_j 画一条弧,弧 (v_i, v_j) 表示在第 i 年年底(第 $i+1$ 年年初)购进设备并一直使用到第 j 年年底,每条弧的权可按

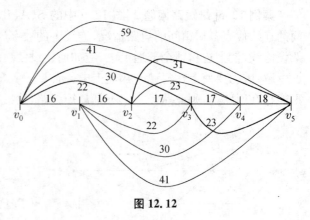

图 12.12

已知信息计算出来.例如,弧 (v_0, v_3) 代表第 1 年年初购进一台新设备(支付购置费 11 万元),一直使用到第三年年底(支付维修费 $5+6+8=19$ 万元),故 (v_0, v_3) 上的权数为 30.这样一来,制定一个最优的设备更新计划的问题就等价于寻求从 v_0 到 v_5 的最短路线问题.按求解最短路线的计算方法,可以求得最短 $\{v_0, v_2, v_5\}$ 和 $\{v_0, v_3, v_5\}$,即有两个最优方案,五年总的支付费用均为 53:一个方案是在第 1、第 3 年年初各购置一台新设备;另一个方案是在第 1、第 4 年年初各购置一台新设备.

案例 12.8[粮库设置问题]某城市有五个区,各区之间的道路连通情况如图 12.13 所示,图中各边的权数为各区之间的距离(单位:公里).现已知各区年度粮食消耗量分别为 6 000、4 000、1 000、7 000 和 9 000吨.若该城市准备建一个统一的粮库以保证上述粮食消耗的需要,问就运输吨公里数最小来讲,粮库应建于哪个区?

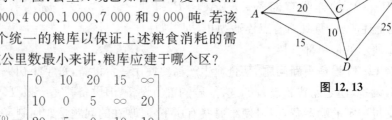

图 12.13

$$D^{(0)} = \begin{bmatrix} 0 & 10 & 20 & 15 & \infty \\ 10 & 0 & 5 & \infty & 20 \\ 20 & 5 & 0 & 10 & 10 \\ 15 & \infty & 10 & 0 & 25 \\ \infty & 20 & 10 & 25 & 0 \end{bmatrix}$$

解:因为图 12.13 只有 5 个点,所以两点之间最多可有 3 个点,故 $D^{(2)}$ 矩阵所反映的各点距离即为最短距离.

$$D^{(1)} = \begin{bmatrix} 0 & 10 & 15 & 15 & 30 \\ 10 & 0 & 5 & 15 & 15 \\ 15 & 5 & 0 & 10 & 10 \\ 15 & 15 & 10 & 0 & 20 \\ 30 & 15 & 10 & 20 & 0 \end{bmatrix} \qquad D^{(2)} = \begin{bmatrix} 0 & 10 & 15 & 15 & 25 \\ 10 & 0 & 5 & 15 & 15 \\ 15 & 5 & 0 & 10 & 10 \\ 15 & 15 & 10 & 0 & 20 \\ 25 & 15 & 10 & 20 & 0 \end{bmatrix}$$

在最短路的基础上,求粮库建于不同区时的粮食运输吨公里数.将 $D^{(2)}$ 中第一行各元素乘以 A 区消费的粮食数 6 000,即可得到粮库建于不同区时,A 区所消耗的粮食运输的吨公里数.同理,$D^{(2)}$ 中第二行各元素乘以 B 区消费的粮食数 4 000,即可得到粮库建于不同区时,B 区所消耗的粮食运输的吨公里数,以此类推可以得到表 12.4.

表 12.4

	A	B	C	D	E
A	0	60,000	90,000	90,000	150,000
B	40,000	0	20,000	60,000	60,000
C	150,000	50,000	0	10,000	10,000
D	105,000	105,000	70,000	0	140,000
E	225,000	135,000	90,000	180,000	0
合计	520,000	350,000	270,000	340,000	360,000

表 12.4 中每一列的合计数代表了粮库建于该区粮食运输的总吨公里数,由于 C 列的合计数最小,所以粮库应建于 C 区,此时运输的吨公里数为 270,000.

案例 12.9［传球问题］在一场足球比赛中,传递过奇数个球的队员人数必定为偶数个.

解:把参加球赛的队员抽象为节点,两个互相传球的队员用边相连,这样得到的图就是球赛中传递球的简单的数学模型,由握手定理即知结论正确.

案例 12.10［摆渡问题］一个人带有一条狼、一头羊和一捆白菜,要从河的左岸渡到右岸去,河上仅有一条小船,而且只有人能划船,船上每次只能由人带一件东西过河.另外,不能让狼和羊、羊和菜单独留下.问怎样安排摆渡过程?

解:河左岸允许出现以下 10 种情况:人狼羊菜、人狼羊、人狼菜、人羊菜、人羊、狼菜、狼、菜、羊及空(各物品已安全渡河),我们把这 10 种状态视为 10 个点,若一种状态通过一次摆渡后变为另一种状态,则在两种状态(点)之间画一直线,得到图 12.14.

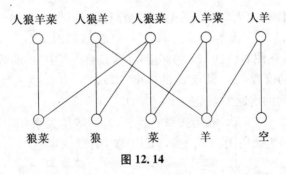

图 12.14

这样摆渡问题就转化成在图中找出以"人狼羊菜"为起点,以"空"为终点的简单路.容易看出,只有两条简单路符合要求:(1)人狼羊菜、狼菜、人狼菜、菜、人羊菜、羊、人羊、空;(2)人狼羊菜、狼菜、人狼菜、狼、人狼羊、羊、人羊、空.

对于简单路(1)的安排:人带羊过河;人回来;带狼过河;放下狼再将羊带回;人再带菜过河;人回来;带羊过河.

对于简单路(2)的安排:人带羊过河;人回来;带菜过河;放下菜再将羊带回;人再带狼过河;人回来;带羊过河.

上述的两种方案都是去 4 次、回 3 次,且不会再有比这更少次数的渡河办法了.

姓名_____ 班级学号_____

图论初步 (练习一)

一、填空题 (每小题 4 分, 共 20 分)

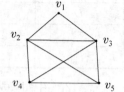

1. 在右图中, 结点 v_2 的度数是_____, 结点 v_5 的度数是_____.

2. 设图 $G = \langle V, E \rangle$ 有 n 个顶点, m 条边, $\sum_{v \in V} \deg(v) =$_____, 其奇数度结点的个数必为_____.

3. n 个结点的无向完全图 K_n 的边数为_____.

4. 设图 $G = \langle V, E \rangle, V = \{v_1, v_2, v_3, v_4\}$ 的邻接矩阵 $A(G) = \begin{bmatrix} 0 & 1 & 0 & 1 \\ 1 & 0 & 1 & 1 \\ 1 & 1 & 0 & 0 \\ 1 & 0 & 0 & 0 \end{bmatrix}$, 则 v_1 的入度 $\deg^-(v_1) =$_____, v_3 的出度 $\deg^+(v_1) =$_____.

5. 设图 $G_1 = \langle V_1, E_1 \rangle, G_2 = \langle V_2, E_2 \rangle$, 且 $E_2 \subseteq E_1$, 如果_____, 则称 G_2 是 G_1 的子图, 如果_____, 则称 G_2 是 G_1 的生成子图.

二、单选题 (每小题 4 分, 共 20 分)

1. 下列数组中, 能构成无向图的度数列的数组是 ( ).
   A. (1,1,2,3)　　B. (1,2,3,4,5)　　C. (2,2,3,2)　　D. (1,3,3)

2. 设 $A(G)$ 是有向图 $G = \langle V, E \rangle$ 的邻接矩阵, 其第 i 列中 "1" 的数目为 ( ).
   A. 结点 v_i 的度数　B. 结点 v_i 的出度　　C. 结点 v_i 的入度　D. 结点 v_j 的度数

3. 无向图节点间的连通关系是一个 ( ).
   A. 偏序关系　　　B. 相容关系　　　　C. 等价关系　　　D. 拟序关系

4. 设 $G = \langle V, E \rangle$ 为无向图, $|V| = 7, |E| = 23$, 则 G 一定是 ( ).
   A. 完全图　　　　B. 零图　　　　　　C. 简单图　　　　D. 多重图

5. 无向图 G 中有 16 条边, 且每个结点的度数均为 2, 则结点数是 ( ).
   A. 8　　　　　　B. 16　　　　　　C. 4　　　　　　D. 32

三、解答题 (每小题 12 分, 共 60 分)

1. 设图 $G = \langle V, E \rangle, V = \{v_1, v_2, v_3, v_4\}$ 的邻接矩阵 $A(G) = \begin{bmatrix} 0 & 1 & 0 & 1 \\ 1 & 0 & 1 & 1 \\ 1 & 1 & 0 & 0 \\ 1 & 0 & 0 & 0 \end{bmatrix}$.

   求: v_4 的出度 $\deg^+(v_4)$, 及从 v_2 到 v_4 长度为 2 的路径的条数.

2. 对有向图 $G=\langle V,E\rangle$,通过邻接矩阵 A 求从 v_4 到 v_5 长度为 4 的路有几条? 并写出具体路径.

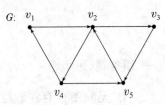

3. 对有向图 $G=\langle V,E\rangle$ 求解下列问题:

(1) 写出邻接矩阵 A;

(2) $G=\langle V,E\rangle$ 中长度为 3 的不同的路有几条? 请罗列说明.

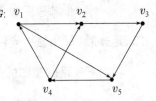

4. 已知有向图 $G=\langle V,E\rangle$,其中 $V=\{a,b,c,d\}$,$E=\{\langle a,b\rangle,\langle a,c\rangle,\langle c,b\rangle,\langle c,d\rangle,$ $\langle d,a\rangle\}$,

(1) 求 G 的邻接矩阵 A;

(2) 用矩阵法判断该有向图的连通性.

5. 设 $G=\langle V,E\rangle$,$V=\{v_1,v_2,v_3,v_4,v_5\}$,$E=\{(v_1,v_3),(v_2,v_3),(v_2,v_4),(v_3,v_4),$ $(v_3,v_5),(v_4,v_5)\}$,试(1) 给出 G 的图形表示;(2) 写出其邻接矩阵;(3) 求出每个结点的度数;(4) 画出其补图的图形.

姓名_____ 班级学号_____

图论初步（练习二）

一、填空题（每小题 4 分，共 20 分）

1. 无向图 G 存在欧拉回路，当且仅当 G 连通且_____.

2. 设 $G=\langle V,E \rangle$ 是具有 n 个结点的无向简单图，若在 G 中每一对结点度数之和大于等于_____，则在 G 中存在哈密顿路.

3. 设完全图 K_n 有 n 个结点（$n \geqslant 2$），m 条边，当_____时，K_n 中存在欧拉回路.

4. 结点数 v 与边数 e 满足_____关系的无向连通图就是树.

5. n 阶平凡树中至少有_____片树叶.

二、选择题（每小题 4 分，共 20 分）

1. 下列是欧拉图的是（   ）.

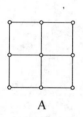 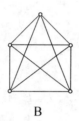 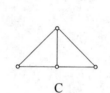 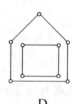

    A   B   C   D

2. 下图中是哈密尔顿图的是（   ）.

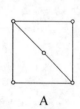 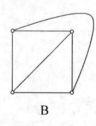 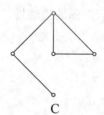 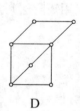

    A   B   C   D

3. 一个无向树中有 6 条边，则它结点数为（   ）.
A. 5   B. 6   C. 7   D. 8

4. 下面那一个图可一笔画出（   ）.

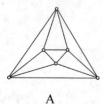  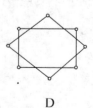

    A   B   C   D

5. 若具有 n 个结点的完全图是欧拉图，则 n 为（   ）.
A. 偶数   B. 奇数   C. 9   D. 10

三、解答题(每小题 12 分,共 60 分)

1. 求下图的一棵最小生成树.

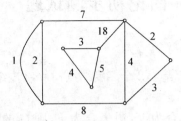

2. 下面各图中,哪些可以一笔画? 哪些可以从任一点一笔画?

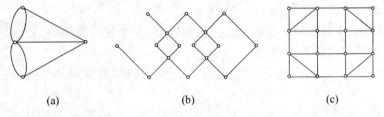

(a)   (b)   (c)

3. 一棵树有 2 个 2 度结点,1 个 3 度结点,3 个 4 度结点,求其叶结点的数目.

4. 设有 28 盏灯,拟公用一个电源,求至少需要 4 插头的接线板的数目.

5. 今有煤气站 A,将给一居民区供应煤气,居民区各用户所在位置如图所示,铺设各用户点的煤气管道所需的费用(单位:万元)如图边上的数字所示.要求设计一个最经济的煤气管道路线,并求所需的总费用.

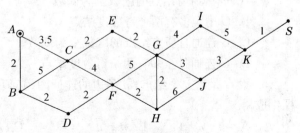

图论初步测试题

一、填空题（每小题 4 分，共 20 分）

1. 已知图 G 中有 1 个 1 度结点，2 个 2 度结点，3 个 3 度结点，4 个 4 度结点，则 G 的边数是＿＿＿＿＿＿.

2. 设 G 是一个图，结点集合为 V，边集合为 E，则 G 的结点＿＿＿＿＿＿等于边数的两倍.

3. 5 阶无向完全图的边数为＿＿＿＿＿＿.

4. 图的结点不重复的通路是＿＿＿＿＿＿通路，边不重复的通路是＿＿＿＿＿＿通路. 无向连通图是欧拉图的充要条件是＿＿＿＿＿＿.

5. 在一棵根树中，入度为＿＿＿＿＿＿的结点称为树根，出度为＿＿＿＿＿＿的结点称为树叶.

二、选择题（每小题 4 分，共 20 分）

1. 设 $A(G)$ 是有向图 $G=\langle V,E\rangle$ 的邻接矩阵，其第 i 行中"1"的数目为（　　）.
   - A. 结点 v_i 的度数
   - B. 结点 v_i 的出度
   - C. 结点 v_i 的入度
   - D. 结点 v_j 的度数

2. 设图 G 的邻接矩阵为 $\begin{bmatrix} 0 & 0 & 1 & 0 & 0 \\ 0 & 0 & 0 & 1 & 1 \\ 1 & 0 & 0 & 0 & 0 \\ 0 & 1 & 0 & 0 & 1 \\ 0 & 1 & 0 & 1 & 0 \end{bmatrix}$，则 G 的边数为（　　）.
   - A. 5
   - B. 6
   - C. 3
   - D. 4

3. 在如下的有向图中，从 v_1 到 v_4 长度为 3 的道路有（　　）条.
   - A. 1
   - B. 2
   - C. 3
   - D. 4

4. 无向图 G 存在欧拉通路，当且仅当（　　）.
   - A. G 中所有结点的度数全为偶数
   - B. G 中至多有两个奇数度结点
   - C. G 连通且所有结点的度数全为偶数
   - D. G 连通且至多有两个奇数度结点

5. 设 G 是有 n 个结点，m 条边的连通图，必须删去 G 的（　　）条边，才能确定 G 的一棵生成树.
   - A. $m-n+1$
   - B. $m-n$
   - C. $m+n+1$
   - D. $n-m+1$

三、解答题(每小题 12 分,共 60 分)

1. 写出下图的邻接矩阵.

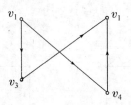

2. 图 $G = \langle V, E \rangle$,其中 $V = \{a, b, c, d, e\}$,$E = \{(a, b),(a, c),(a, e),(b, d),(b, e),(c, e),(c, d),(d, e)\}$,对应边的权值依次为 2、1、2、3、6、1、4 及 5,试(1) 画出 G 的图形;(2) 写出 G 的邻接矩阵;(3) 求出 G 权最小的生成树及其权值.

3. 设有 33 盏灯,拟公用一个电源,求至少需要 5 插头的接线板的数目.

4. 设有 6 个城市 $V_1, V_2, \cdots, V_6$,它们之间有输油管连通,其布置如下图,S_i(数字)中 S_i 为边的编号,括号内数字为边的权,它是两城市间的距离,为了保卫油管不受破坏,在每段油管间派一连士兵看守,为保证每个城市石油的正常供应最少需多少连士兵看守?输油管道总长度越短,士兵越好防守.求他们看守的最短管道的长度.(要求写出求解过程)

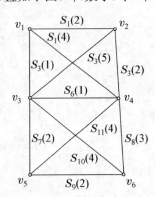

5. 两个图同构有下列必要条件:

(1) 结点数相同;(2) 边数相同;(3) 度数相同的结点数相同.

但它们不是两个图同构的充分条件,下图中(a)和(b)满足上述三个条件,但这两个图并不同构,请说明理由.

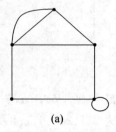 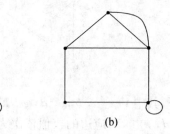

    (a)   (b)

参考答案

函数、极限与连续(练习一)

一、1. $(-\infty,5)$　2. x^2-1　3. $\dfrac{2(x+1)}{x-1},x\neq1$　4. 原点　5. 2

二、1. A　2. D　3. C　4. B　5. D

三、1. $y=5^u,u=\cos v,v=x^2$　2. $y=e^u,u=v^2,v=2x+1$　3. $y=\sqrt{u},u=\ln v,v=\sqrt{x}$

4. $y=\cos u,u=\sqrt{v},v=\dfrac{x^2+1}{x^2-1}$　5. $y=\ln u,u=\tan v,v=w^2,w=x^2+1$

四、1. (1) 定义域 $[0,4]$　(2) $f(0)=0,f(1.2)=1,f(3)=1,f(4)=0$　2. $p=a(5\pi r^2+\dfrac{80\pi}{r})$(元)

函数、极限与连续(练习二)

一、1. 4　2. 1　不存在　3. -2　4. 1　5. $\dfrac{1}{2}$

二、1. B　2. B　3. B　4. C　5. D

三、1. $\dfrac{1}{4}$　2. $\dfrac{3^7\cdot 8^3}{5^{10}}$　3. 0　4. 16　5. e^6

四、1. $b=2$　2. 当 $x\to0^+$ 时,$\sin\sqrt{x}$ 是比 x 低阶的无穷小;当 $x\to0^+$ 时,$\dfrac{2}{\pi}\cos\dfrac{\pi}{2}(1-x)$ 与 x 是同阶无穷小,也是等价无穷小

函数、极限与连续(练习三)

一、1. 0　2. 2　3. $x=0$　4. $x=-1$　5. $[-2,-1)\cup(-1,4)\cup(4,+\infty)$

二、1. B　2. B　3. B　4. A　5. C

三、1. 0　2. 0　3. 3　4. $\dfrac{1}{3}$　5. 1

四、1. $a=2,b=e$　2. $x=1$ 为可去间断点,$x=2$ 为无穷间断点

函数、极限与连续测试题

一、1. x^2-2x+2　2. $(-1,4]$　3. 0　4. $e^{-\frac{1}{3}}$　5. $x=0,x=-1$

二、1. A　2. B　3. D　4. A　5. D

三、1. $\left(\dfrac{3}{2}\right)^{20}$　2. $-\dfrac{\sqrt{2}}{2}$　3. 2　4. $\dfrac{3}{2}$　5. e^{-4}　6. e^{-3}

四、1. 略　2. 略

一元函数微分学及应用(练习一)

一、1. 0　2. $\left(\dfrac{1}{2},\dfrac{1}{4}\right)$　$4y-4x+1=0$　3. $\dfrac{1}{2}$　4. $y=1$　5. $3t^2$　3

二、1. B　2. D　3. A　4. D　5. C

三、1. (1) $y'=\left(\dfrac{3}{2}\sqrt{x}+x\sqrt{x}+3\right)e^x$　(2) $y'=-\csc^2 x+2x\ln x+x$　(3) $y'=\dfrac{2x\ln x-x}{(\ln x)^2}$

　　(4) $y'=4x^3-\cos x\ln x-\dfrac{1}{x}\sin x$　2. $\dfrac{1}{2}$　3. -1

四、1. 切线:$ey-x=0$　法线:$y+ex-1+e^2=0$　2. (1) $v(t)=v_0-gt$　(2) $t=\dfrac{v_0}{g}$

一元函数微分学及应用(练习二)

一、1. $-\dfrac{1}{x^2}e^{\frac{1}{x}}\cos e^{\frac{1}{x}}$　2. $2x^{2x}(\ln x+1)$　3. $2y-x+\sqrt{3}=0$　4. $-e$

　　5. $-\dfrac{1}{x^2}\left[\cos\dfrac{1}{x}-\sin\dfrac{1}{x}\right]dx$

二、1. D　2. D　3. A　4. D　5. C

三、1. (1) $x^{x^2}(2x\ln x+x)+2xe^{x^2}$　(2) $\dfrac{1}{3}(x+\sqrt{x})^{-\frac{2}{3}}\left(1+\dfrac{1}{2\sqrt{x}}\right)$　2. (1) $y'=\dfrac{y\sin x}{\cos x-2e^{2y}}$

　　(2) $y'=\dfrac{5^x\ln 5}{1-2^y\ln 2}$　3. (1) $y''=\dfrac{1}{x}$　(2) $y''=(2\ln 3)\cdot 3^{x^2}+(2x\ln 3)^2\cdot 3^{x^2}$

　　4. (1) $dy=(-\csc^2 x-\csc x\cot x)dx$　(2) $dy=\sin(2e^x)e^x dx$

四、1. $\dfrac{1}{25\pi}$ μm/h　2. 约为 0.991 m³

一元函数微分学及应用(练习三)

一、1. $\dfrac{3}{2}\pi$　2. $\dfrac{1}{\ln 2}-1$　3. 2　$(0,1),(1,2)$　4. 0　5. ∞

二、1. D　2. C　3. B　4. B　5. D

三、1. $\dfrac{3}{2}$　2. 0　3. $-\dfrac{3}{7}$　4. 1　5. $\ln\dfrac{2}{3}$　6. 1

四、1. $\xi=2.25\in(1,4)$　2. 略

一元函数微分学及应用(练习四)

一、1. 极小值　2. 0　3. $(-\infty,0)$　4. $(0,+\infty)$　5. 1

二、1. D　2. A　3. C　4. C　5. C

三、1. (1) 在$(-\infty,0)\bigcup(0,+\infty)$单调增加　(2) 在$\left(\dfrac{1}{3},+\infty\right)$单调增加,在$\left(0,\dfrac{1}{3}\right)$单调减

　　少　2. (1) 在$(0,e)$单调增加,在$(e,+\infty)$单调减少　(2) 在$\left(0,\dfrac{\pi}{3}\right)$单调减少,在

　　$\left(\dfrac{\pi}{3},3\right)$单调增加　3. (1) 极大值 $f(-1)=1,f(1)=1$　极小值 $f(0)=0$　(2) 极大值

$f(-1)=2$

四、1. 略　2. 略

一元函数微分学及应用(练习五)

一、1. $f(a)$　2. $\dfrac{3}{5}$　-1　3. $(0,2)$　4. 1　-3　5. $x=-\dfrac{1}{2}$

二、1. B　2. A　3. C　4. A　5. C

三、1. 最大值 $y\left(-\dfrac{1}{2}\right)=y(1)=\dfrac{1}{2}$　最小值 $y(0)=0$　2. 拐点 $(1,-7)$,在 $(0,1)$ 内是凸的,

　在 $(1,+\infty)$ 内是凹的

四、1. $(1,\pm\sqrt{2})$　2. $r=\sqrt{\dfrac{2}{3}}L,h=\dfrac{1}{\sqrt{3}}L$　3. $r=h=\sqrt[3]{\dfrac{V}{\pi}}$　4. $x=5(\mathrm{m})$

一元函数微分学及应用测试题(一)

一、1. $\dfrac{1}{3}x^6-1$　2. -6　3. 2　4. $(1,2)$　5. $y=x+1$

二、1. C　2. C　3. B　4. A　5. D

三、1. $\mathrm{d}y=\dfrac{\cos x-\sin x-1}{(\sin x+1)^2}\mathrm{d}x$　2. $y'_x=-\mathrm{e}^{-x}\left[\ln(2-x)+\dfrac{1}{2-x}\right]$　3. $\mathrm{d}y=\dfrac{2\ln x}{x}\cdot$

$\cos(\ln^2 x)\cdot\mathrm{d}x$　4. $y'_x=-\dfrac{\ln 2}{x^2+1}\cdot 2^{\arctan\frac{1}{x}}$　5. $f'(1)=\dfrac{3}{8}$　6. $y'_x=(\sin x)^x\cdot$

$[\ln(\sin x)+x\cdot\cot x]$　7. $y'_x=\dfrac{1}{2}\sqrt{\dfrac{(x+1)(2-3x)}{(5x+1)^3}}\left(\dfrac{1}{x+1}-\dfrac{3}{2-3x}-\dfrac{15}{5x+1}\right)$

8. $f''(x)=4(x-1)\mathrm{e}^{-2x}$　9. $y'_x=\dfrac{1+y\mathrm{e}^{xy}}{2y-x\mathrm{e}^{xy}}$

四、1. $f'(x)=2\cos 2x,f'[f(x)]=2\cos(2\sin 2x)$　2. $y''(0)=\mathrm{e}^{-2}$

一元函数微分学及应用测试题(二)

一、1. $f'(c)=\dfrac{f(b)-f(a)}{b-a}$　2. $(-1,0)$　3. $x=-1$　4. $(1,1)$　5. $\left(-\dfrac{1}{\sqrt{2}},\dfrac{1}{\sqrt{2}}\right)$

　6. $y=0$　$x=0$

二、1. D　2. C　3. A　4. B　5. A　6. C　7. B　8. A

三、1. 2　2. 0　3. 0　4. $-\dfrac{3}{2}$　5. ∞　6. 0

四、1. $(-\infty,-1)\bigcup(3,+\infty)$ ↑,$(-1,3)$ ↓　$\max=15,\min=-17$　$(-\infty,1)$ 凸,

　$(1,+\infty)$ 凹　拐点 $(1,-1)$　2. $(-\infty,0)\bigcup(1,+\infty)$ ↑,$(0,1)$ ↓　$\max=0,\min=$

　-3

五、1. 所求最大面积 $A=2\cdot\dfrac{1}{\sqrt{3}}\cdot\dfrac{2}{3}=\dfrac{4\sqrt{3}}{9}$　2. 所求直线方程为 $\dfrac{x}{2}+\dfrac{y}{2}=1$

一元函数积分学及应用(练习一)

一、1. $\mathrm{e}^x+\sin x+C$　2. $F(x)+C$　3. $f(x)$　4. $-F(\cos x)+C$　5. $x+C$

二、1. C 2. A 3. C 4. A 5. A

三、1. $\arcsin\theta-\theta+C$ 2. $x-\arctan x+C$ 3. $\dfrac{0.4^t}{\ln 0.4}-\dfrac{0.6^t}{\ln 0.6}+C$ 4. $e^x+\dfrac{1}{2}\sin x+C$

四、1. $\dfrac{1}{22}(2x-1)^{11}+C$ 2. $\ln(1+\sin x)+C$ 3. $\cos\dfrac{1}{x}+C$ 4. $2\sin\sqrt{x}+C$

5. $\dfrac{2}{\sqrt{7}}\arctan\dfrac{2x+3}{\sqrt{7}}+C$ 6. $\dfrac{1}{3}\ln\left|\dfrac{x-3}{x}\right|+C$ 7. $\dfrac{1}{4}\ln\left|\dfrac{x-1}{x+1}\right|-\dfrac{1}{2}\arctan x+C$

8. $\ln|x^2+4x+13|+\dfrac{1}{3}\arctan\dfrac{x+2}{3}+C$

一元函数积分学及应用(练习二)

一、1. xe^x-e^x+C 2. $x\arccos x-\sqrt{1-x^2}+C$ 3. $x\tan x+\ln|\cos x|+C$ 4. $x\sin x+\cos x+C$ 5. $e^x(x^2-2x+2)+C$

二、1. B 2. B 3. A 4. A 5. C

三、1. $x(\ln x-1)+C$ 2. $-\dfrac{1}{2x^2}\ln x-\dfrac{1}{4x^2}+C$ 3. $-x\cos x+\sin x+C$ 4. $\dfrac{1}{2}e^{2x}\left(x-\dfrac{1}{2}\right)+C$ 5. $x\arcsin x+\sqrt{1-x^2}+C$ 6. $-\dfrac{1}{x}(\ln^2 x+2\ln x+2)+C$ 7. $\dfrac{1}{2}e^x(\sin x-\cos x)+C$ 8. $2\sqrt{x}\sin\sqrt{x}+2\cos\sqrt{x}+C$ 9. $\dfrac{1}{2}(\sec x\tan x+\ln|\sec x+\tan x|)+C$

10. $\dfrac{1}{2}\tan^2 x+\ln|\cos x|+C$ 11. $\dfrac{1}{2}x^2-\dfrac{1}{2}\ln(1+x^2)+C$ 12. $x\tan x+\ln|\cos x|+C$

一元函数积分学及应用(练习三)

一、1. $>$ 2. $\left[0,\dfrac{1}{2}\right]$ 3. 1 4. $-\dfrac{1}{\sqrt{1+x^3}}$ 5. 4

二、1. D 2. A 3. A 4. C 5. D

三、1. $2\ln 2-\ln 3$ 2. $2\sqrt{2}$ 3. $1-\dfrac{\pi}{4}$ 4. $\dfrac{2\sqrt{3}}{3}$ 5. $\dfrac{5}{2}$ 6. $\dfrac{\pi}{4}$ 7. $\dfrac{5}{6}$

四、1. 略 2. 2 3. $-\dfrac{3}{4}$

一元函数积分学及应用(练习四)

一、1. 0 2. 1 3. 0 4. 8 5. $b-a-1$

二、1. C 2. A 3. B 4. D 5. D

三、1. $2-\ln 3$ 2. $\dfrac{\pi}{2}$ 3. $-\dfrac{2}{e}+1$ 4. $1-\dfrac{\sqrt{3}\pi}{6}$ 5. $e^\pi-1$ 6. $\dfrac{1}{22}$ 7. $2(\sqrt{3}-1)$ 8. $2-\dfrac{2}{e}$

四、1. e 2. 略

一元函数积分学及应用(练习五)

一、1. $\dfrac{1}{5}$ 2. $(1,+\infty)$ 3. π 4. $\dfrac{1}{2e}$ 5. 12

二、1. B 2. B 3. D 4. A 5. D

三、1. 18 2. $\dfrac{9}{4}$ 3. $\dfrac{9}{4}$ 4. $\dfrac{32\pi}{5}$,8π 5. $\dfrac{25\pi}{3}$

一元函数积分学及应用测试题(一)

一、1. $2\cos 2x$ 2. $\log_a x+C$ 3. $\dfrac{1}{2}F(2x-3)+C$ 4. $x\cos x-\sin x+C$ 5. $x^2-\dfrac{1}{2}x^4+C$

二、1. D 2. B 3. A 4. A 5. C

三、1. $2x+\dfrac{5}{\ln 3-\ln 2}\left(\dfrac{2}{3}\right)^x+C$ 2. $\dfrac{1}{2}x^2-x+\ln|1+x|+C$ 3. $x\arctan x-\dfrac{1}{2}\ln(1+x^2)+$

C 4. $x^2\sin x+2x\cos x-2\sin x+C$ 5. $-2\sqrt{x}\cos\sqrt{x}+2\sin\sqrt{x}+C$ 6. $\dfrac{1}{2}x\left[\sin(\ln x)-\right.$

$\left.\cos(\ln x)\right]+C$ 7. $-\dfrac{\sqrt{1-x^2}}{x}-\arcsin x+C$ 8. $-\sqrt{2x+1}-\ln\left|\sqrt{2x+1}-1\right|+C$

9. $2xe^{\frac{x}{2}}+C$ 10. $\dfrac{1}{8}x-\dfrac{1}{32}\sin 4x+C$ 11. $\dfrac{1}{6}\arctan\left(\dfrac{x^3}{2}\right)+C$ 12. $\dfrac{x}{(1-x)^2}+C$

四、1. 略 2. 略

五、1. $\dfrac{1}{3}e^{x^3}(x^3-1)+C$ 2. $\dfrac{1}{4}\ln\left|\dfrac{2+\sin x}{2-\sin x}\right|+C$

一元函数积分学及应用测试题(二)

一、1. 0 2. 1 3. 0 4. 1 5. $-\dfrac{\pi}{4}$

二、1. C 2. B 3. D 4. A 5. C

三、1. $8\ln 2-4$ 2. $2-\dfrac{\pi}{2}$ 3. $\dfrac{\pi}{4}-\dfrac{1}{2}$ 4. $\dfrac{1}{4}$ 5. $\dfrac{\pi}{2}$ 6. 2 7. $\dfrac{1}{4}$ 8. $-\dfrac{9\pi}{2}$

四、1. $\dfrac{1}{3}$ 2. $21-2\ln 2$

五、1. $\dfrac{5}{3}+e^3$ 2. $-2\ln(\sqrt{2}+1)$

常微分方程(练习一)

一、1. 2 2. 3 3. $y=\ln|x|+C$ 4. $y'+P(x)\cdot y=Q(x)$ 5. $y'=y-x+1$

二、1. D 2. D 3. C 4. C 5. B

三、1. $y\sqrt{x^2+1}=C$ 2. $(e^x+C)e^y+1=0$ 3. $\cos y=\dfrac{\sqrt{2}}{2}\cos x$ 4. $y=(x+C)e^x$

5. $y=(x+C)\cos x$

四、$y=x-x\ln x$

常微分方程(练习二)

一、1. $y=C_1\mathrm{e}^x+C_2\mathrm{e}^{-2x}$　2. $y=(C_1+C_2x)\mathrm{e}^{2x}$　3. $y=\mathrm{e}^{-\frac{x}{2}}(C_1\cos\frac{x}{2}+C_2\sin\frac{x}{2})$　4. $y^*=Ax^2+Bx+C$　5. $y^*=A\cdot\mathrm{e}^x$

二、1. B　2. C　3. C　4. C　5. C

三、1. $y=(2+x)\mathrm{e}^{-\frac{x}{2}}$　2. $y=-2x+C_1\cos x+C_2\sin x$　3. $y=C_1\mathrm{e}^{-2x}+C_2\mathrm{e}^{2x}+\frac{1}{4}x\mathrm{e}^{2x}$

　　4. $y=C_1\mathrm{e}^x+C_2\mathrm{e}^{2x}+2x\mathrm{e}^{2x}$　5. $y=C_1\mathrm{e}^{-x}+C_2\mathrm{e}^{-2x}+(\frac{1}{6}x-\frac{5}{36})\mathrm{e}^x$

四、$y=\frac{1}{2}(\mathrm{e}^x-\mathrm{e}^{-x})$

常微分方程测试题

一、1. 二阶　2. $y=\frac{1}{2}(x^2+1)$　3. $y^2=2\ln x-x^2+2$　4. $\frac{y_1(x)}{y_2(x)}\neq$ 常数　5. $y=C_1+C_2\mathrm{e}^{-2x}$

二、1. B　2. A　3. A　4. B　5. C

三、1. $\mathrm{e}^y=\frac{1}{2}(\mathrm{e}^{2x}+1)$　2. $y=\frac{1}{x}(\sin x-x\cos x+C)$　3. $y=C_1\mathrm{e}^{-3x}+C_2\mathrm{e}^x+\frac{1}{2}x\mathrm{e}^x$

　　4. $y=\mathrm{e}^{2x}-\mathrm{e}^{3x}+\mathrm{e}^x$　5. $y=\mathrm{e}^{-x}(x-\sin x)$

无穷级数(练习一)

一、1. $|q|\geqslant 1$　$|q|<1$　2. $p\leqslant 1$　$p>1$　3. $\frac{1}{(2n+1)(2n-1)}$　$\frac{1}{2}$　4. 0　5. 可能收敛可能发散

二、1. B　2. C　3. D　4. B　5. B

三、1. 发散　2. 收敛　3. 收敛　4. 绝对收敛　5. 条件收敛

无穷级数(练习二)

一、1. $(-R,R)$　2. 发散　3. 收敛　4. $\frac{1}{2}$　5. 2

二、1. A　2. D　3. D　4. C　5. D

三、1. $\left[-\frac{1}{2},\frac{1}{2}\right]$　2. $(-\infty,+\infty)$　3. 仅在 $x=0$ 处收敛　4. $(-\sqrt{2},\sqrt{2})$　5. $(-2,2)$

无穷级数测试题

一、1. $\lim\limits_{n\to\infty}u_n=0$　2. (1)收敛　(2)发散　(3)发散　(4)发散　(5)收敛　3. 收敛　发散　4. 收敛　发散　5. $|x|<R$　$|x|>R$

二、1. C　2. D　3. D　4. C　5. B

三、1. 发散　2. 收敛　3. 条件收敛　4. $\frac{1}{2}$　$\left[-\frac{1}{2},\frac{1}{2}\right)$　(2) 2　$(-2,2]$　(3) 4　$(-4,4)$

傅里叶级数与积分变换(练习一)

一、1. $-\infty<x<+\infty, x\neq k\pi(k=0,\pm1,\pm2,\cdots)$　2. $-2<x<2, x\neq0$　3. $0<x\leqslant1$

4. 余弦　5. $\dfrac{3}{2}$

二、1. C　2. A　3. D　4. D　5. B

三、1. $f(x)=\dfrac{3}{2}+\sum\limits_{n=1}^{\infty}\dfrac{1}{n\pi}[1-(-1)^n]\sin nx, x\in(-\pi,0)\bigcup(0,\pi)$　2. $u(t)=\dfrac{220}{\pi}-$

$\dfrac{440}{\pi}\sum\limits_{n=1}^{\infty}\dfrac{1}{4n^2-1}\cos 2nt, t\in(-\infty,+\infty)$　3. $\dfrac{\pi}{2}-x=\sum\limits_{n=1}^{\infty}\dfrac{1}{n}\sin 2nx(0<x<\pi)$

傅里叶级数与积分变换(练习二)

一、1. $i\pi[\delta(\omega-\omega_0)-\delta(\omega+\omega_0)]$　2. e^{-3}　3. $\delta(t+3)+\delta(t-3)$　4. $iF'(\omega)$　5. Y

二、1. D　2. D　3. B　4. B　5. A

三、1. $\dfrac{1}{1-i\omega}$　2. $\dfrac{-2i}{\omega}(1-\cos\omega)$　3. (1) $e^{-i\omega}F(\omega)$　(2) $\dfrac{1}{2}e^{-\frac{5}{2}i\omega}F\left(\dfrac{\omega}{2}\right)$　4. (1) $\dfrac{\sin 2t}{i\pi}$

(2) $\dfrac{1}{2\sqrt{2}}e^{-\sqrt{2}|t|}$　5. $F(\omega)=\dfrac{2E}{\omega}\sin\dfrac{\omega\tau}{2}$

傅里叶级数与积分变换(练习三)

一、1. $\dfrac{1}{s}F(s)$　2. $\dfrac{3}{s^2+7s+1}$　3. $\dfrac{2(1-e^{-s})}{s}$　4. $\dfrac{1}{s+2}+1$　5. $\dfrac{s^2-4}{(s^2+4)^2}$

二、1. B　2. C　3. B　4. D　5. A

三、1. (1) $\dfrac{1}{s+2}$　(2) $\dfrac{2}{s^2}$　2. (1) $\dfrac{2}{s^3}+\dfrac{1}{s^2}+\dfrac{2}{s}$　(2) $-\dfrac{s+7}{(s+1)(s-2)}$　(3) $\dfrac{2}{(s+1)^3}$

(4) $\dfrac{-s}{s^2+4}$　(5) $\dfrac{1}{s}e^{-\frac{s}{3}}$　3. $F(s)=\dfrac{1}{s}+\dfrac{1}{s^2}-\dfrac{4e^{-3s}}{s}-\dfrac{e^{-3s}}{s^2}$

傅里叶级数与积分变换(练习四)

一、1. $1-\cos t$　2. $\cos 2t$　3. $\dfrac{1}{2}e^t\sin 2t$　4. te^{-2t}　5. $1-2t+\dfrac{3}{2}t^2$

二、1. B　2. D　3. C　4. A　5. B

三、1. $3e^{2t}$　2. $\dfrac{1}{6}\sin\dfrac{2}{3}t$　3. $\delta(t)+e^t$　4. $-\dfrac{3}{2}e^{-3t}+\dfrac{5}{2}e^{-5t}$

四、1. $y=\dfrac{1}{2}t^2e^t$　2. $\sin t$　3. $y(t)=e^{-t}\sin t$

傅里叶级数与积分变换测试题

一、1. 2　2. $a_n=0(n=0,1,2,\cdots), b_n=\dfrac{2}{l}\int_0^l f(x)\sin\dfrac{n\pi x}{l}dx(n=1,2,\cdots)$　3. $\dfrac{3}{2}e^{-|t|}$

4. $\dfrac{8s}{s^2+16}$　5. $\dfrac{1}{2}t^2e^{2t}$

二、1. D 2. C 3. B 4. A 5. C

三、1. $f(x)=\pi-2\sum\limits_{n=1}^{\infty}\dfrac{1}{n}\sin nx, x\neq(2k+1)\pi(k=0,\pm1,\pm2,\cdots)$ 2. $\dfrac{2}{\omega}\sin\omega t$

3. $F(s)=\dfrac{1+e^{-\pi s}}{1+s^2}+\dfrac{\pi s+1}{s^2}e^{-\pi s}$

四、1. $y(t)=\cos 2t+\sin 2t$ 2. $y(t)=te^t\sin t$ 3. $i(t)=\dfrac{E}{R}(1-e^{-\frac{R}{L}t})$

向量代数与空间解析几何(练习一)

一、1. Ⅷ $(1,5,-3)$ $(-1,-5,3)$ 2. $\boldsymbol{a}\cdot\boldsymbol{b}=0$ 3. $\boldsymbol{a}\times\boldsymbol{b}=0$ 4. $(\dfrac{1}{\sqrt{14}},\dfrac{-2}{\sqrt{14}},\dfrac{3}{\sqrt{14}})$

5. $-\dfrac{1}{2}$

二、1. A 2. D 3. C 4. B 5. D

三、1. (1) $(2,-3,1)$ $(-2,-3,-1)$ $(2,3,-1)$ (2) $(2,3,1)$ $(-2,-3,1)$ $(-2,$
$3,-1)$ (3) $(-2,3,1)$ 2. $\overrightarrow{M_1M_2}=5$ $\cos\alpha=\dfrac{4}{5}$ $\cos\beta=0$ $\cos\gamma=-\dfrac{3}{5}$ 3. $A(-2,$
$3,0)$ 4. 7 $(5,-3,-1)$ 5. $\sqrt{21}$ 6. $\dfrac{3\sqrt{10}}{2}$

向量代数与空间解析几何(练习二)

一、1. $3x+y-z=0$ 2. 6 3. 4 4. Y 5. $(0,0,\dfrac{1}{4})$ $\dfrac{1}{4}$

二、1. A 2. A 3. B 4. A 5. C

三、1. 标准方程:$\dfrac{x}{2}=\dfrac{y+1}{5}=\dfrac{z-1}{1}$(不唯一);参数方程:$\begin{cases}x=2t\\ y=5t-1\\ z=t+1\end{cases}$ $(-\infty<t<+\infty)$ 2.

$\dfrac{x+1}{3}=\dfrac{y-3}{-2}=\dfrac{z+2}{5}$ 3. $2x+3y-z-5=0$ 4. $9y-z-2=0$ 5. $7x+5y-z-9=$
0 6. $z=x^2+y^2+1$

向量代数与空间解析几何测试题

一、1. Ⅳ $(4,-4,-2)$ $(-4,4,2)$ 2. $\dfrac{8}{5}$ 3. $(0,-3,6)$ 4. $\dfrac{x^2+z^2}{4}+\dfrac{y^2}{9}=1$ 5. 4
-8

二、1. B 2. C 3. A 4. D 5. D

三、1. $3x+2y+4z-4=0$ 2. $-17x+28y+9z=0$ 3. $\dfrac{x-2}{1}=\dfrac{y-3}{-1}=\dfrac{z+8}{2}$ 4. $\dfrac{x-2}{1}=$

$\dfrac{y+1}{-1}=\dfrac{z-4}{0}$或$\begin{cases}x+y=1\\ z=4\end{cases}$ 5. $-\dfrac{3}{2}$ 6. 有三个曲面:$\sum_1: y=0 (x^2+z^2\leqslant1)$

$\sum_2: x^2+z^2=1(0\leqslant y\leqslant1)$ $\sum_3: y=\sqrt{x^2+z^2}(0\leqslant y\leqslant1)$

多元函数微分学及应用(练习一)

一、1. $\{(x,y) \mid y>0, x\neq 0\}$　2. $\dfrac{x^2+y^2}{3xy}$　3. yx^{y-1}　4. $-\dfrac{x}{(x+y)^2}$　5. $\cos y\,dx - x\sin y\,dy$

二、1. D　2. B　3. D　4. D　5. A

三、1. (1) $\{(x,y) \mid x>y, x\neq 0\}$　(2) $\{(x,y) \mid -1\leqslant x\leqslant 1, y>0\}$　2. (1) $\dfrac{\partial z}{\partial x}=\dfrac{e^y}{y^2}$　$\dfrac{\partial z}{\partial y}=$

$xe^y\dfrac{y-2}{y^3}$　(2) $\dfrac{\partial u}{\partial x}=y^2+2xz$　$\dfrac{\partial u}{\partial y}=2xy+z^2$　$\dfrac{\partial u}{\partial z}=2yz+x^2$　3. -1　2　4. $\dfrac{5}{9}$　$-\dfrac{1}{9}$

$\dfrac{2}{9}$

四、1. $V=\dfrac{1}{3}\pi(l^2-h^2)h$　2. $-2(\text{cm})$

多元函数微分学及应用(练习二)

一、1. $2e$　2. $2e^{x^2+y}(1+2x^2)$　3. -5　4. $\left(-\dfrac{1}{3},-\dfrac{1}{3}\right)$　大　$\dfrac{1}{27}$　5. $xyz+\lambda(x+y+z-$

$a)$

二、1. C　2. B　3. D　4. B　5. C

三、1. $\dfrac{dz}{dt}=-e^{-t}-e^t$　2. $\dfrac{\partial z}{\partial x}=\dfrac{2x}{y^2}\ln(2x-3y)+\dfrac{2}{2x-3y}\left(\dfrac{x}{y}\right)^2$　$\dfrac{\partial z}{\partial y}=-\dfrac{2x^2}{y^3}\ln(2x-3y)-$

$\dfrac{3}{2x-3y}\left(\dfrac{x}{y}\right)^2$　3. $\dfrac{\partial z}{\partial x}=-\dfrac{yz^3+yz\sin(xyz)}{3xyz^2+xy\sin(xyz)}$　$\dfrac{\partial z}{\partial y}=-\dfrac{xz^3+xz\sin(xyz)}{3xyz^2+xy\sin(xyz)}$　4. 极小

值 $f(3,-2)=-26$,点$(3,2)$处无极值

四、1. 长、宽、高分别为 $3\,m,3\,m,2\,m$　2. 半径 $r=\sqrt[3]{\dfrac{V}{\pi}}$　高 $h=\sqrt[3]{\dfrac{V}{\pi}}$

多元函数微分学及应用测试题

一、1. $-\dfrac{1+2yz}{2xy+4z}$　2. $\{(x,y) \mid x^2+y^2\leqslant 1, y\geqslant x^2\}$　3. $\dfrac{2}{5}$　4. 小　5. $4e^4(dx+dy)$

6. $xyz+\lambda(x+y+z-a)$

二、1. B　2. C　3. D　4. A　5. D

三、1. $\dfrac{\partial z}{\partial x}\Big|_{\substack{x=1\\y=0}}=1$　$\dfrac{\partial z}{\partial y}\Big|_{\substack{x=1\\y=0}}=\dfrac{1}{4}$　2. $dz=(1-3y)^x\ln(1-3y)dx-3x(1-3y)^{x-1}dy$

3. $\dfrac{\partial z}{\partial x}=2xf_1'-\dfrac{y}{x^2}f_2'$　$\dfrac{\partial z}{\partial y}=-2yf_1'+\dfrac{1}{x}f_2'$　4. $\dfrac{dz}{dt}=e^{\sin^2 2t-3t^3}(2\sin 4t-6t^2)$

5. $\dfrac{\partial z}{\partial x}=-\dfrac{yz-\cos(x+2z)}{xy-2\cos(x+2z)}$　$\dfrac{\partial z}{\partial y}=-\dfrac{xz}{xy-2\cos(x+2z)}$

四、1. 当长、宽、高均为$\dfrac{2\sqrt{3}}{3}R$ 时,体积最大　2. 当长、宽均为$\dfrac{1}{2}$ m 时,面积最大　3. 所求点

为$\left(\dfrac{1}{6},-\dfrac{1}{3},\dfrac{4}{3}\right)$

多元函数积分学及应用(练习一)

一、1. $\iint\limits_D \rho(x,y)d\sigma$ 2. 连续 3. $\frac{2}{3}\pi R^3$ 4. $\frac{1}{6}$ 5. 4π

二、1. A 2. D 3. D 4. A 5. A

三、1. $V = \iint\limits_D \sqrt{a^2-x^2-y^2}d\sigma, D = \{(x,y)\,|\,x^2+y^2 \leqslant a^2\}$ 2. $\iint\limits_D (x+y)^2 d\sigma \geqslant$

$\iint\limits_D (x+y)^3 d\sigma$ 3. $2 \leqslant \iint\limits_D (x+y+1)dxdy \leqslant 8$ 4. $\frac{\pi}{e} \leqslant \iint\limits_D e^{-x^2-y^2}d\sigma \leqslant \pi$ 5. 略

多元函数积分学及应用(练习二)

一、1. $\int_{-2}^0 dx \int_{-1}^1 f(x,y)dy$ 2. $\int_0^{2\pi} d\theta \int_0^{\sqrt{2}} f(r\cos\theta, r\sin\theta)rdr$ 3. $\int_0^1 dy \int_0^y f(x,y)dx$

4. $\int_0^1 dx \int_x^{\sqrt{x}} f(x,y)dy$ 5. $(e-1)^2$

二、1. C 2. A 3. B 4. D 5. D

三、1. $\frac{9}{4}$ 2. $\frac{1}{2}e^4 - \frac{1}{2}e^2 - e$ 3. $-\frac{1}{12}$

四、1. $\frac{\pi}{2}$ 2. $\frac{2}{3}\pi(5\sqrt{5}-4)$

多元函数积分学及应用测试题

一、1. $\frac{1}{3} \leqslant I \leqslant 1$ 2. 2 3. $\int_0^{\frac{\pi}{2}} d\theta \int_0^{2\cos\theta} f(r\cos\theta, r\sin\theta)rdr$ 4. $\int_0^2 dx \int_0^x f(x,y)dy +$

$\int_2^4 dx \int_0^{4-x} f(x,y)dy$ 5. $\frac{1}{2}(1-e^{-1})$

二、1. B 2. B 3. D 4. D 5. B

三、1. $\frac{45}{8}$ 2. $\frac{9}{4}$ 3. $\frac{3}{4}\pi$ 4. $\frac{\pi}{4} - \frac{5}{12}$ 5. $\frac{a^3}{3}\left(\frac{\pi}{2} - \frac{2}{3}\right)$

四、1. $\frac{64}{9}$ 2. $12\pi R^2$

线性代数初步(练习一)

一、1. 2 6 2. $\begin{vmatrix} a & b \\ c & d \end{vmatrix} + \begin{vmatrix} x & y \\ z & w \end{vmatrix} + \begin{vmatrix} a & y \\ c & w \end{vmatrix} + \begin{vmatrix} x & b \\ z & d \end{vmatrix}$ 3. 不变 4. 2 5. 0

二、1. D 2. D 3. A 4. C 5. A

三、1. $x=-1$或$x=2$ 2. $(x+3)(x-1)^3$ 3. (1) 108 (2) 29 4. $x=3, y=-2, z=2$
  5. $k=2$或$k=11$

线性代数初步(练习二)

一、1. n 2. $\begin{pmatrix} 5 & 12 & 5 \\ 10 & 25 & 10 \end{pmatrix}$ 3. 5×4 4. $\begin{pmatrix} 0 & 0 \\ 0 & 0 \end{pmatrix}$ $\begin{pmatrix} 4 & 4 \\ -4 & -4 \end{pmatrix}$ 5. 32

二、1. C 2. B 3. B 4. C 5. C

三、1. (1) $\begin{pmatrix} 0 & 3 \\ 1 & 8 \end{pmatrix}$ (2) $\begin{pmatrix} 6 & 6 \\ 0 & 4 \end{pmatrix}$ (3) $\begin{pmatrix} 17 & 16 \\ 3 & 7 \end{pmatrix}$ (4) $\begin{pmatrix} -4 & 7 \\ 17 & 20 \end{pmatrix}$ (5) $\begin{pmatrix} 7 & 7 \\ 23 & 12 \end{pmatrix}$

(6) $\begin{pmatrix} 104 & 5 \\ 71 & 16 \end{pmatrix}$ 2. 26 3. $\begin{bmatrix} -6 & 2 \\ -4 & 1 \\ -16 & 6 \end{bmatrix}$ 4. $3^{n-1}\begin{pmatrix} 1 & 1 \\ 2 & 2 \end{pmatrix}$

四、略

线性代数初步(练习三)

一、1. $\boldsymbol{CB}^{-1}$ 2. $a \neq -3$ $\boldsymbol{A}^{-1} = \dfrac{1}{a+3}\begin{pmatrix} a & -3 \\ 1 & 1 \end{pmatrix}$ 3. 2 4. $\boldsymbol{A}^{\mathrm{T}}$ 5. 2

二、1. A 2. B 3. B 4. C 5. B

三、1. (1) -1 (2) $\begin{bmatrix} -1 & -1 & -3 \\ -2 & -3 & -7 \\ -3 & -4 & -9 \end{bmatrix}$ (3) $\begin{bmatrix} 1 & 1 & 3 \\ 2 & 3 & 7 \\ 3 & 4 & 9 \end{bmatrix}$ 2. 提示:先求 $\boldsymbol{A}$ $(\boldsymbol{A}=(\boldsymbol{A}^{-1})^{-1})$,

$\boldsymbol{A}^{\mathrm{T}} = \begin{bmatrix} 1 & 2 & 3 \\ 2 & 2 & 4 \\ 3 & 1 & 3 \end{bmatrix}$, $(\boldsymbol{A}^*)^{-1} = \dfrac{1}{2}\begin{bmatrix} 1 & 2 & 3 \\ 2 & 2 & 1 \\ 3 & 4 & 3 \end{bmatrix}$ 3. $\boldsymbol{B} = \begin{bmatrix} 0 & 1 & -1 \\ -1 & 0 & 1 \\ 1 & -1 & 0 \end{bmatrix}$ 4. 3

四、略

线性代数初步(练习四)

一、1. 非零解 2. = 3. 4 4. -2 5. -2 提示:利用 $|\boldsymbol{AB}| = |\boldsymbol{A}||\boldsymbol{B}|$

二、1. A 2. A 3. D 4. C 5. B

三、1. $\begin{bmatrix} x_1 \\ x_2 \\ x_3 \\ x_4 \end{bmatrix} = k_1\begin{bmatrix} -5 \\ 2 \\ 1 \\ 0 \end{bmatrix} + k_2\begin{bmatrix} -8 \\ -5 \\ 0 \\ 1 \end{bmatrix}$,其中 k_1, k_2 为任意实数 2. $\begin{bmatrix} x_1 \\ x_2 \\ x_3 \\ x_4 \end{bmatrix} = k\begin{bmatrix} -\frac{1}{2} \\ \frac{7}{2} \\ \frac{5}{2} \\ 1 \end{bmatrix}$,其中 k 为任

意实数 3. (1) $a=3, b\neq 1$ 时,无解 (2) $a\neq 3$ 时,有唯一解 (3) $a=3, b=1$ 时,有无

穷多解,为 $\begin{bmatrix} x_1 \\ x_2 \\ x_3 \end{bmatrix} = k\begin{bmatrix} 3 \\ -3 \\ 1 \end{bmatrix} + \begin{bmatrix} -1 \\ 1 \\ 0 \end{bmatrix}$,其中 k 为任意实数

四、略

线性代数初步测试题

一、1. $A_{ij}=(-1)^{i+j}M_{ij}$ 2. $\dfrac{1}{2}$ 3. $-\dfrac{16}{27}$ 4. 3 5. 零

二、1. D 2. B 3. A 4. A 5. B

三、1. $\lambda=-2$ 或 $\lambda=1$　2. $x=\pm 1$　3. $\dfrac{1}{2}\begin{pmatrix} 2 & -4 \\ -1 & 3 \end{pmatrix}$　4. （1）$\lambda=3$　（2）$\begin{bmatrix} x_1 \\ x_2 \\ x_3 \end{bmatrix}=$

$k\begin{bmatrix} -3 \\ 3 \\ 1 \end{bmatrix}+\begin{bmatrix} 0 \\ 1 \\ 0 \end{bmatrix}$，其中 k 为任意实数　5. $x_1=-1,x_2=-1,x_3=0,x_4=1$　6. $a=2$

四、提示：利用 x_1,x_2,x_3 是方程 $x^3+px+q=0$ 的三个根，即 $(x-x_1)(x-x_2)(x-x_3)=0$，
再利用恒等关系，即可求得结果为 0

概率论与数理统计初步(练习一)

一、1. $\dfrac{1}{16}$　$\dfrac{3}{8}$　2. 0.94　3. 0.8　0.3　4. $P(A)$　5. 0.3

二、1. B　2. C　3. A　4. A　5. C

三、1. （1）$A+B+C$　（2）$\overline{A}BC+\overline{B}AC+\overline{C}AB$　（3）$\overline{A}BC+\overline{B}AC+\overline{C}AB+\overline{ABC}$　（4）ABC
$+A\overline{B}C+\overline{A}BC+\overline{A}B\overline{C}$ 或 $AB+AC+BC$　（5）$AB\overline{C}+A\overline{B}C+\overline{A}BC+\overline{A}B\overline{C}+\overline{B}A\overline{C}+\overline{C}\overline{A}B$
$+\overline{ABC}$ 或 $\overline{ABC}$ 或 $\overline{A}+\overline{B}+\overline{C}$　（6）$\overline{A}\overline{B}\overline{C}$　2. （1）$\dfrac{2}{5}$　（2）$\dfrac{9}{10}$　3. $\dfrac{1}{4}$　$\dfrac{7}{12}$　$\dfrac{3}{4}$

4. 0.999 54　5. $\dfrac{12}{19}$　6. 0.92

概率论与数理统计初步(练习二)

一、1. $\dfrac{1}{8}$　2. $\dfrac{1}{8}$　3. $U=\dfrac{X-\mu}{\sigma}$　4. 1　-1　5. 0.875

二、1. A　2. B　3. B　4. D　5. C

三、1. 0.87　0.72　0.7　2. $\dfrac{1}{4}$　$\dfrac{15}{16}$　3. $P(X=2)=\dfrac{1}{6}$　$P(X=3)=\dfrac{1}{3}$　$P(X=4)=\dfrac{1}{2}$

4. （1）0.341 3　（2）0.045 5　5. （1）$A=\dfrac{1}{2}$　（2）$\dfrac{1}{2}(1-e^{-1})$　6. $\sigma^2=\dfrac{1}{4}$

概率论与数理统计初步(练习三)

一、1. $\dfrac{1}{3}$　2. 36　3. 21　4. -2　2　5. 2

二、1. D　2. C　3. C　4. B　5. C

三、1. （1）$\dfrac{11}{8}$　（2）$\dfrac{31}{8}$　$\dfrac{127}{64}$　（3）$-\dfrac{7}{4}$　2. （1）$\dfrac{1}{2}$　（2）$\dfrac{4}{3}$　$\dfrac{2}{9}$

3. （1）$f(x)=\begin{cases} 2x,0\leqslant x<1, \\ 0,\text{其他} \end{cases}$　（2）$\dfrac{5}{16}$　（3）$\dfrac{2}{3}$　4. $a=1,b=2$

5. $E(\overline{X})=\mu$　$D(\overline{X})=\dfrac{\sigma^2}{n}$

四、$E(x)=8\times 30\%-2\times 70\%=1$(万元)$>10\times 5\%=0.5$(万元)，故应作此项投资.

概率论与数理统计初步(练习四)

一、1. 无偏性 有效性 2. θ 3. $N(\mu, \dfrac{\sigma^2}{n})$ 4. 有效 5. -6

二、1. A 2. B 3. C 4. A 5. C

三、1. $\overline{X}=10, S^2=2.5$ 2. 0.83 3. 1.2 0.407 2. 4 4. $[82.8686, 87.1314]$

　　5. $[1478.07, 1521.93]$ 6. 拒绝 H_0

概率论与数理统计初步测试题

一、1. 0 q 2. 0.6 3. $\dfrac{1}{3}$ 4. 6 0.8 5. $\dfrac{1}{12}$

二、1. D 2. B 3. B 4. B 5. A

三、1. 0.2 2. (1) 0.5 (2) 0.6977 (3) $c=3$ 3. (1) $A=3$ (2) $E(X)=\dfrac{3}{4}$

　　(3) $D(X)=\dfrac{3}{80}$ 4. $\overline{x}=3.6, s^2=2.88$ 5. $[14.57, 14.83]$ 6. 拒绝 H_0 7. 接受 H_0

四、3500 吨

图论初步(练习一)

一、1. 4 3 2. $2m$ 偶数 3. $\dfrac{1}{2}n(n-1)$ 4. 3 2 5. $V_2 \subseteq V_1, V_2 = V_1$

二、1. B 2. C 3. C 4. D 5. B

三、1. $\deg^+(v_4)=1$，从 v_2 到 v_4 长度为 2 的路径有 1 条 2. 从 v_4 到 v_5 长度为 4 的路有 4

条，分别为 $v_4 \to v_1 \to v_2 \to v_3 \to v_5$；$v_4 \to v_1 \to v_2 \to v_4 \to v_5$；$v_4 \to v_5 \to v_2 \to v_3 \to v_5$；$v_4 \to v_5 \to v_2$

$\to v_4 \to v_5$ 3. (1) 邻接矩阵为 $A = \begin{bmatrix} 0 & 1 & 0 & 0 & 1 \\ 0 & 0 & 1 & 0 & 0 \\ 0 & 0 & 0 & 0 & 1 \\ 1 & 1 & 0 & 0 & 0 \\ 0 & 0 & 0 & 1 & 0 \end{bmatrix}$ (2) $G=\langle V, E \rangle$ 中长度为 3 的不

同的路有 10 条，分别为 $v_1 \to v_5 \to v_4 \to v_1$(也是回路)；$v_1 \to v_5 \to v_4 \to v_2$；$v_1 \to v_2 \to v_3 \to v_5$；$v_2$

$\to v_3 \to v_5 \to v_4$；　$v_3 \to v_5 \to v_4 \to v_1$；$v_3 \to v_5 \to v_4 \to v_2$；$v_4 \to v_1 \to v_2 \to v_3$；　$v_4 \to v_2 \to v_3 \to v_5$；

$v_5 \to v_4 \to v_1 \to v_2$；$v_5 \to v_4 \to v_2 \to v_3$. 4. (1) $A = \begin{bmatrix} 0 & 1 & 1 & 0 \\ 0 & 0 & 0 & 0 \\ 0 & 1 & 0 & 1 \\ 1 & 0 & 0 & 0 \end{bmatrix}$ (2) $A^2 =$

$\begin{bmatrix} 0 & 1 & 0 & 1 \\ 0 & 0 & 0 & 0 \\ 1 & 0 & 0 & 0 \\ 0 & 1 & 1 & 0 \end{bmatrix}$, $A^3 = \begin{bmatrix} 1 & 0 & 0 & 0 \\ 0 & 0 & 0 & 0 \\ 0 & 1 & 1 & 0 \\ 0 & 1 & 0 & 1 \end{bmatrix}$, 其可达性矩阵为 $P = \begin{bmatrix} 1 & 1 & 1 & 1 \\ 0 & 0 & 0 & 0 \\ 1 & 1 & 1 & 1 \\ 1 & 1 & 1 & 1 \end{bmatrix}$, 故该有向图不

强连通,是单侧连通的　5.(1)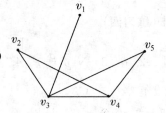　(2)邻接矩阵为

$$\begin{bmatrix} 0 & 0 & 1 & 0 & 0 \\ 0 & 0 & 1 & 1 & 0 \\ 1 & 1 & 0 & 1 & 1 \\ 0 & 1 & 1 & 0 & 1 \\ 0 & 0 & 1 & 1 & 0 \end{bmatrix}$$

(3)v_1结点度数为1,v_2结点度数为2,v_3结点度数为3,v_4结点度数

为2,v_5结点度数为2　(4)补图图形为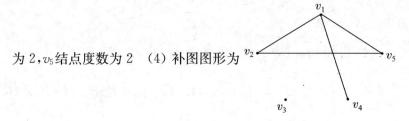

图论初步(练习二)

一、1. 顶点度数都是偶数　2. $n-1$　3. n 为奇数　4. $e=v-1$　5. 2

二、1. B　2. B　3. C　4. A　5. B

三、1. 略　2. 略　3. 9　4. 9　5. 最小总费用为 25 万元

图论初步测试题

一、1. 15　2. 度数之和　3. 10　4. 哈密顿　欧拉　其全部顶点的度数都是偶数　5. 0　0

二、1. B　2. D　3. A　4. D　5. A

三、1. 邻接矩阵为 $A = \begin{bmatrix} 0 & 0 & 0 & 0 \\ 0 & 0 & 1 & 1 \\ 1 & 0 & 0 & 0 \\ 1 & 0 & 0 & 0 \end{bmatrix}$　2. (1) G 的图形为[图]　(2)邻接

矩阵为 $\begin{bmatrix} 0 & 2 & 1 & 0 & 2 \\ 2 & 0 & 0 & 3 & 6 \\ 1 & 0 & 0 & 4 & 2 \\ 0 & 3 & 4 & 0 & 5 \\ 2 & 6 & 2 & 5 & 0 \end{bmatrix}$　(3) G 权最小的生成树为[图],其权值为7

3. 8　4. 8　5. 略

参考文献

[1] 同济大学,天津大学,浙江大学,重庆大学. 高等数学(上、下册)(第 3 版). 北京:高等教育出版社,2008.

[2] 李林曙,黎诣远. 微积分(第 2 版). 北京:高等教育出版社,2010.

[3] 杨军. 高等数学练习册. 南京:南京大学出版社,2009.

[4] 龚成通. 大学数学应用题精讲. 上海:华东理工大学出版社,2006.

[5] 王新华. 应用数学基础. 北京:清华大学出版社,2010.

[6] 朱道元. 数学建模案例精选. 北京:科学出版社,2003.